科学出版社"十四五"普通高等教育本科规划教材

运筹学教程

李　想　徐小峰　张博文　编著

科　学　出　版　社

北　京

内 容 简 介

2019 年 9 月，中共中央、国务院印发《交通强国建设纲要》，为我国建设交通强国指明了道路和方向. 本书在编写时注重运筹学方法在交通运输领域的结合与应用，同时融入作者多年来从事交通运输管理与运筹优化研究的科研经验，力图从学生的视角出发，基于学生的专业背景、知识储备与理解能力，以生动形象的语言介绍运筹学的基本知识、基本概念和基本方法，注重运筹学方法在实际案例中的应用与分析，具备一定的深度、广度和实用性，让学生学有所得. 本书涵盖运筹学概论、线性规划与单纯形法、对偶理论与灵敏度分析、运输问题、目标规划、整数线性规划、动态规划、图与网络分析、决策论等内容.

本书可供高等院校经济管理、交通运输、应用数学等相关专业的本科生，经济管理类及理工类相关专业的研究生，参与数学建模竞赛的学生，交通运输行业的管理者或工程技术人员以及对运筹学感兴趣的读者使用；本书亦可作为高等院校研究生入学考试中运筹学科目的参考书.

图书在版编目 (CIP) 数据

运筹学教程/李想，徐小峰，张博文编著. —北京：科学出版社，2022.1
科学出版社"十四五"普通高等教育本科规划教材
ISBN 978-7-03-069336-5

Ⅰ. ①运… Ⅱ. ①李… ②徐… ③张… Ⅲ. ①运筹学-高等学校-教材
Ⅳ. ①O22

中国版本图书馆 CIP 数据核字（2021）第 136670 号

责任编辑：方小丽　范培培／责任校对：张亚丹
责任印制：赵　博／封面设计：蓝正设计

科学出版社 出版
北京东黄城根北街 16 号
邮政编码：100717
http://www.sciencep.com
固安县铭成印刷有限公司印刷
科学出版社发行　各地新华书店经销
*
2022 年 1 月第 一 版　开本：787×1092　1/16
2025 年 1 月第四次印刷　印张：12 1/4
字数：290 000
定价：48.00 元
（如有印装质量问题，我社负责调换）

作 者 简 介

李想，北京化工大学教授、博士生导师，国家优秀青年科学基金获得者，国家"万人计划"青年拔尖人才，教育部新世纪优秀人才；主要研究方向包括交通运输管理、不确定优化、大数据分析等，主持国家自然科学基金重点项目、优青项目、面上项目等 10 余项课题，出版英文专著 2 部，发表论文 100 余篇，获国内外专利 8 项，登记软件著作权 6 项，荣获省部级科技奖励 7 项；现任 Journal of Data, Information and Management 主编，Information Sciences 副主编，《运筹与管理》《系统工程学报》编委等，担任中国管理科学与工程学会、中国优选法统筹法与经济数学研究会、中国运筹学会理事等。

徐小峰，中国石油大学 (华东) 教授、博士生导师；主要研究方向包括运筹优化、物流与供应链管理等，发表管理科学领域中英文论文 30 余篇，研究成果在中国石油、国家电网、浙江能源天然气等企业获得应用；目前担任《中国石油大学学报 (社会科学版)》副主编、《中国能源》编委、中国优选法统筹法与经济数学研究会理事等.

张博文，北京化工大学经济管理学院管理科学与工程专业博士生；主要研究方向包括交通运输管理、大数据分析等，在 Information Sciences、European Journal of Operational Research、Computers & Operations Research 等期刊发表多篇 SCI 论文；获得 2019 年度北京系统工程学会最佳报告奖、2019 International Conference on Intelligent Transportation and Logistics with Big Data 最佳学生论文奖等.

前　言

党的二十大报告指出:"我们要坚持教育优先发展、科技自立自强、人才引领驱动, 加快建设教育强国、科技强国、人才强国, 坚持为党育人、为国育才, 全面提高人才自主培养质量, 着力造就拔尖创新人才, 聚天下英才而用之."教材是教学内容的主要载体, 是教学的重要依据、培养人才的重要保障. 在优秀教材的编写道路上, 我们一直在努力.

运筹学是高等院校经济管理类全部专业和理工类部分专业的基础课, 也是这些专业研究生入学考试的专业课. 运筹学综合运用数学优化、决策论、对策论、排队论、存储论等相关领域的模型与算法, 解决交通运输、车辆调度、设施选址、资源分配、库存管理等生产过程中的管理问题. 伴随着大数据与人工智能技术的发展, 运筹学在现代交通与物流行业得到了广泛应用, 特别是在推动交通与物流行业的精细化管理方面发挥了重要作用. 城市公交、地铁、网约车、共享单车等现代交通行业以及京东、顺丰、菜鸟等智能物流企业的快速发展都离不开运筹学的技术支持. 在此背景下, 运筹学相关教材的编写要与时俱进, 紧密结合业界的创新应用, 以解决问题为导向, 拓宽学生视野.

近年来, 我国的运筹学工作者先后出版了多本教材, 包括清华大学出版社的《运筹学》第 1—4 版与《运筹学教程》第 1—5 版、科学出版社的《运筹学》第 1—4 版等, 为我国运筹学领域的学科发展、行业实践以及人才培养做出了巨大贡献. 然而, 目前大部分教材在演示运筹学模型与算法时依旧沿用经典例题, 缺少针对特定行业的例题开发. 鉴于我国交通与物流行业的快速发展, 交通与物流领域关于运筹学的创新应用日益增多, 亟须一本面向现代交通与物流行业人才培养的运筹学教材, 强化运筹学在交通与物流行业发展过程中的重要地位.

编者结合自身在交通与物流领域多年的科研背景与教学经验, 重新编写了线性规划、对偶问题、运输问题、目标规划、整数线性规划、动态规划、图与网络分析、决策论等章节的例题, 并针对部分生涩的知识点给出了详尽的证明与解释. 希望这本以交通与物流应用为背景的运筹学教材能够受到读者的欢迎, 更希望能够得到广大运筹学工作者的批评与指正.

在本教材的编写过程中, 东北大学的张川老师, 天津大学的兰燕飞老师, 首都经济贸易大学的陈炜老师, 对外经济贸易大学的倪耀东老师, 河北大学的杨国庆老师, 北京化工大学的王娜老师、马红光老师、张艺老师以及北京化工大学大数据交通与物流实验室的博士研究生对本书的内容和体系提出了很多宝贵意见, 北京化工大学大数据交通与物流实验室的硕士研究生代聪聪和桂佼搜集了部分资料供编者参考, 在此一并表示感谢.

由于编者水平有限, 书中难免有不足之处, 敬请读者批评指正.

李　想　徐小峰　张博文

2024 年 1 月

目　　录

第 1 章　运筹学概论

1.1　运筹学简史

20 世纪 30 年代, 德国使用战斗机对英美两国展开了猛烈的攻击, 英美两国通过使用雷达和防空警报来抵御德国战机的空袭, 这种方法虽然从理论与技术上可行, 但使用的时候效果并不理想, 英美两国的一些科学家为了研究如何能够更加合理地使用防空雷达而展开了一类新问题的研究. 这类研究与传统的理论研究或技术研究不同, 英国人在当时称之为 "Operational Research", 也是运筹学作为一门科学出现的雏形. 后来, 美国人也给这一研究起了类似的名字 "Operations Research", 尽管有细微的差别, 但由于两国都以英语作为官方语言, 这门 "运用研究" 学科都简写为 OR. 为了进一步开展运筹学的研究, 当时的英美两国在军队中成立了一些专家小组, 深入开展以下几个问题的研究: ① 护航舰队如何保护经商船队并降低其受攻击程度的海上编队问题; ② 当船队遭受德国潜艇攻击时, 如何使船队的损失最少的问题; ③ 为了提高反潜深水炸弹的威力, 如何设置炸弹的合理爆炸深度的问题; ④ 不同型号和大小的船只在受到敌机攻击时, 如何选择逃避策略的问题等. 尽管这些在战争中产生的研究所能解决的问题具有短期和战术性的特征, 但都取得了非常好的效果. 因此, 在第二次世界大战结束后, 英美两国的军队相继成立了正式的运筹学研究组织.

由于运筹学这门学科的诞生背景与战争有关, 战时的研究内容一直处于保密状态, 直到 20 世纪 50 年代才逐渐公开出来. 1951 年, 莫尔斯 (P. M. Morse) 与金博尔 (G. E. Kimball) 出版了《运筹学方法》(*Methods of Operations Research*), 对当时的运筹学研究成果进行了深入的总结. 而后, 兰德 (RAND) 等公司和部门也重点开展一些战略性问题的研究, 包括未来武器系统的设计以及其合理的运用方法、未来战争的战略、美军各种轰炸机系统的评估与评价、苏联的军事能力分析与预测、苏联政治局的行动原则和战术预测、各种洲际导弹的发展策略等. 此外, 兰德公司在此基础上还提出了系统分析 (system analysis, SA) 的名词及其相应的技术方法, 开始更加注重战略方向的研究, 如战略力量的构成和数量问题的研究等, 并相继应用在国家的工业、农业、经济等各类问题上, 后来也有研究人员把这两个名词放在一起叫作 SA/OR.

运筹学在发展的过程中逐渐形成了许多分支, 如数学规划 (包括线性规划、非线性规则、整数规划、目标规划、动态规划、随机规划等)、图论与网络规划、排队论 (随机服务系统理论)、存储论、对策论、决策论、维修更新理论、可靠性和质量管理等. 1914 年, 军事运筹学中提出了著名的兰彻斯特 (Lanchester) 战斗方程; 1917 年, 丹麦工程师埃尔朗 (Erlang) 在研究电话通信系统时提出了排队论的著名公式; 20 世纪 20 年代, 存储论的最优批量公式被提出; 20 世纪 30 年代, 商业界已开始通过运用运筹学研究和分析顾客心理来制定商业广告; 1947 年, 丹齐格 (G. B. Dantzig) 在解决美国空军军事规划问题时提出了求解线性规划问题的单纯形法. 值得一提的是苏联学者 L. V. Kantorovich 于 1939 年提出的类似线性规划的模型以及给出的求解方法没有受到领导的重视, 直至 L. V. Kantorovich 1960 年再次发表了能够解决工业生产组织和计划问题的《最佳资源利用的经济计算》后才受到国内外的重视, 并因此获得了诺贝尔奖. 后来, 丹齐格认为其受到了里昂惕夫的投入产出模型 (1932 年) 的影响, 而里昂惕夫也是诺贝尔奖的获得者; 其线性规划的理论则是受到了 Von Neumann 的影响. 1944 年, Von Neumann 和 O. Morgenstern 发表的 *Theory of Game and Economic Behavior* 被认为是对策论研究的奠基之作. 1948 年, 英国最早建立了运筹学会, 紧接着美国 (1952 年)、法国 (1956 年)、日本和印度 (1957 年) 等相继建立了各国的运筹学会.

我国在该领域的研究最早可追溯至 1956 年, 当时使用 "运用学" 来命名该学科, 1957 年正式定名为 "运筹学". 后来, 钱学森、许国志等教授将运筹学由西方引入我国, 并结合我国的特点在国内推广应用. 1964 年, 华罗庚先生基于国外的运筹学研究理论与方法, 提出了 "优选法与统筹法", 并于 1965 年开始亲自带领学生去北京电子管厂开展运筹方法试点工作, 让当时文化程度不高的人也能理解运筹思想和方法. 1978 年, 华罗庚推广的 "优选法与统筹法" 工作在全国科学大会上被评为 "全国重大科技成果奖". 我国的运筹学会在 1980 年成立. 1982 年, 我国加入了由英、美、法三国的运筹学会发起成立的国际运筹学联合会 (IFORS). 此后, 运筹学研究在我国迅速推广, 为我国社会和经济的快速发展注入了新鲜的活力.

1.2　运筹学定义

运筹学是一门应用科学, 很多学者曾尝试对其下定义. 莫尔斯和金博尔对运筹学下的定义是:"为决策机构在对其控制的业务活动进行决策时, 提供以数量化为基础的科学方法." 还有学者对其下的定义是: "运筹学是一门应用科学, 它广泛应用现有的科学技术知识和数学方法, 解决实际中提出的专门问题, 为决策者选择最优决策提供定量依据. " 因此, 运筹学研究首先强调的是科学方法, 并且不是某种单一研究方法的独自或偶然的应用, 而是适用于一类问题上, 并能传授和有组织地活动, 该方法同时还强调以量化为基础, 能够为决策者提供可以量化的分析结果. 另外, 运筹学还具有多学科交叉的特点, 如综合运用经济学、心理学、物理学、化学中的一些方法. 运筹学虽然强调最优决策, 但在实际的生产或生活中, "最" 是一个目标和理想, 通过权衡各方面的考虑, 决策者往往也会用次优、满意等概念代替最优. 因此, 运筹学的又一定义是:"运筹学是一种给出问题的坏的答案的艺术, 否则的话问题的结果会更坏. "

为了有效地应用运筹学, 英国前运筹学学会会长托姆林森曾提出六条原则: ① 合伙原则, 指运筹学工作者要和各方面人, 尤其是同实际部门工作者合作; ② 催化原则, 在多学科共同解决某个问题时, 要引导人们改变一些常规的看法; ③ 互相渗透原则, 要求多部门彼此渗透地考虑问题, 而不是只局限于本部门; ④ 独立原则, 在研究问题时不应仅受某人或某部门的特殊政策所左右, 应独立从事工作; ⑤ 宽容原则, 解决问题的思路要宽, 方法要多, 而不是局限于某种特定的方法; ⑥ 平衡原则, 要考虑各种矛盾的平衡以及关系的平衡.

鉴于运筹学研究工作的实际特点, 研究者们通过解决大量的实际问题后, 总结并归纳形成了处理运筹学问题工作步骤: ① 提出和形成问题, 即要弄清问题的目标, 可能的约束, 问题的可控变量以及有关参数, 搜集有关资料; ② 建立模型, 即把问题中可控变量、参数和目标与约束之间的关系用一定的模型表示出来; ③ 求解, 即用各种手段 (主要是数学方法, 也可用其他方法) 求得模型的解, 解可以是最优解、次优解、满意解, 复杂模型的求解需用计算机, 解的精度要求可由决策者提出; ④ 解的检验, 即首先检查求解步骤和程序有无错误, 然后检查解是否反映现实问题; ⑤ 解的控制, 即通过控制解的变化过程决定对解是否要做一定的改变; ⑥ 解的实施, 即将解用到实际中必须考虑到实施的问题, 如向实际部门讲清解的用法, 在实施中可能产生的问题和修改. 然后反复进行以上过程, 直至满意.

1.3 运筹学模型

运用运筹学解决实际问题时, 按照实际问题和研究对象的不同可构造各种不同的模型. 模型是研究者对客观现实经过思维抽象后用文字、图表、符号、关系式以及实体描述所认识到的客观对象. 阿可夫等对运筹学的模型分类和模型构建等有较完整的描述.

模型有三种基本形式: ① 形象模型; ② 模拟模型; ③ 符号或数学模型. 目前用得最多的是符号或数学模型. 构模的方法和思路有以下五种.

(1) 直接分析法. 即按研究者对实际问题内在机理的认识直接构造出模型. 随着运筹学的不断发展, 目前已经积累了很多经典的模型, 如线性规划模型、投入产出模型、排队模型、存储模型、决策和对策模型等. 这些模型都已有较好的求解方法和求解软件, 不过在使用这些已有的模型研究问题时, 不能生搬硬套.

(2) 类比法. 我们遇到的很多问题可以用不同的方法构造出模型, 而这些模型的结构性质是类同的, 可以通过互相类比找到解决问题的思路. 如物理学中的机械系统、气体动力学系统、水力学系统、热力学系统及电路系统之间就有不少彼此类同的现象, 甚至有些经济系统、社会系统也可以用物理系统来类比. 在分析某些经济、社会问题时, 不同国家之间有时也可以找出某些类比的现象.

(3) 数据分析法. 有时候我们不清楚所面临问题的内在机理, 但能搜集到与此问题密切相关的大量数据, 或通过某些试验获得大量数据, 这样就可以运用统计分析的方法分析、建模, 从而求解问题.

(4) 试验分析法. 有时候我们不仅不清楚所面临问题的内在机理, 还不能通过做大量试验来获得与问题相关的数据, 这时只能通过做局部试验获取部分数据, 并综合运用各种分析方法来构造模型.

(5) 构想法. 对有些问题来说, 例如一些社会、经济、军事问题, 研究者既不清楚问题的机理, 又缺少问题的数据, 也不能通过做试验来获得问题的数据, 只能在现有的知识、经验和研究的基础上, 对将来可能发生的情况给出合乎逻辑的设想和描述, 然后运用已掌握的技术和方法构造模型, 不断修正至满意为止. 在研究社会问题时, 国内外有研究者提出人工社会的构思, 与这条建模思路十分类似, 人们通过计算机在人工社会中进行大量的仿真试验, 然后在真实社会中得到验证, 或者通过人工社会获得在真实社会里尚未预知的方案和结果.

模型的一般数学形式可用下列表达式描述:

$$目标的评价准则 \quad f(x_i, y_j, \xi_k);$$
$$约束条件 \quad g(x_i, y_j, \xi_k) \geqslant 0,$$

式中, x_i 为可控变量; y_j 为已知参数; ξ_k 为随机因素.

目标的评价准则一般要求达到最佳 (最大或最小)、适中、满意等. 目标准则可以有一个或多个. 约束条件可以没有, 也可有多个. 当 g 是等式时, 为平衡条件. 当模型中无随机因素时, 为确定模型, 否则为随机模型. 随机模型的评价准则可以用期望值、方差或某种概率分布来表示. 当可控变量只取离散值时, 为离散模型, 否则为连续模型. 另外, 从数学工具的角度可以分为代数方程模型、微分方程模型、概率统计模型、逻辑模型等; 从求解方法角度可以分为最优化模型、数字模拟模型、启发式模型等; 从用途的角度可以分为分配模型、运输模型、更新模型、排队模型、存储模型等; 从研究对象的角度可以分为能源模型、教育模型、军事对策模型、宏观经济模型等.

1.4　运筹学应用

运筹学的应用早期主要集中在军事领域, 第二次世界大战后逐渐转向民用, 在社会经济的发展和人民生活水平的提高过程中发挥了巨大的作用, 可以分为以下几方面.

(1) 市场销售, 主要应用在广告预算、媒介选择、竞争性定价、新产品开发、销售计划的制订等方面. 例如, 美国杜邦公司在 20 世纪 50 年代采用运筹学方法来制定广告、确定产品定价以及新产品研发等; 通用电力公司对产品市场的模拟研究; 京东商城对产品的动态定价等.

(2) 生产计划, 主要应用在生产作业计划、日程表编排、劳动力匹配、合理下料、配料、存储以及物料管理等方面, 通常使用线性规划和数值模拟等方法. 例如, 巴基斯坦某重型制造厂用线性规划安排生产计划, 能够节省 10% 的生产费用.

(3) 库存管理, 主要应用于多种物资库存量的管理, 如确定某些设备的能力或容量、停车场的大小、新增发电设备的容量、电子计算机的内存量、合理的水库容量等方面. 例如, 美国某机器制造公司应用存储论的方法后费用节省了 8%; 美国西电公司通过建立 "西电物资管理系统" 使公司的物资存储费、运费和人员管理费用有了大幅度降低.

(4) 运输问题, 主要应用于空运、水运、公路运输、铁路运输、管道运输、厂内运输等方面. 空运运输问题主要涉及飞行航班和飞行机组人员及其服务时间的安排等; 水运运输主要涉及船舶航运计划、港口装卸设备的配置和船到港后的运行安排等; 公路运输主要涉及公路路网设计和分析、公共汽车路线的选择和发车时刻表的安排、市内出租汽车的调度、城市停车场的建设等.

(5) 财政和会计, 主要应用于财务预算、贷款、成本分析、定价、投资、证券管理、现金管理等方面, 通常使用统计分析、数学规划、决策分析、盈亏点分析和价值分析等方法.

(6) 人事管理, 主要应用于人员的需求估计、招聘、培训、教育、评价、分配、指派以及工资绩效的评定等方面.

(7) 机器设备的选择、评价、维修、更新、可靠性等.

(8) 工程的优化设计, 主要应用于建筑、电子、光学、机械和化工等行业.

(9) 计算机和信息系统, 主要应用于计算机的内存分配、磁盘工作性能、需求文件搜索以及计算机信息系统的自动设计等方面, 通常综合运用整数规划、图论、排队论等数学规划方法.

(10) 城市管理, 主要应用于城市垃圾的清扫、搬运、处理和城市供水和污水处理系统的规划以及城市内停车场、救火站、救护车、警车等分布设施的选址等方面. 例如, 纽约市用排队论方法确定了紧急电话站的值班人数; 加拿大某城市研究了警车的配置以及各自负责范围, 制定了事故后警车的行走路线等.

我国运筹学的应用可以追溯至 1957 年, 当时主要应用在建筑业和纺织业, 1958 年, 开始在交通运输、工业、农业、水利建设、邮电等方面得到应用. 例如, 为了解决粮食调运的问题, 我国的运筹学工作者提出了 "图上作业法" 并从理论上证明了该方法的科学性; 为了解决邮递员投递路线的问题, 管梅谷先生提出了 "中国邮递员问题" 的求解方法; 为了提高工业生产的效率, 运筹学工作者研究了合理下料和机床负载分配等方法; 在纺织业中解决了细纱车间劳动人员组织与分配以及最优裁布长度等问题; 在农业中研究了作业布局、劳力分配和麦场设置等问题. 20 世纪 60 年代后, 我国的运筹学工作者在钢铁和石油部门开展了全面、深入的研究与应用, 其中投入产出法在钢铁部门得到了广泛的应用. 1965 年后, 统筹法在建筑业、大型设备维修计划等方面得到了广泛的应用. 1970 年后, 优选法在全国大部分省、市和部门推广开来, 广泛应用于材料配方、配比的选择、生产工艺条件的选择、工艺参数的确定、工程设计参数的选择、仪器仪表的调试等方面. 20 世纪 70 年代中期, 最优化方法开始受到工程设计界的重视, 广泛应用于光学设计、船舶设计、飞机设计、变压器设计、电子线路设计、建筑结构设计和化工过程设计等方面. 之后, 排队论、图论等也逐渐受到运筹工作者的重视, 被应用在矿山、港口、电信和计算机的设计以及线路布置、化学物品的存放等方面. 20 世纪 70 年代末, 存储论在我国汽车工业等部门得到广泛应用, 并取得了较好的成果. 近年来, 运筹学的应用逐渐趋向研究复杂、大规模的问题, 如部门计划、区域经济规划等方面, 并与系统工程的融合越来越紧密.

国际运筹学联合会设立了运筹进展奖, 以表彰发展中国家在运筹学领域的应用进展与成果, 下面简要列举近年来我国获该奖的项目:

(1) 中国国家经济信息系统的项目评价系统 (章祥荪, 崔晋川, 中科院应用数学所, 1996);

(2) 长江上游生态、经济、发展的最优化 (刘光中, 徐玖平等, 成都科技大学, 1996);

(3) 中国粮食产量预测研究 (陈锡康, 潘晓明, 杨翠红, 中科院系统科学所, 1999);

(4) 运筹学在中国农业管理中应用 (赵庆祯, 山东师范大学, 曲阜师范大学, 1999);

(5) 北京公共交通区域运营组织模式的公共汽车运营总调度管理 (沈吟东等, 武汉科技学院, 2005).

中国运筹学会 2008 年颁发了中国运筹学会首届科学技术奖, 中科院应用数学所的越民义荣获首届中国运筹学科学技术奖, 在 2010 年的第二届颁奖典礼上, 香港理工大学的祁力群获得了该奖. 为了表彰我国运筹工作者取得的成果, 中国运筹学会在 2020 年召开的第十五次学术年会上分别颁发了运筹研究奖和运筹应用奖, 其中复旦大学的胡建强教授和大连理工大学的张立卫教授获得了运筹研究奖, 上海交通大学的陈峰教授、福州大学的朱文兴教授以及杉数科技集团的研究团队获得了运筹应用奖. 值得骄傲的是, 在 2019 年国际运筹学和管理科学研究协会年会 (2019 INFORMS Annual Meeting) 上, 来自中国的滴滴 AI Labs, 通过对网约车派单问题进行半马尔可夫过程建模, 提出了基于强化学习的泛化决策迭代框架, 创新有效地结合了深度强化学习、时间差学习和传统组合优化方法, 在确保乘客出行体验的同时进一步提高了司机的收入, 体现了广泛的应用能力和影响力. 该项目最终脱颖而出, 获得了国际运筹学领域的顶级实践奖项——2019 年度瓦格纳运筹学杰出实践奖 (Daniel H. Wagner Prize), 这也是瓦格纳运筹学杰出实践奖创建 22 年以来, 中国的企业第一次被授予该奖项.

1.5   运筹学相关学会

1.5.1   中国运筹学会

中国运筹学会是中国运筹学工作者的学术性群众团体, 是依法成立的社团法人, 是发展中国运筹学事业的一支重要社会力量, 是中国科学技术协会的组成部分. 1980 年 4 月, 中国数学会运筹学分会成立, 对我国运筹学的发展起到很大的推动作用. 1991 年, 中国运筹学会成立. 中国运筹学会积极组织广大运筹学工作者, 广泛开展国内外学术交流活动. 通过这些年卓有成效的努力, 中国运筹学界涌现出了一批又一批学术新人, 而运筹学本身在中国也发生了从无到有、从幼稚到成熟的质的变化. 在注重自身发展的同时, 中国运筹学会也积极开展同国际运筹学界的交流与合作, 主办了多次大型国际学术会议, 并通过这些国际学术交流活动确定了中国运筹学会在整个国际运筹学界中的地位. 中国运筹学会正以成熟的姿态屹立在国际科技舞台上. 中国运筹学会现有专业委员会 16 个、个人会员 1800 多人, 团体会员 30 个, 集中了全国运筹学最优秀的科研人员. 同时, 中国运筹学会还主办《运筹学学报》和《运筹与管理》两种期刊. 2013 年, 中国运筹学创办了新的英文期刊 *Journal of the OR Society of China* (JORSC). 截至 2020 年, 中国运筹学会已经召开了十一次会员代表大会和十五次学术交流会, 形成了近千人的参会规模, 为广大运筹学工作者创造了宽松、和谐、团结的学术气氛, 为我国社会经济的发展做出了应有的贡献.

学会网址: http://www.orsc.org.cn

1.5.2   中国管理科学与工程学会

2007 年初, 由管理科学与工程学科奠基人, 中国工程院院士李京文、王众托、汪应洛、刘源张发起, 近百所院校的学者签名, 建议在原 "中国管理科学与工程论坛" 基础上, 成立中国管理科学与工程学会. 2009 年初, 这一建议得到民政部的正式批准, 学会业务上接受教育部的指导, 李京文院士担任理事长, 学会秘书处依托于北京工业大学. 2016 年 5 月 22 日, 会议通过投票推举北京交通大学的高自友教授为管理科学与工程常务学会新一届代理理事长. 2016 年 10 月 22 日, 管理科学与工程会员大会选举高自友教授为新任理事长. 截至 2020 年, 中国管理科学与工程学会下设工业工程与管理分会、神经管理与神经工程分会、大数据与商务分析分会、协同创新与管理分会、交通运输管理分会、服务科学与工程分会、智能决策分会、管理系统工程分会、工程管理分会、智能制造工程管理分会、金融与风险管理分会、供应链与运营管理分会、质量与可靠性管理分会、管理科学与工程应用分会、信息系统与数字化创新分会、人工智能技术与管理应用分会等 16 个二级分会.

学会网址: http://www.glkxygc.cn

1.5.3 中国优选法统筹法与经济数学研究会

中国优选法统筹法与经济数学研究会是由著名数学家华罗庚教授发起的联系我国从事优选法、统筹法、经济数学、管理科学等学科研究、应用与教育的科技工作者的桥梁和纽带, 是自愿结成的、依法登记成立的、具有公益性和学术性的社会团体, 是中国科协的组成部分, 是推动我国管理科学与技术发展的重要力量. 20 世纪 60 年代, 以我国著名数学家华罗庚教授为首率先开展优选学、统筹学、经济数学的理论研究, 并组织小分队先后到 23 个省、自治区、直辖市结合我国的实际情况推广优选法与统筹法的工作, 使得优选法与统筹法成功地应用于化工、电子、冶金、煤炭、石油、电力、机械制造、交通运输、粮油加工、建材、医药卫生、环境保护、农林畜牧、国防工业和科学研究等方面, 取得了丰硕成果. 1981 年成立了中国优选法统筹法与经济数学研究会, 首任理事长为华罗庚教授, 现任理事长为池宏研究员. 研究会现有会员 1.7 万多人, 设有省市分会 15 个, 并有项目管理、计算机模拟、军事运筹、决策信息、工业工程、高等教育、经济数学等 20 个专业分会. 中国优选法统筹法与经济数学研究会协会还主办了科技期刊《中国管理科学》和科普期刊《数理天地》. 研究会成立以来, 积极研究和推广应用 "双法" 坚持为国民经济建设服务的方向, 开展企业优选、统筹、管理科学的研究和应用, 对国家重大决策项目和宏观决策问题进行研究, 有力地促进我国优选法与管理科学的发展, 并为国民经济做出了重要贡献. 在中国科学技术协会领导下, 该学会作为牵头学会成功地开展了对国家重大项目的咨询论证, 在社会上有较大影响. 该学会组织完成项目先后获得国家科技进步奖 5 项 (一等奖 1 项, 二等奖 3 项, 三等奖 1 项), 院、部科技进步奖 14 项 (一等奖 7 项, 二等奖 6 项, 三等奖 1 项).

学会网址: http://www.scope.org.cn/about.aspx

1.5.4 中国系统工程学会

中国系统工程学会, 是全国一级学会, 独立社团法人和中国科学技术协会成员, 由钱学森、宋健、关肇直、许国志等 21 名专家、学者在 1979 年共同倡议并筹备, 于 1980 年 11 月 18 日在北京正式成立, 由自然科学领域的科学家钱学森和社会科学领域的经济学家薛暮桥担任名誉理事长. 第一届理事会理事长为关肇直, 第二、三届理事长为许国志, 第四、五届理事长为顾基发, 第六、七届理事长为陈光亚, 第八、九届理事长为汪寿阳, 第十届理事长为杨晓光. 1994 年, 中国系统工程学会开始参加国际系统研究联合会 (IFSR), 并成为国际系统研究联合会团体会员. 目前, 中国系统工程学会有 27 个专业委员会, 包括军事系统工程专业委员会、系统理论专业委员会、社会经济系统工程专业委员会、模糊数学与模糊系统专业委员会、农业系统工程专业委员会、教育系统工程专业委员会、信息系统工程专业委员会、科技系统工程专业委员会、交通运输系统工程专业委员会、过程系统工程专业委员会、决策科学专业委员会、人-机-环境系统工程专业委员会、林业系统工程专业委员会、草业系统工程专业委员会、系统动力学专业委员会、医疗卫生系统工程专业委员会、金融系统工程专业委员会、船舶和海洋系统工程专业委员会、能源资源系统工程分会、服务系统工程分会、物流系统工程专业委员会、水利系统工程专业委员会和应急管理系统工程专业委员会、港航经济系统工程专业委员会、可持续运营与管理系统分会、系统可靠性工程专业委员会和智能制造系统工程专业委员会. 目前, 中国系统工程学会作为第一主办单位的期刊有 5 个, 包括《系统工程理论与实践》、《系统工程学报》、《系统科学与系统工程学报 (英文版)》、《交通运输系统工程与信息》、*Journal of Systems Science and Information* (《系统科学与信息学报》). 学会开展科学技术奖励活动, 系统科学与系统工程科学技术奖下设的具体奖项有：终身成就奖、理论奖、应用奖和青年科技奖、优秀博士学位论文奖.

学会网址：http://www.sesc.org.cn/htm/article/article1143.htm

1.6   运筹学相关期刊

1.6.1   运筹学学报

《运筹学学报》创刊于 1982 年, 是由中国科学技术协会主管, 中国运筹学会主办, 上海大学承办的全面刊载运筹学各分支学科研究论文的专业学术性刊物, 主要刊登运筹学各领域的最新进展、动态、理论、成果等, 促进运筹学研究和应用的学术交流.

《运筹学学报》目前是中文核心期刊、中国科技论文统计源期刊 (中国科技核心期刊) 和中国科学引文数据库 (CSCD) 来源期刊.

期刊官网：http://www.ort.shu.edu.cn

1.6.2   运筹与管理

《运筹与管理》是由中国运筹学会主办, 合肥工业大学承办的学术性期刊 (月刊). 宗旨是交流运筹学与管理科学工作者的研究成果, 推进运筹学在经济计划、投资决策、风险分析、企业管理、生产控制、结构优化、信息技术及军事领域的应用. 主要刊登运筹学和管理科学方面的学术研究成果及在国民经济各部门中创造性地解决实际问题行之有效的方法与经验.

《运筹与管理》目前是中文核心期刊、中国科技论文统计源期刊 (中国科技核心期刊)、中国科学引文数据库 (CSCD) 来源期刊、中文社会科学引文索引 (CSSCI) 来源期刊、国家自然科学基金委管理科学部认定的 A 类重要期刊和 FMS-T2 类期刊.

期刊官网：http://www.jorms.net

1.6.3   系统工程学报

《系统工程学报》是由中国科学技术协会主管、中国系统工程学会主办、天津大学承办的全国性一级学术刊物, 主要刊登高质量的系统工程理论和管理工程领域、方法和应用及综述性论文; 内容包括复杂系统及大规模系统理论、方法及应用、评价与决策、控制理论与应用、系统建模与预报、优化理论、决策与对策、金融工程、生产计算机与高度、供应链、电子商务、管理信息系统、交通系统工程、可靠性分析及相关的人工智能技术及运筹学的各个分支领域, 有关的人工智能技术在系统工程中的应用以及系统工程领域中的新概念、新原理、新方法等, 应用领域包括社会经济系统、交通系统、金融工程、教育、环境及城市系统等.

《系统工程学报》目前是中文核心期刊、中国科学引文数据库 (CSCD) 来源期刊、国家自然科学基金委员会管理科学部认定的 A 类重要期刊和 FMS-T1 类期刊.

期刊官网：http://jse.tju.edu.cn

1.6.4 系统工程理论与实践

《系统工程理论与实践》创刊于 1981 年, 是由中国科学技术协会主管、中国系统工程学会主办的集系统科学、管理科学、信息科学等为一体的综合科技期刊, 主要刊登工业、农业、军事、教育、科研、经济与金融及信息管理等领域中的重要应用成果以及具有重要意义的创造性的优秀理论成果, 介绍国内外重大研究进展和人物的动态报道和综述文章, 以及优秀书刊评价. 创刊以来, 形成了科学性强、权威度高、影响力大、覆盖面广的刊物特色. 该期刊始终坚持严格审稿和理论联系实践的原则, 坚持为作者和读者服务的精神, 坚持规范化出版和科学、严谨、高效、求实的工作态度, 树立了良好的社会形象, 得到国内外同行的广泛认可. 近年来收稿量不断增长, 刊发的论文质量很高, 影响越来越大, 成为系统工程与系统科学和管理科学等领域最有影响力的杂志之一.

《系统工程理论与实践》连续多次被评为 "百种中国杰出学术期刊", 目前是 EI Compendex 数据库收录期刊、中文核心期刊、中国科学引文数据库 (CSCD) 来源期刊、中文社会科学引文索引 (CSSCI) 来源期刊、国家自然科学基金委员会管理科学部认定的 A 类重要期刊和 FMS-T1 类期刊.

期刊官网：http://www.sysengi.com

1.6.5 中国管理科学

《中国管理科学》创刊于 1984 年, 是由中国优选法统筹法与经济数学研究会和中国科学院科技政策与管理科学研究所主办的一级学术期刊, 主要刊登规划与优化、投资分析与决策、生产与经营管理、供应链管理、项目与风险管理、应急管理、知识管理、管理信息系统等方面具有创造性的学术论文, 旨在促进我国在管理科学学科领域的理论、方法和应用研究, 鼓励跟踪国际上学科前沿与热点的创造性研究, 推动我国管理科学整体研究水平的提高和国内外学术交流, 更好地为经济建设和学科建设服务.

《中国管理科学》连续多次被评为 "百种中国杰出学术期刊", 目前是中文核心期刊、中国科学引文数据库 (CSCD) 来源期刊、中文社会科学引文索引 (CSSCI) 来源期刊、国家自然科学基金委员会管理科学部认定的 A 类重要期刊和 FMS-T1 类期刊.

期刊官网：http://www.zgglkx.com

1.6.6 管理科学学报

《管理科学学报》创办于 1992 年, 由中华人民共和国教育部主管, 国家自然科学基金委员会管理科学部与天津大学共同主办的管理科学领域的学术刊物, 主要刊登管理科学的基础理论、方法与应用等学术性研究成果, 以及已取得社会或经济效益的应用性研究成果. 《管理科学学报》连续多次被评为 "百种中国杰出学术期刊", 目前是中文核心期刊、中国科学引文数据库 (CSCD) 来源期刊、中文社会科学引文索引 (CSSCI) 来源期刊、国家自然科学基金委员会管理科学部认定的 A 类重要期刊和 FMS-T1 类期刊.

期刊官网：http://jmsc.tju.edu.cn/ch/index.aspx

1.7　运筹学领域巨匠

1.7.1　钱学森

钱学森 (1911.12.11—2009.10.31), 国际著名科学家, 空气动力学家, 中国载人航天奠基人, 中国科学院院士及中国工程院院士, 中国两弹一星功勋奖章获得者, 被誉为 "中国航天之父"、"中国导弹之父"、"中国自动化控制之父" 和 "火箭之王", 他发展了系统学和开放的复杂巨系统的方法论, 由于钱学森回国效力, 我国导弹、原子弹的发射成功向前推进了至少 20 年. 钱学森长期担任中国火箭和航天计划的技术领导人, 对航天技术、系统科学和系统工程做出了巨大的和开拓性的贡献.

在钱学森的科学理论与科学实践中, 有一个非常鲜明的特点, 就是他的系统思维和系统科学思想. 系统研究贯穿于他的整个科学历程中. 20 世纪 30 年代中期到 50 年代中期, 钱学森在应用力学、喷气推进以及火箭与导弹研究方面, 取得了举世瞩目的成就. 与此同时还创建了物理力学和工程控制论, 成为当时国际上著名的科学家. 从现代科学技术发展来看, 工程控制论已不完全属于自然科学领域, 而属于系统科学范畴. 自然科学是从物质在时空中运动的角度来研究客观世界的. 而工程控制论要研究的并不是物质运动本身, 而是研究代表物质运动的事物之间的关系, 研究这种关系的系统性质. 因此, 系统和系统控制是工程控制论所要研究的基本问题.

20 世纪 50 年代中期至 80 年代初, 钱老的主要精力集中在开创我国火箭、导弹和航天事业上. 在周恩来、聂荣臻等老一辈无产阶级革命家的直接领导下, 钱学森的科学才能和智慧得以充分发挥, 并和广大科技人员一起, 在当时十分艰难的条件下, 研制出我国自己的导弹和卫星来, 创造出国内外公认的奇迹. 面对 "两弹一星" 这种大规模科学技术工程, 如何把成千上万人组织起来, 并以较少的投入在较短的时间内, 研制出高质量可靠的型号产品来, 这就需要有一套科学的组织管理方法与技术. 钱学森在开创我国航天事业的同时, 也开创了一套既有中国特色又有普遍科学意义的系统工程管理方法与技术. 实践已经证明了这套方法的科学性和有效性.

20 世纪 80 年代初到逝世前, 钱老的主要精力集中在建立系统科学及其体系和创建系统学的工作并开创了复杂巨系统科学与技术这一新领域. 在这个阶段上, 钱学森的系统科学思想和系统方法有了新的发展, 达到了新的高度, 进入了新的阶段. 特别是钱学森的综合集成思想和综合集成方法, 已贯穿于工程、技术、科学直到哲学的不同层次上, 在跨学科、跨领域和跨层次的研究中, 特别是不同学科、不同领域的相互交叉、结合与融合的综合集成研究方面, 钱老都做出了许多开创性贡献.

拓展阅读: http://www.cas.cn/zt/rwzt/qxsssyzn/jnwz/201010/t20101031_3000269.html

1.7.2　华罗庚

华罗庚 (1910.11.12—1985.6.12), 国际著名数学家, 中国科学院院士, 中国科学院数学研究所研究员, 是中国解析数论、矩阵几何学、典型群、自守函数论等多方面研究的创始人和开拓者. 他为中国数学的发展做出了无与伦比的贡献, 被誉为 "中国现代数学之父", 被列

为 "芝加哥科学技术博物馆中当今世界 88 位数学伟人之一". 华罗庚先生早年的研究领域是解析数论, 他在解析数论方面的成就尤其广为人知, 国际上颇具盛名的 "中国解析数论学派" 即华罗庚开创的学派, 该学派对于质数分布问题与哥德巴赫猜想做出了许多重大贡献. 他在多复变函数论、矩阵几何学方面的卓越贡献, 更是影响到了世界数学的发展. 也有国际上有名的 "典型群中国学派", 华罗庚先生在多复变函数论, 典型群方面的研究领先西方数学界十多年. 1956 年, 华罗庚先生获得国家自然科学奖一等奖, 1990 年与王元一起获陈嘉庚物质科学奖. 他还被选为美国科学院国外院士, 第三世界科学院院士, 联邦德国巴伐利亚科学院院士, 被法国南锡大学、香港中文大学、美国伊利诺伊大学授予荣誉博士学位.

新中国成立后不久, 华罗庚毅然决定放弃在美国的优厚待遇, 奔向祖国的怀抱. 归国途中, 他写了一封致留美学生的公开信, 其中说: "为了抉择真理, 我们应当回去; 为了国家民族, 我们应当回去; 为了为人民服务, 我们应当回去; 就是为了个人出路, 也应当早日回去, 建立我们工作的基础, 投身我国数学科学研究事业. 为我们伟大祖国的建设和发展而奋斗." 华罗庚先生回国后以极大的热情关注祖国的社会主义建设事业, 致力于数学为国民经济服务. 在生命的后 20 年里, 他几乎把全部精力投身于推广应用数学方法的工作, 优选法、统筹法的推广应用便是其中心内容.

通过调研, 华罗庚了解了生产的整体层面的一些管理问题, 如生产的安排、进度、工期等. 1964 年, 他以国外的 CPM (关键线路法) 和 PERT (计划评审法) 为核心, 进行提炼加工, 去伪存真, 通俗形象化, 提出了中国式的统筹方法. 1965 年 2 月, 华罗庚亲率助手 (学生) 去北京 774 厂 (北京电子管厂) 搞统筹方法试点, 后又去西南铁路工地搞试点. 他于 1965 年出版了小册子《统筹方法平话》(后于 1971 年出版了修订本《统筹方法平话及补充》, 增加了实际应用案例). 书中用 "泡茶" 这一浅显的例子, 讲述了统筹法的思想和方法. 这样, 即便是文化程度不高的人也能懂, 联系实际问题也能用. 在这之后, 华罗庚又考虑生产工艺的 (局部) 层面, 如何选取工艺参数和工艺过程, 以提高产品质量. 他提出了 "优选法", 即选取这种最优点的方法本身应该是最优的, 或者说可用最少的试验次数来找出最优点, 并从理论上给出了严格的证明. 1971 年 7 月出版了小册子《优选法平话》, 书中着重介绍了 0.618 法 (黄金分割法). 随后, 他又和助手们一起在北京搞试点, 很快取得成功. 因为这一方法适用面广, 操作简单, 效果显著, 受到工厂工人的欢迎. 1970 年 4 月, 国务院根据周总理的指示, 邀请 7 个工业部负责人听华罗庚讲优选法、统筹法. 之后, 华罗庚凭他个人的声望, 到各地借调得力人员组建 "推广优选法统筹法小分队", 亲自带领小分队去全国各地推广 "双法", 为工农业生产服务. 从 1972 年开始, 全国各地推广 "双法" 的群众运动持续了十余年. 华罗庚先后到过 23 个省、自治区、直辖市工作. 各地 "双法" 推广工作是在地方党委的领导下, 组织一支 "五湖四海" 的小分队, 发动群众, 开展科学试验. 例如, 1975 年在陕西时, 小分队队员有来自 19 个省、自治区、直辖市及 9 个部的 160 多位同志. 各地来的同志一方面把已经取得的经验带来, 另一方面又把新经验、新成果带回去. 小分队是以工人、干部、技术人员三结合的队伍. 华罗庚在各地作优选法、统筹法的报告, 有成千上万的群众参加. 由于他的报告通俗易懂, 形象、幽默, 如用折纸条和香烟烧洞的方法讲解 0.618 法, 普通工人都能听得懂, 用得上, 自己会操作. 他告诫小分队队员要当 "小徒工", 给工人师傅 "递工具", 让工人师傅自己进行试验. 由于强调运用毛主席在 "矛盾论" 中抓主要矛盾的思想, 抓住单因素黄金分割法, 优选法在实际生产中显示了巨大的威力, 取得增产、降耗、优质的效果. 许多单位在基本不增加投资、人力、物力、财力的情况下, 应用 "双法" 选择合理的设计参数、工艺参数, 统筹安排, 提高了经营管理水平, 取得了显著的经济效果. 如江苏省在 1980 年取得成果 5000 多项, 半年时间实际增加产值 9500 多万元, 节约 2800 多万元, 节电 2038 万度, 节煤 85000 吨, 节油 9000 多吨. 四川省推广 "双法", 5 个月增产节约价值 2 亿多元. "双法" 广泛应用于化工、电子、邮电、冶金、煤炭、石油、电力、轻工、机械制造、交通运输、粮油加工、建工建材、医药卫生、环境保护、农业等行业. 1977 年 10 月, 中国科学院正式成立了 "应用数学研究推广办公室", 由华罗庚领导, 又陆续去内蒙古、四川、江苏、安徽等地开展推广 "双法" 的工作. 在 1978 年举行的全国科学大会上, 华罗庚领导的推广 "双法" 工作被评为 "全国重大科技成果奖". 1981 年 3 月正式成立了 "中国优选法、统筹法与经济数学研究会", 华罗庚任第一届理事长. "双法" 学会成立以后, 华罗庚适时地将自己的工作由推广 "双法" 转移向国民经济的咨询工作. 他领导了 "两淮煤炭开发规划方案论证" "准格尔露天矿和内蒙西部糖业发展规划" "大庆油田七五规划和地面工程方案的优选研究" 等项目的咨询, 受到高度评价.

拓展阅读: http://www.cas.cn/zt/jzt/cxzt/zgkxykjcxale/200410/t20041010_2668230.shtml

1.7.3　许国志

许国志 (1919.4.20—2001.12.15), 运筹学与系统工程专家, 1943 年毕业于上海交通大学, 1949 年获美国堪萨斯州大学理学硕士, 1953 年获堪萨斯州大学哲学博士, 1995 年当选为中国工程院院士, 长期致力于运筹学、组合最优化和系统科学的科研与教学, 取得了很多重要的研究成果, 筹建了中国第一个运筹学研究室、系统科学研究所, 培养了一大批运筹学和系统科学方面的专门人才, 并推动了系统工程和运筹学在国民经济中的应用研究, 是我国运筹学和系统工程研究的主要创建人之一. 20 世纪 50 年代起, 许国志负责起草了我国第一个科技规划——"中国十二年科技规划" 中有关运筹学发展的条目, 组织开发了第一批运筹学在运输、铁路运营和钢铁工业中的应用课题, 写出了第一批有关运筹学的专著和文章. 20 世纪 80 年代开展系统工程在我国的研究, 参与筹建了中国科学院系统科学研究所和国防科技大学系统工程与数学系, 创建了中国系统工程学会及第一个系统工程的刊物——《系统工程的理论和实践》, 为系统工程在我国的经济发展、国防建设、决策分析等方面的应用起了倡导和促进作用. 许国志先生一贯坚持理论联系实际, 重视学科发展的实际背景, 特别注重从具体问题中得到启发, 从而提出具有一般意义的概念和规律.

拓展阅读: http://www.cae.cn/cae/html/main/colys/15184615.html

1.7.4　顾基发

顾基发, 国际系统与控制科学院院士、欧亚科学院院士, 1953 年至 1956 年在复旦大学数学系学习, 1957 年北京大学计算数学专业毕业, 毕业后在中科院力学研究所工作. 1959 年至 1963 年在苏联科学院列宁格勒数学研究所学习, 取得数理科学副博士学位, 回国后在中科院数学所工作, 1980 年在系统科学所工作, 1999 年在数学与系统科学研究院工作. 先后担任过中国系统工程学会理事长、国际系统研究联合会主席等职务. 1999 年至 2003 年,曾任日本北陆先端科技大学院大学知识科学学院教授. 顾基发先生是系统工程及运筹学领域的知名专家, 也是中国运筹学和系统工程理论和应用研究早期开拓者之一, 他最早提出运用多目标决策理论处理实际问题, 提出的关于 "物理、事理、人理" 思想得到十几个国家同行们的认可.

顾基发先生以自己的亲身实践和辛勤工作, 在推动中国运筹学和系统工程理论和应用研究发展方面取得了令人瞩目的成就. 20 世纪 60 年代, 他首先将运筹学用于导弹突防概率论证和计算, 70 年代初致力于推广应用优选法, 70 年代末协同钱学森、许国志开创中国系统工程的研究和应用. 他是中国存储、多目标决策理论和应用研究开创者之一, 率先提出优序法和虚拟目标法, 培养了一大批运筹学和系统工程专门人才, 为中国运筹学和系统工程事业的发展做出了重大贡献. 他编辑出版书籍 20 余部, 参与编写《中国大百科全书·自动控制与系统工程卷》和担任《系统工程方法论分支》的主编 (1991 年)、《系统科学大词典》运筹学分支的主编 (1994 年)、《国际生命支持系统大百科全书》名誉编委 (1996 年)、《系统工程理论与实践》主编、《系统工程学报》和 *Journal of Systems Science and Systems Engineering*、*International J. Computers & Industries Engineering*、《运筹与管理》、《中国管理科学》编委. 领导和主持系统工程应用于军事、能源、水资源、区域发展战略、决策支持系统和评价等 40 多个重大科研项目, 获国家级和部委级各种奖项 13 项.

拓展阅读: http://bj.ieaschina.org/content/details_61_23526.html

1.8　运筹学相关竞赛

1.8.1　全国大学生数学建模竞赛

全国大学生数学建模竞赛创办于 1992 年, 每年一届, 已成为全国高校规模最大的基础性学科竞赛, 也是世界上规模最大的数学建模竞赛. 该竞赛每年 9 月 (一般在上旬某个周末的星期五至下周星期一共 3 天, 72 小时) 举行, 竞赛面向全国大专院校的学生, 不分专业. 该竞赛是首批列入 "高校学科竞赛排行榜" 的 19 项竞赛之一. 2020 年, 来自全国及美国、英国、马来西亚的 1470 所院校/校区、45680 队 (本科 41826 队、专科 3854 队)、13 万多人报名参赛. 该竞赛的指导原则是: 扩大受益面, 保证公平性, 推动教学改革, 促进科学研究, 增进国际交流; 竞赛宗旨是: 创新意识, 团队精神, 重在参与, 公平竞争.

1.8.2　全球运筹优化挑战赛

全球运筹优化挑战赛由京东集团主办, 京东物流及京东 Y 事业部承办的全球运筹优化挑战赛 (GOC), 旨在集结全球领域顶尖人才, 共同探索基于供应链真实场景的解决方案. 这将是全球首个聚焦于智慧物流和智慧供应链两大无界零售基础设施的顶级运筹优化赛事. 2018 年, 该赛事共吸引了来自全球 3519 名选手参赛, 覆盖了全球 600 多个顶级学府和机构, 包括麻省理工学院、斯坦福大学、佐治亚理工学院、新加坡国立大学、纽约大学、哥伦比亚大学、宾夕法尼亚州立大学、清华大学、北京大学. 该赛事以真实业务场景为赛题, 就预测、补货、调拨、配送等物流和供应链的核心决策向选手发起挑战, 并首次公开了供应链模型为选手进行演练, 最终在 "城市物流运输车智能调度" 以及 "仓储网络智能库存管理" 两道赛题上诞生了两组冠军, 分别是来自南京大学与华中科技大学组成的 NJUSME 二

队和清华大学与北京大学组成的 TP-AI, 两组团队在算法性能分析以及创新性上有着突出
的表现.

拓展阅读：https://jdata.jd.com/activity/goc/page/html/index.html

1.8.3 天池大数据竞赛

2014 年 3 月, 阿里巴巴集团董事局主席马云在北京大学发起 "天池大数据竞赛". 首届
大赛共有来自全球的 7276 支队伍参赛, 海外参赛队伍超过 148 支. 阿里巴巴集团为此开放
了 5.7 亿条经过严格脱敏处理的数据. 2014 年, 赛季的数据提供方为贵阳市政府, 参赛者
根据交通数据模拟控制红绿灯时间, 寻找减轻道路拥堵的方法. 该项赛事的目标是打造国
际高端算法竞赛, 让参赛选手用算法解决社会或业务问题. 因此, 比赛题目十分贴近实际场
景, 例如阿里巴巴全球调度算法大赛, 邀请了来自海内外顶尖算法工程师、高校学者、学生
共同探讨、研究如何更优雅地运用运筹调度算法解决资源调度问题.

拓展阅读：https://tianchi.aliyun.com/competition/gameList/activeList

1.9 运筹学相关软件

1.9.1 LINGO

LINGO 是 Linear Interactive and General Optimizer 的缩写, 由美国 LINDO 系统
公司 (Lindo System Inc.) 推出的 "交互式的线性和通用优化求解器", 目前已经更新至
18.0 版本. 它是美国芝加哥大学的 Linus Schrage 教授于 1980 年开发的一套用于求解
最优化问题的工具包, 后来经过完善、扩充, 并成立了 LINDO 系统公司. 目前这套软件
主要产品有：LINDO, LINGO, LINDOAPI 和 What's Best, 它们在求解最优化问题上,
与同类软件相比有着绝对的优势. 该软件有演示版和正式版, 正式版包括求解包 (solver
suite)、高级版 (super)、超级版 (hyper)、工业版 (industrial)、扩展版 (extended), 可以用
于线性和非线性方程组的求解, 功能十分强大, 但不同版本的 LINGO 对求解问题的规模有
限制.

LINGO 的主要功能包括：求解线性规划、非线性规划、整数规划和二次规划, 以及一
些线性和非线性方程组的求解等. LINGO 提供强大的语言和快速的求解引擎来阐述和求
解模型, 提供了内置建模语言和十几个内部函数, 允许优化模型中的决策变量为整数, 可以
求解整数规划, 包括 0-1 整数规划, 十分方便灵活, 而且执行速度非常快, 能与 Excel、数据
库等其他软件交换数据.

拓展阅读：https://www.lindo.com

1.9.2 CPLEX

IBM ILOG CPLEX Optimization Studio 将 OPL 集成开发环境和 CPLEX 以及 CP
Optimizer 解决方案引擎结合到一个产品中, 同时提供了 IBM ILOG CPLEX Enterprise
Server. CPLEX Optimization Studio 提供了针对全部规划和调度问题构建有效优化模型
和最尖端应用程序的最快速方法. 通过其集成开发环境、描述性建模语言以及内置工具, 该
产品支持整个模型开发流程. CPLEX 是 IBM ILOG Optimization Studio 的一个功能部件,

是专门用于求解大规模的线性规划 (LP)、二次规划 (QP)、带约束的二次规划 (QCQP)、二阶锥规划 (SOCP) 等四类基本问题, 以及相应的混合整数规划 (MIP) 问题的求解器, 在表示为数学规划模型的用于解决问题的优化引擎中提供了最高水准性能以及稳健性, 能够解决一些非常困难的行业问题, 并且提供超线性加速功能的优势, 分为免费版和商业版两种, 其中免费版有求解规模限制, 不能求解规模过大的问题. CP Optimizer 也是 IBM ILOG Optimization Studio 的一个功能部件, 是支持约束传播、域缩减和高度优化解决方案搜索的约束规划工具的软件库. IBM ILOG CPLEX Enterprise Server 使用户能够在客户机/服务器体系结构中部署模型和解决方案.

拓展阅读：https://www.ibm.com/cn-zh/products/ilog-cplex-optimization-studio/details

1.9.3 GUROBI

GUROBI 是由美国 GUROBI 公司开发的新一代大规模数学规划优化器, 在 Decision Tree for Optimization Software 网站举行的第三方优化器评估中, 展示出更快的优化速度和精度, 成为优化器领域的新翘楚. 无论在生产制造领域, 还是在金融、保险、交通、服务等其他各种领域, 当实际问题越来越复杂, 问题规模越来越庞大, GUROBI 优化工具在多种场景下都被证明是全球性能领先的大规模优化器, 具有突出的性价比, 可以为客户在开发和实施中极大降低成本. GUROBI 的全球用户超过 2600 家, 广泛应用在金融、物流、制造、航空、石油石化、商业服务等多个领域, 为智能化决策提供了坚实的基础, 成为上千个成熟应用系统的核心优化引擎. GUROBI 的优势在于: ① 可以求解大规模线性问题, 二次型问题和混合整数线性和二次型问题; ② 支持非凸目标和非凸约束的二次优化; ③ 支持多目标优化; ④ 支持包括 SUM, MAX, MIN, AND, OR 等广义约束和逻辑约束; ⑤ 支持包括高阶多项式、指数、三角函数等的广义函数约束; ⑥ 问题尺度只受限制于计算机内存容量, 不对变量数量和约束数量有限制; ⑦ 采用最新优化技术, 充分利用多核处理器优势, 支持并行计算; ⑧ 提供了方便轻巧的接口, 支持 C++, Java, Python, .Net, MATLAB 和 R 等语言, 内存消耗少; ⑨ 支持多种平台, 包括 Windows, Linux, Mac OS X.

拓展阅读：https://www.gurobi.com

1.9.4 MOSEK

丹麦 MOSEK ApS 公司开发的数学优化求解器 MOSEK 是公认的求解二次规划和二阶锥规划问题最快的求解器之一, 主要针对大规模线性规划、二次规划、半正定规划和锥规划等复杂优化问题, 广泛应用于金融、保险和能源等领域. 该软件采用一流的内点法实现, 可充分利用多核处理器硬件特点进行并行计算, 可求解的问题规模仅受限制于计算机内存容量. 在金融中, 组合投资问题中的马科维茨均值方差模型及其多个变种就可以归结为一个二次规划或者二阶锥规划问题, MOSEK 对此类问题的求解非常有效. 作为世界知名的商业求解器之一, MOSEK 的核心算法性能优越, 对底层优化模型的求解效率高且稳定, 能够快速求解大规模的组合投资问题. 目前, MOSEK 在欧洲和北美广为人知, 产品客户涵盖金融企业及研究机构、软件供应商等市场领域.

拓展阅读：https://www.mosek.com

1.9.5 MATLAB 优化工具箱

MATLAB(MATrix LABoratory) 的基本含义是矩阵实验室, 它是由美国 Math Works 公司研制开发的一套高性能的集数值计算、信息处理、图形显示等于一体的可视化数学工具软件, 日前已有 2020a 版本. MATLAB 的基本数据单位是矩阵, 它的指令表达式与数学、工程中常用的形式十分相似, 故用 MATLAB 来求解问题要比用 C 或 FRTRAN 等语言简捷得多. MATLAB 还包含功能强大的多个 "工具箱", 如优化工具箱 (Optimization Toolbox)、统计工具箱、样条两数工具箱、数据拟合工具箱等, 都是优化计算的有力工具. Optimization Toolbox 提供了寻找最小化或最大化目标并同时满足约束条件的函数. 工具箱中包括了线性规划 (LP)、混合整数线性规划 (MILP)、二次规划 (QP)、非线性规划 (NLP)、约束线性最小二乘法、非线性最小二乘和非线性方程的求解器. 可以利用函数和矩阵或通过指定反映底层数学原理的变量表达式来定义需要解决的优化问题. 用户可以使用该工具箱求解器寻找连续与离散问题的优化解决方案、执行折中分析以及将优化的方法结合到算法和应用程序中. 该工具箱能够执行优化设计的任务, 包括参数估计、组件选择和参数调优; 可用来寻找投资组合优化、资源分配、生产计划与调度等应用中的最优解决方案.

拓展阅读：https://ww2.mathworks.cn/products/optimization.html

1.9.6 杉数优化求解器

杉数科技 (北京) 有限公司成立于 2016 年 7 月, 由罗小渠、葛冬冬、王子卓、王曦四位斯坦福大学博士联合创立. 以人工智能决策技术, 让企业具有定制优化决策的能力, 结合机器学习与运筹优化技术为企业服务. 杉数科技依托于自主研发的杉数智慧链优化解决方案平台, 将企业级大数据处理能力、决策模型算法模块以及业务场景解决方案一站式整合, 为企业提供收益管理、库存优化、仓储优化、运输优化、生产制造、网络优化与选址等一系列行业性决策解决方案, 解决企业所遇到的供应链管理难题. 杉数求解器 (Cardinal Optimizer, COPT) 是杉数科技自主研发的一款针对大规模优化问题的高效数学规划求解器套件. 目前已经可以为客户提供线性规划问题、整数规划问题、非线性问题等多种数学规划求解方案. 该求解器高效地实现了单纯形算法, 可用于快速求解线性规划问题. 目前支持所有主流操作系统 (均为 64 位系统), 包括：Windows, Linux 和 MacOS, 并提供以下接口：Python, PuLP, Pyomo, C, C++, C#, Java, AMPL 和 GAMS, 同时支持 ARM64 平台.

拓展阅读：https://www.shanshu.ai

1.10 运筹学展望

20 世纪 70 年代的运筹数学已经成了运筹学的一个强有力分支, 具备了十分完善的数学描述, 许多研究者都能够使用高深的数学工具来构造精巧、复杂的数学模型, 但许多运筹学界的前辈认为, 这一趋势会让有些研究者钻进运筹数学的深处, 忘掉了运筹学的原有特色, 也忽略了多学科的交叉与联系以及解决实际问题的客观需求, 无法处理大量新出现的不易解决的实际问题. 美国前运筹学会主席邦特 (S. Bonder) 曾指出, 运筹学未来会在运筹学应用、运筹科学和运筹数学三个领域有所发展, 但发展的重点应该聚焦在运筹学应用和运筹科学两个方面. 现代运筹学工作者面临的大量新问题是由经济、技术、社会、生态和政治等因素交叉在一起的复杂系统产生的, 因此, 也有运筹学家提出要注意研究复杂系统, 要注意与系统分析方法相结合. 美国科学院国际开发署发布的书中, 曾将系统分析 (SA) 和运筹学 (OR) 并列于书名之中, 也有运筹学家提出了 "要从运筹学到系统分析" 的号召. 另外, 由于研究新问题的时间跨度一般都比较长, 有的运筹学家也提出运筹学研究要与未来学紧密结合的观点. 不仅如此, 由于面临的许多问题都会涉及技术、经济、社会、心理等因素, 在运筹学研究中除了常用的数学方法以外, 还需要引入一些非数学的方法和理论. 美国运筹学家沙旦 (T. L. Saaty) 曾在 20 世纪 50 年代写过 "运筹学的数学方法" 并在 20 世纪 70 年代末提出了层次分析法 (AHP), 他认为过去过分强调的细巧的数学概型很难解决那些非结构性的复杂问题. 因此, 尽管有时候使用的方法看起来有些简单、粗糙, 但如果能加上决策者的正确判断, 就能够解决实际问题. 切克兰特 (P. B. Checkland) 曾把传统的运筹学方法称为硬系统思考, 它能够解决那种结构明确的系统或者战术和技术性强的问题, 而对于结构不明确或者有人的行为因素影响的系统就不太胜任. 这时就应该采用软系统思考方法, 改变一些之前的概念和方法, 如将过分理想化的 "最优解" 换成 "满意解". 过去把求得的 "解" 看作精确的、不能变的东西, 为了适应系统的不断变化, 软系统思考要求我们以 "易变性" 的理念看待所得的 "解". 20 世纪 70 年代后, 人机对话的算法越来越受到人们的重视, 因为这种算法是决策者和分析者发挥其创造性过程的体现, 这也是人们对其感兴趣的原因. 20 世纪 80 年代后, 大多数研究者认为决策支持系统是促进运筹学发展的一个好机会, 因此部分与运筹学有关的国际会议开始逐渐重视起来. 20 世纪 90 年代以后, 运筹学有两个重要的发展趋势. 一个趋势是发源于英国的软运筹学的崛起. 1989 年, 英国运筹学学会召开了一个会议, 会后由罗森汉特 (J. Rosenhead) 主编了一本被称为软运筹学的 "圣经" 的论文集. 该论文集里中提到了很多新的属于软运筹学的方法, 如软系统方法论、战略假设表面化与检验、战略选择、问题结构法、超对策、亚对策、战略选择发展与分析、生存系统模型、对话式计划、批判式系统启发等. 2001 年, 该书推出修订版, 增加了很多实例. 另一个趋势是与优化有关的, 即软计算. 软计算方法具有启发式思路, 不追求问题的严格最优, 并借用来自生物学、物理学和其他学科的思想来寻找优化方法, 如遗传算法、模拟退火算法、神经网络、模糊逻辑、进化计算、禁忌搜索算法、蚁群优化算法等. 目前国际上已有世界软计算协会, 其官方期刊是 *Applied Soft Computing*, 并于 2019 年 9 月在奥地利的维也纳召开了新一届的国际会议. 另外, 某些较老的运筹学分支也在不断发展, 如线性规划领域出现的新亮点 (内点法) 和图论中出现的无标度网络 (scale free network) 等. 总之, 目前运筹学仍在不断地发展过程中, 新的思想、观点和方法还在持续不断地涌现. 本书作为一本大学教材, 目的是给大家提供一些运筹学的基础知识、基本思想以及研究方法, 为运筹学爱好者提供一种学习的途径.

第 2 章 线性规划与单纯形法

在日常的生产与生活实践过程中, 人们往往需要解决两类问题: ① 如何使用有限的资源完成更多的任务, 追求尽可能高的目标; ② 如何使用尽可能低的成本满足既定目标. 面对这两类常见问题, 人们构建了运筹学的重要组成部分——数学规划理论, 而线性规划是数学规划理论中研究较早、发展较快、应用广泛的一个重要分支.

早在 1939 年, 苏联学者 L. V. Kantorovich 在解决工业生产组织与计划问题时, 出版了专著《组织与计划生产的数学方法》, 提出了类似线性规划问题的模型, 同时给出了解乘数法, 但当时并未引起人们的足够重视. 1947 年, 美国数学家 G.B. Dantzig 针对美国空军军事规划问题提出了一般线性规划问题的单纯形法. 1959 年, L. V. Kantorovich 出版《最佳资源利用的经济计算》后, 线性规划问题受到学者们的一致重视, L. V. Kantorovich 也由此与美国经济学家 T. C. Koopmans 共同获得了 1975 年的诺贝尔经济学奖. 在这之后, 线性规划的理论研究逐渐深入并且应用范围逐渐拓宽, 其中, K. J. Arrow, P. A. Samuelson, H. A. Simon 和 R. Dorfman 等做出了重要贡献, 最终形成了数学规划乃至运筹学领域的一个重要分支——线性规划.

本章主要学习线性规划基本概念、基本要素、基本模型、几何意义以及求解线性规划模型的图解法、单纯形法、单纯形表、人工变量法等.

2.1 问题的提出

例 2-1 北京西站于 1996 年 1 月 21 日开通运营, 在开通运营时曾是亚洲规模最大的现代化铁路客运站之一. 某年国庆节长假期间, 北京西站每天都有大量旅客到站, 引发旅客滞留现象. 为了降低旅客聚集风险, 北京公交集团需要在某些热点线路临时加大运力, 以便及时疏散旅客. 假设为了提升北京西站始发到某景区公交线路的运力, 有 A, B 型两种公交车可供选择, 其中 A 型为无人售票车, 可容纳 30 位旅客, 运营时需要 1 名驾驶员和 1 名安保员; B 型为常规公交车, 可容纳 50 位旅客, 运营时需要 1 名驾驶员、2 名安保员和 1 名乘务员. 由于人力资源紧张, 公交集团在执行此项任务时只能调配 12 名驾驶员、16 名安保员及 6 名乘务员到该临时线路 (表 2-1). 那么公交集团应该分别组织多少辆 A 型公交车与 B 型公交车, 使得旅客的疏散量最大?

表 2-1

	A 型公交车 (30 人)	B 型公交车 (50 人)	可调配人力
驾驶员	1	1	12
安保员	1	2	16
乘务员	0	1	6

解 公交集团需要决策的问题是临时加开多少辆 A 型公交车和多少辆 B 型公交车到

该临时线路, 不妨把要决策的 A 型和 B 型公交车数量分别用 x_1 和 x_2 来表示, 并称为决策变量. 用 x_1 和 x_2 的线性函数来表示全天的旅客疏散量 $z = 30x_1 + 50x_2$, 则公交集团决策的目标可表示为

$$\max \quad z = 30x_1 + 50x_2,$$

其中 max 为最大化的符号, 30 和 50 分别为一辆 A 型公交车和一辆 B 型公交车的运力, z 称为目标函数. 同样也可以用 x_1 和 x_2 的线性不等式来表示约束条件, 包括:

驾驶员的约束可以表示为

$$x_1 + x_2 \leqslant 12;$$

安保员的约束可以表示为

$$x_1 + 2x_2 \leqslant 16;$$

乘务员的约束可以表示为

$$x_2 \leqslant 6.$$

除了上述人员约束外, A 型公交车和 B 型公交车的数量不能取负值, 还需要添加 $x_1 \geqslant 0$ 和 $x_2 \geqslant 0$ 两个非负约束. 综上所述, 就可以得到公交调度问题的数学优化模型:

$$\begin{cases} \max \quad z = 30x_1 + 50x_2, \\ \text{s.t.} \quad x_1 + x_2 \leqslant 12, \\ \qquad x_1 + 2x_2 \leqslant 16, \\ \qquad x_2 \leqslant 6, \\ \qquad x_1 \geqslant 0, x_2 \geqslant 0. \end{cases} \tag{2-1}$$

由于上述数学优化模型的目标函数为决策变量的线性函数, 约束条件为决策变量的线性不等式, 故称为**线性规划模型**. 从例 2-1 中, 我们可以总结出一般线性规划问题的建模过程如下:

(1) 定义决策变量, 用一组变量 $(x_1, x_2, \cdots, x_n)$ 表示问题的决策方案, 当这组变量取具体值时就表示一个具体的决策方案;

(2) 定义目标函数, 用决策变量的线性函数表示目标函数, 即决策者想要追求最大化或者最小化的目标;

(3) 定义约束条件, 从问题的资源限制出发, 用决策变量的线性等式或者不等式来表示决策变量所必须满足的条件.

线性规划模型的一般形式可表示为

$$\begin{cases} \max(\min) \quad z = c_1x_1 + c_2x_2 + \cdots + c_nx_n, \\ \text{s.t.} \qquad a_{11}x_1 + a_{12}x_2 + \cdots + a_{1n}x_n \leqslant (=, \geqslant)b_1, \\ \qquad\qquad a_{21}x_1 + a_{22}x_2 + \cdots + a_{2n}x_n \leqslant (=, \geqslant)b_2, \\ \qquad\qquad\qquad \cdots\cdots \\ \qquad\qquad a_{m1}x_1 + a_{m2}x_2 + \cdots + a_{mn}x_n \leqslant (=, \geqslant)b_m, \\ \qquad\qquad x_1, x_2, \cdots, x_n \geqslant 0. \end{cases} \tag{2-2}$$

当 m 个约束条件均为 "=" 且目标为 "max" 时, 称该一般形式为线性规划模型的标准形式:

$$
\begin{cases}
\max & z = c_1 x_1 + c_2 x_2 + \cdots + c_n x_n, \\
\text{s.t.} & a_{11} x_1 + a_{12} x_2 + \cdots + a_{1n} x_n = b_1, \\
& a_{21} x_1 + a_{22} x_2 + \cdots + a_{2n} x_n = b_2, \\
& \quad\quad\quad\quad \cdots\cdots \\
& a_{m1} x_1 + a_{m2} x_2 + \cdots + a_{mn} x_n = b_m, \\
& x_1, x_2, \cdots, x_n \geqslant 0.
\end{cases}
\tag{2-3}
$$

下面我们先介绍几个线性规划模型的基本概念:

(1) **可行解**: 满足模型 (2-2) 所有约束条件的 $(x_1, x_2, \cdots, x_n)$;

(2) **可行域**: 所有可行解构成的集合;

(3) **最优解**: 能够使得目标函数值取得最大 (最小) 值的可行解;

(4) **最优值**: 对应最优解的目标函数值.

2.2　图　解　法

本节介绍求解线性规划模型的图解法, 其优势在于简单直观, 有助于理解线性规划求解的基本原理. 一般情况下, 对于只包含两个决策变量 x_1 和 x_2 的线性规划问题, 可以用图解法进行求解. 在以 x_1 和 x_2 为坐标轴的直角坐标系里作图, 图上任意一点的坐标代表决策变量 x_1 和 x_2 的一组取值, 也就代表了问题的一个解.

下面通过例 2-1 来介绍图解法的基本思想. 例 2-1 的每个线性约束条件都代表了一个半平面, 如约束条件 $x_1 + x_2 \leqslant 12$ 表示以直线 $x_1 + x_2 = 12$ 为边界的左下方的半平面, 可以表示为: $\{(x_1, x_2) | x_1 + x_2 \leqslant 12\}$, 即在这个半平面内的任一点都满足约束条件 $x_1 + x_2 \leqslant 12$, 而半平面外的点都不满足这个约束条件. 同时满足约束条件 $x_1 + x_2 \leqslant 12$, $x_1 + 2x_2 \leqslant 16$, $x_2 \leqslant 6$, $x_1 \geqslant 0$ 和 $x_2 \geqslant 0$ 的点落在五个半平面的交集之内 (包含五条边界线), 其中五个半平面分别如图 2-1 的 (a)、(b)、(c)、(d)、(e) 所示, 其交集如图 2-1 的 (f) 所示. 交集 (阴影部分) 中的每一点 (包括边界上的点) 都是线性规划模型 (2-1) 的可行解, 而这个交集就是模型 (2-1) 的可行域.

对于目标函数 $z = 30x_1 + 50x_2$, 当 z 取某一固定值时该函数就对应于平面上的一条直线, z 取不同的值就可以得到一系列相互平行的直线. 对于 z 的某一取值, 由于直线上的点都具有相同的目标函数值 z, 故称该直线为**等值线**. 图解法的核心就是通过平移目标函数的等值线, 在可行域内寻找使目标函数取到最大或最小值的决策变量.

如图 2-2 所示, 当 z 的取值逐渐增大时, 等值线将沿其法线方向向右上方移动. 同时, 为了确保解的可行性, 等值线与可行域一定要存在交点. 因此, 当等值线移动到可行域的顶点 C 点时, 目标函数值在可行域的边界上实现了最大化. 此时, C 点的坐标为 $(8, 4)$, 即直线 $x_1 + x_2 = 12$ 与 $x_1 + 2x_2 = 16$ 的交点. 因此, 线性规划模型 (2-1) 的最优解 $x_1 = 8$ 和 $x_2 = 4$, 最优值 $z = 440$. 这说明公交集团的最优调度方案应该是调配 8 辆 A 型公交车和 4 辆 B 型公交车. 这种情况下, 公交集团能够疏散北京西站的旅客 440 人.

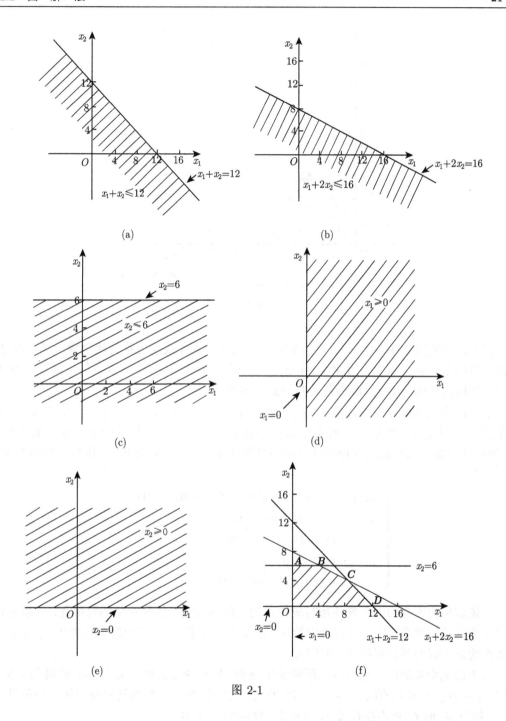

图 2-1

下面计算最优解所对应的驾驶员、安保员和乘务员的调配情况. 把最优解 $x_1 = 8$ 和 $x_2 = 4$ 分别代入模型 (2-1) 的约束条件进行计算, 可以得到需要驾驶员 $1 \times 8 + 1 \times 4 = 12$ 人, 安保员 $1 \times 8 + 2 \times 4 = 16$ 人, 乘务员 $0 \times 8 + 1 \times 4 = 4$ 人. 因此可知, 组织 8 辆 A 型公交车和 4 辆 B 型公交车的调配方案将占用所有可用的驾驶员和安保员, 但对于乘务员来说只占用了 4 人, 还有 $6 - 4 = 2$ 人没有参与. □

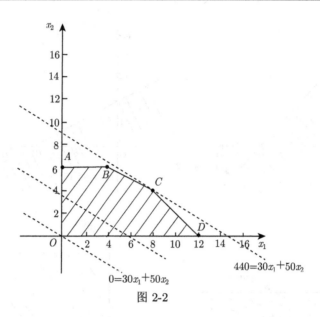

图 2-2

在线性规划问题中, 对应 "≤" 约束中没有用尽的资源或能力称为**松弛量**. 对于例 2-1 来说, 在组织 8 辆 A 型公交车和 4 辆 B 型公交车的最优方案中, 驾驶员的松弛量为 0 人, 安保员的松弛量也为 0 人, 而乘务员的松弛量为 2 人.

下面讨论线性规划模型标准化的方法. 为了把线性规划模型标准化, 需要定义表示没使用的资源或能力的变量 x_i, 通常称为**松弛变量**. 这些松弛变量不应对目标函数产生影响, 所以在目标函数中把这些松弛变量的系数设为零. 加上松弛变量后, 我们得到如下数学模型:

$$\begin{cases} \max & z = 30x_1 + 50x_2 + 0x_3 + 0x_4 + 0x_5, \\ \text{s.t.} & x_1 + x_2 + x_3 = 12, \\ & x_1 + 2x_2 + x_4 = 16, \\ & x_2 + x_5 = 6, \\ & x_1, x_2, x_3, x_4, x_5 \geqslant 0. \end{cases} \tag{2-4}$$

上述这种把所有的约束条件都写成等式的过程称为线性规划模型的标准化. 一般来说, 在线性规划的标准形式中 b_j (右边常数项) 都要大于等于零, 若某个约束条件的 b_j 小于零, 只要在约束方程的两边都乘以 -1 即可.

关于松弛变量的信息也可以从图解法中获得, 如从图 2-2 中可知例 2-1 的最优解位于直线 $x_1 + 2x_2 = 16$ 与直线 $x_1 + x_2 = 12$ 的交点 C 处, 故可知驾驶员和安保员的松弛量 x_3 和 x_4 都为零, 而 C 点不在直线 $x_2 = 6$ 上, 故可知 $x_5 > 0$.

在图 2-2 中, A, B, C, D, O 都是可行域的顶点. 对于可行域有界的线性规划模型来说, 其可行域的顶点个数有限. 从图解法的求解过程我们可以观察到以下现象:

(1) 如果线性规划模型有最优解, 则最优值一定会在可行域的某个顶点上达到.

(2) 线性规划模型存在有无穷多个最优解的情况. 例如, 如果 A 型公交车的运力也是 50 人, 则例 2-1 中的目标函数将变为 $z = 50x_1 + 50x_2$, 等值线平移到最优位置后将与直线

$x_1 + x_2 = 12$ 重合 (图 2-3). 此时不仅顶点 C 和 D 都是最优解, 线段 CD 上的所有点也都是最优解, 其最优值均为 600 人.

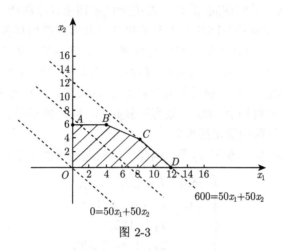

图 2-3

(3) 线性规划模型存在无界解的情况. 试想在无人驾驶、无人售票、无安保员、车辆可以循环调配的情况下, 模型 (2-1) 简化为

$$\begin{cases} \max & z = 30x_1 + 50x_2, \\ \text{s.t.} & x_1 \geqslant 0, x_2 \geqslant 0. \end{cases}$$

此时模型的可行域无界 (图 2-4), 目标函数值可以通过将等值线向右上方移动而增大到无穷大, 存在无界解.

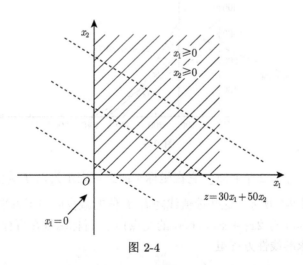

图 2-4

(4) 线性规划问题存在无可行解的情况. 如果公交集团疏散旅客数量的目标为 1000 人, 那么线性规划模型 (标号) 中需要再增加一个约束条件 $30x_1 + 50x_2 \geqslant 1000$, 此时可行域为空集, 即不存在满足所有约束条件的可行解.

一般情况下, 我们将上述 (3) 和 (4) 的情况统称为线性规划问题无最优解.

例 2-1 是求目标函数最大值的线性规划问题, 下面给出一个关于求解目标函数最小值的线性规划问题.

例 2-2　某年国庆节长假期间, 北京首都国际机场迎来客流高峰. 为了解决机场旅客打车排队时间长的问题, 政府号召网约车平台承担部分旅客疏散的任务. 已知网约车平台可以通过给司机补贴的方式调派拼车和专车两种网约车, 且调派一辆拼车需要给司机补贴 2 元, 调派一辆专车需要补贴 3 元. 经协商, 网约车平台需要调派不少于 350 辆拼车和专车, 其中拼车不少于 125 辆. 假如一辆拼车可以满足 2 位旅客的出行需求, 一辆专车可以满足 1 位旅客的出行需求, 且机场有 600 位旅客等候乘车. 问网约车平台应该分别调派多少辆拼车和专车, 使得平台补贴的费用最少?

解　设调派拼车 x_1 辆、专车 x_2 辆. 构建上述问题的线性规划模型如下

$$\begin{cases} \min & f = 2x_1 + 3x_2, \\ \text{s.t.} & x_1 + x_2 \geqslant 350, \\ & x_1 \geqslant 125, \\ & 2x_1 + x_2 \leqslant 600, \\ & x_1 \geqslant 0, x_2 \geqslant 0. \end{cases}$$

可以用图解法来解上述线性规划模型, 得到此问题的可行域, 如图 2-5 中的阴影部分.

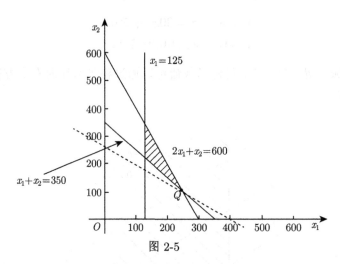

图 2-5

再来看目标函数 $f = 2x_1 + 3x_2$, 它在坐标平面上可表示为以 f 为参数, 以 $-\dfrac{2}{3}$ 为斜率的一簇等值线, 如图 2-5 所示. 这些等值线随着 f 值的减少向左下方平移, 当移动到 Q 点 (即直线 $x_1 + x_2 = 350$ 与 $2x_1 + x_2 = 600$ 的交点) 时, 目标函数在可行域内取得最小值. Q 点的坐标可以通过求解线性方程组

$$\begin{cases} x_1 + x_2 = 350, \\ 2x_1 + x_2 = 600, \end{cases}$$

得出 $x_1 = 250, x_2 = 100$, 此线性规划问题的最优解为分别调派 250 辆拼车和 100 辆专车, 此时平台给司机的补贴为 $f = 2 \times 250 + 3 \times 100 = 800$ 元.

对此线性规划问题的最优解进行分析, 可知: 调派拼车和专车两种网约车的数量为 $1 \times 250 + 1 \times 100 = 350$ 辆, 达到两种网约车需求 (即第一个约束条件) 的最低限; 疏散旅客的数量为 $2 \times 250 + 1 \times 100 = 600$ 位, 与候车旅客数量相等; 调派的拼车数量多出 $250 - 125 = 125$ 辆. □

在线性规划问题中, 对于 "⩾" 约束中超出的部分称为**剩余量**, 在标准化过程中, 为了把 "⩾" 约束变为等式约束, 可以增加一部分代表最低限约束的超过量, 称为**剩余变量**.

在增加了松弛变量与剩余变量后, 例 2-2 的线性规划模型标准形式如下

$$\begin{cases} \min & f = 2x_1 + 3x_2 + 0x_3 + 0x_4 + 0x_5, \\ \text{s.t.} & x_1 + x_2 - x_3 = 350, \\ & x_1 - x_4 = 125, \\ & 2x_1 + x_2 + x_5 = 600, \\ & x_1, x_2, x_3, x_4, x_5 \geqslant 0. \end{cases}$$

从约束条件中可以知道 x_3 和 x_4 为剩余变量, x_5 为松弛变量. 上述模型中所有的约束条件都为等式, 此问题的最优解为 $x_1 = 250$ 辆和 $x_2 = 100$ 辆, 松弛变量及剩余变量取值如表 2-2 所示.

表 2-2

约束条件	松弛变量 / 剩余变量	取值
拼车和专车总量	x_3	0
拼车数量	x_4	125
旅客数量	x_5	0

为了简化下文中相关引理与定理的证明过程, 我们分别引入线性规划标准形式 (2-3) 的矩阵表示形式与向量表示形式, 矩阵表示形式如下

$$\begin{cases} \max & Z = CX, \\ \text{s.t.} & AX = b, \\ & X \geqslant 0. \end{cases} \tag{2-5}$$

向量表示形式如下

$$\begin{cases} \max & Z = CX, \\ \text{s.t.} & \sum_{j=1}^{n} P_j x_j = b, \\ & x_j \geqslant 0, \quad j = 1, 2, \cdots, n. \end{cases} \tag{2-6}$$

其中 A 称为约束方程的系数矩阵, P_j 是 A 的第 j 列, X 称为决策向量, b 称为资源向量, C 称为价值向量, 分别表示如下

$$A = \begin{pmatrix} a_{11} & a_{12} & \cdots & a_{1n} \\ a_{21} & a_{22} & \cdots & a_{2n} \\ \vdots & \vdots & & \vdots \\ a_{m1} & a_{m2} & \cdots & a_{mn} \end{pmatrix}, \quad P_j = \begin{pmatrix} a_{1j} \\ a_{2j} \\ \vdots \\ a_{mj} \end{pmatrix}, \quad X = \begin{pmatrix} x_1 \\ x_2 \\ \vdots \\ x_n \end{pmatrix}, \quad b = \begin{pmatrix} b_1 \\ b_2 \\ \vdots \\ b_m \end{pmatrix},$$

$$C = (c_1, c_2, \cdots, c_n).$$

这里 m 是约束方程的个数, n 是决策变量的个数, $m \leqslant n$ 且 A 的秩等于 m, 记 $r(A) = m$.

下面介绍线性规划一般形式转化为标准形式的方法:

(1) 若线性规划的目标函数求最小值 (min), 可将目标函数等式两端同时乘以 "−1" 转化为求最大值 (max);

(2) 若线性规划约束条件的符号为 "$\leqslant$", 可通过添加松弛变量将约束条件转化为 "=";

(3) 若线性规划约束条件的符号为 "$\geqslant$", 可通过添加剩余变量将约束条件转化为 "=";

(4) 若约束条件的等式右端项 b_i 为负数, 可将第 i 个约束的等式两边同时乘以 -1;

(5) 若线性规划的决策变量 x_i 为负数, 可令 $x_i = -x_i'$, 此时 $x_i' \geqslant 0$;

(6) 若线性规划的决策变量 x_i 无约束, 可令 $x_i = x_i' - x_i''$, 此时 $x_i' \geqslant 0, x_i'' \geqslant 0$.

2.3　几何意义

通过图解法, 我们已经能够直观地感受到可行域和最优解的几何意义, 本节将从理论上进一步讨论线性规划的相关概念及几何意义.

设 Ω 是 n 维欧氏空间的一个集合, 如果对于 $\forall X^{(1)}, X^{(2)} \in \Omega$, 均有 $\alpha X^{(1)} + (1 - \alpha)X^{(2)} \in \Omega$, 其中 $0 \leqslant \alpha \leqslant 1$, 则称 Ω 为**凸集**.

直观来讲, 平面中的圆形、正方形以及空间中的实心球体、实心立方体都是凸集, 而圆环不是凸集. 以图形的形式来看, 凸集不存在凹入的部分, 其内部也不会存在空洞. 图 2-6 中的 (a)、(b) 都是凸集, (c) 不是凸集. 任何两个凸集的交集也是凸集, 见图 2-6(d).

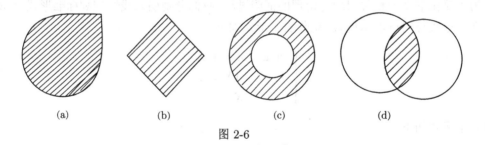

图 2-6

设 $X^{(1)}, X^{(2)}, \cdots, X^{(m)}$ 是 n 维欧氏空间中的 m 个点, $\mu_1, \mu_2, \cdots, \mu_m$ 是 $[0, 1]$ 闭区间上的实数且满足 $\mu_1 + \mu_2 + \cdots + \mu_m = 1$, 则称 $X = \mu_1 X^{(1)} + \mu_2 X^{(2)} + \cdots + \mu_m X^{(m)}$ 为 $X^{(1)}, X^{(2)}, \cdots, X^{(m)}$ 的**凸组合**. 当 $\mu_1, \mu_2, \cdots, \mu_m \in (0, 1)$ 时, 称 X 为 $X^{(1)}, X^{(2)}, \cdots, X^{(m)}$ 的**严格凸组合**.

设 Ω 是凸集, 当 $X \in \Omega$ 不能用两个不同的点 $X^{(1)} \in \Omega$ 和 $X^{(2)} \in \Omega$ 的严格凸组合表示时, 则称 X 为 Ω 的一个**顶点**.

定理 2-1　若线性规划问题存在可行解, 则其可行域 $\Omega = \left\{ X \middle| \sum_{j=1}^{n} P_j x_j = b, x_j \geqslant 0 \right\}$ 是凸集.

证 为了证明可行域是凸集, 只要证明任意两个可行解的凸组合是可行解. 也可以用矩阵的形式证明这个定理 (考虑要不要更换下面的证明方法).

设 $X^{(1)} = (x_1^{(1)}, x_2^{(1)}, \cdots, x_n^{(1)})^{\mathrm{T}}$, $X^{(2)} = (x_1^{(2)}, x_2^{(2)}, \cdots, x_n^{(2)})^{\mathrm{T}}$ 是可行解, 且 $X^{(1)} \neq X^{(2)}$, 则 $\sum_{j=1}^{n} P_j x_j^{(1)} = b, x_j^{(1)} \geqslant 0, j = 1, 2, \cdots, n$ 和 $\sum_{j=1}^{n} P_j x_j^{(2)} = b, x_j^{(2)} \geqslant 0, j = 1, 2, \cdots, n$.

令 $X = (x_1, x_2, \cdots, x_n)^{\mathrm{T}}$ 为 $X^{(1)}, X^{(2)}$ 连线上的任意一点, 即

$$X = \alpha X^{(1)} + (1-\alpha) X^{(2)} \quad (0 \leqslant \alpha \leqslant 1),$$

X 的每一个分量是 $x_j = \alpha x_j^{(1)} + (1-\alpha) x_j^{(2)}$, 将它代入约束条件得到

$$\begin{aligned}
\sum_{j=1}^{n} P_j x_j &= \sum_{j=1}^{n} P_j [\alpha x_j^{(1)} + (1-\alpha) x_j^{(2)}] \\
&= \alpha \sum_{j=1}^{n} P_j x_j^{(1)} + \sum_{j=1}^{n} P_j x_j^{(2)} - \alpha \sum_{j=1}^{n} P_j x_j^{(2)} \\
&= \alpha b + b - \alpha b \\
&= b.
\end{aligned}$$

又因为 $x_j^{(1)}, x_j^{(2)} \geqslant 0, \alpha > 0, 1 - \alpha > 0$, 所以 $x_j \geqslant 0, j = 1, 2, \cdots, n$. 由此可见 $X \in D$, D 为凸集. □

设 A 为模型 (2-2) 的标准形式中约束方程组的 $m \times n \, (m < n)$ 系数矩阵 (秩为 m), X 是决策变量, b 是资源向量, 此时约束条件可表示为 $AX = b$. 若 B 是矩阵 A 中的一个 m 阶非奇异子矩阵, 则称 B 是该线性规划问题的一个**基**. 记 $A = (B, N)$, 称 B 在约束条件中对应的变量 X_B 为**基变量**, N 在约束条件中对应的变量 X_N 为**非基变量**. 令非基变量 $X_N = 0$, 约束条件 $AX = b$ 可简化为 $BX_B = b$, 此时可求得 $X_B = B^{-1}b$, 称 $X = (X_B, X_N)$ 为对应基矩阵 B 的**基解**. 若基解满足非负约束 $X \geqslant 0$, 则称为**基可行解**.

引理 2-1 线性规划问题的可行解 $X = (x_1, x_2, \cdots, x_n)^{\mathrm{T}}$ 是基可行解的充分必要条件是 X 的正分量所对应的系数矩阵的列向量是线性独立的.

证 (1) 必要性: 由基可行解的定义可知.

(2) 充分性: 不妨设 X 的正分量为 $x_1, x_2, \cdots, x_k$, 其所对应的系数向量 $P_1, P_2, \cdots, P_k$ 线性独立, 则必有 $k \leqslant m$. 当 $k = m$ 时, $B = (P_1, P_2, \cdots, P_k)$ 刚好构成一个基, $X = (x_1, x_2, \cdots, x_k, 0, \cdots, 0)$ 为相应的基可行解; 当 $k < m$ 时, 由于 A 的秩等于 m, 则一定可以从 A 的其余列向量中取出 $m - k$ 个与 $P_1, P_2, \cdots, P_k$ 构成一个基, 其对应的解为 X, 所以根据定义可知 X 是基可行解. □

定理 2-2 设 X 是线性规划问题的可行解, 则 X 是基可行解的充分必要条件为 X 是可行域 Ω 的顶点.

证 分别用反证法证明充分性与必要性.

(1) 充分性. 设 X 是基可行解, 则其正分量 $x_1, x_2, \cdots, x_k$ 所对应的系数列向量 P_1, $P_2, \cdots, P_k$ 线性独立. 如果 X 不是可行域 Ω 的顶点, 则存在可行域 Ω 中的两个不同的点 $X^{(1)} = (x_1^{(1)}, x_2^{(1)}, \cdots, x_n^{(1)})$, $X^{(2)} = (x_1^{(2)}, x_2^{(2)}, \cdots, x_n^{(2)})$, 使得

$$X = \alpha X^{(1)} + (1 - \alpha) X^{(2)}, \quad 0 < \alpha < 1.$$

因为 $x_{k+1} = x_{k+2} = \cdots = x_n = 0$, 所以由上式可得 $x_{k+1}^{(1)}, x_{k+2}^{(1)}, \cdots, x_n^{(1)} = 0$ 和 $x_{k+1}^{(2)}$, $x_{k+2}^{(2)}, \cdots, x_n^{(2)} = 0$. 又因为 $AX^{(1)} = b, AX^{(2)} = b$, 所以

$$\sum_{j=1}^{k} P_j x_j^{(1)} = b, \quad \sum_{j=1}^{k} P_j x_j^{(2)} = b.$$

两式相减, 得到

$$\sum_{j=1}^{k} P_j (x_j^{(1)} - x_j^{(2)}) = 0.$$

因为 $X^{(1)} \neq X^{(2)}$, 所以系数 $(x_j^{(1)} - x_j^{(2)})$ 不全为零, 故向量 $P_1, P_2, \cdots, P_k$ 线性相关, 这与 $P_1, P_2, \cdots, P_k$ 线性独立相矛盾. 因此, X 是可行域 Ω 的顶点.

(2) 必要性. 设 X 是可行域 Ω 的顶点. 如果 X 不是基可行解, 那么根据引理 2-1, 其正分量 $x_1, x_2, \cdots, x_k$ 所对应的系数列向量 $P_1, P_2, \cdots, P_k$ 线性相关, 则存在一组不全为零的实数 $\alpha_1, \alpha_2, \cdots, \alpha_k$ 使得 $\alpha_1 P_1 + \alpha_2 P_2 + \cdots + \alpha_k P_k = 0$. 定义

$$\begin{cases} X^{(1)} = (x_1 - \mu\alpha_1, x_2 - \mu\alpha_2, \cdots, x_k - \mu\alpha_k, 0, \cdots, 0), \\ X^{(2)} = (x_1 + \mu\alpha_1, x_2 + \mu\alpha_2, \cdots, x_k + \mu\alpha_k, 0, \cdots, 0). \end{cases}$$

由于 $x_1, x_2, \cdots, x_k > 0$, 则一定能够找到一个极小的 $\mu > 0$ 使得 $X^{(1)}, X^{(2)} \geqslant 0$. 由于 $AX = b$, 有 $AX^{(1)} = AX - \mu(\alpha_1 P_1 + \alpha_2 P_2 + \cdots + \alpha_k P_k) = AX - 0 = b$, 同理可得 $AX^{(2)} = b$, 所以 $X^{(1)}, X^{(2)} \in \Omega$, 又因为 $X = 0.5 X^{(1)} + 0.5 X^{(2)}$, 这与 X 是 Ω 的顶点相矛盾, 所以 X 是基可行解. $\qquad\square$

引理 2-2   若 K 是有界凸集, 则任何一点 $X \in K$ 可表示为 K 的顶点的凸组合.

本引理证明从略, 以下以三角形为例说明该引理. 设 X 是三角形中任意一点, $X^{(1)}$, $X^{(2)}$ 和 $X^{(3)}$ 是三角形的三个顶点, X 是三角形内的一点 (图 2-7). 任选一个顶点 $X^{(2)}$, 做一条连线 $X^{(2)}X$, 并延长交于 $X^{(1)}$ 和 $X^{(3)}$ 连接线上的一点 X'. 因为 X' 是 $X^{(1)}, X^{(3)}$ 连线上的一点, 故存在 $0 \leqslant \alpha \leqslant 1$ 使得

$$X' = \alpha X^{(1)} + (1 - \alpha) X^{(3)}.$$

又因为 X 是 $X', X^{(2)}$ 连线上的一点, 故存在 $0 \leqslant \lambda \leqslant 1$ 使得 $X = \lambda X' + (1 - \lambda) X^{(2)}$. 将 X' 的表达式代入上式得到

$$X = \lambda[\alpha X^{(1)} + (1 - \alpha) X^{(3)}] + (1 - \lambda) X^{(2)} = \lambda\alpha X^{(1)} + \lambda(1 - \alpha) X^{(3)} + (1 - \lambda) X^{(2)}.$$

令 $\mu_1 = \alpha\lambda$, $\mu_2 = (1-\lambda)$, $\mu_3 = \lambda(1-\alpha)$. 因为 $\mu_1 + \mu_2 + \mu_3 = 1, 0 \leqslant \mu_1, \mu_2, \mu_3 \leqslant 1$, 且 $X = \mu_1 X^{(1)} + \mu_2 X^{(2)} + \mu_3 X^{(3)}$, 所以 X 可表示为顶点 $X^{(1)}, X^{(2)}, X^{(3)}$ 的凸组合.

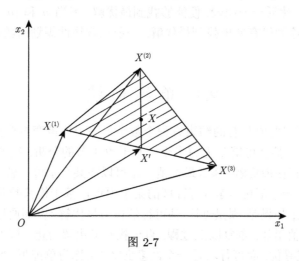

图 2-7

定理 2-3 若可行域 Ω 有界, 则线性规划问题的目标函数一定可在 Ω 的顶点上达到最优.

证 设 X 是线性规划问题的最优解. 如果 X 不是顶点, 根据引理 2-2, 存在 Ω 的顶点 $X^{(1)}, X^{(2)}, \cdots, X^{(k)}$, 使得 $X = \sum_{i=1}^{k} \alpha_i X^{(i)}, \alpha_i > 0, \sum_{i=1}^{k} \alpha_i = 1$. 不妨设 $CX^{(1)} = \max_{1 \leqslant i \leqslant k} CX^{(i)}$, 则

$$CX = C\sum_{i=1}^{k} \alpha_i X^{(i)} = \sum_{i=1}^{k} \alpha_i CX^{(i)} \leqslant CX^{(1)}, \tag{2-7}$$

这表明 $X^{(1)}$ 也是线性规划问题的最优解, 因此, 目标函数在顶点 $X^{(1)}$ 处达到最优. □

注 2-1 当线性规划问题存在无穷多最优解时, 有些最优解可能不是可行域 Ω 的顶点. 假设 $\hat{X}^{(1)}, \hat{X}^{(2)}, \cdots, \hat{X}^{(k)}$ 是目标函数达到最大值的顶点, 若 $\hat{X}$ 是这些顶点的凸组合, 即

$$\hat{X} = \sum_{i=1}^{k} \alpha_i \hat{X}^{(i)}, \quad \alpha_i > 0, \quad \sum_{i=1}^{k} \alpha_i = 1,$$

于是

$$C\hat{X} = C\sum_{i=1}^{k} \alpha_i \hat{X}^{(i)} = \sum_{i=1}^{k} \alpha_i C\hat{X}^{(i)},$$

设

$$C\hat{X}^{(i)} = m, \quad i = 1, 2, \cdots, k,$$

于是

$$C\hat{X} = \sum_{i=1}^{k} \alpha_i m = m.$$

根据以上定理, 若可行域有界, 则线性规划问题一定存在最优解且最优值一定能够在可行域的某个顶点上达到. 由于顶点数目是有限的 (不大于 C_n^m), 故通过计算所有顶点 (基可行解) 的目标函数值, 然后一一比较, 便能够找到最优解. 但当 n 和 m 较大时, 这种方法的效率很低, 所以要讨论如何有效地找到最优解. 当前求解线性规划问题的方法很多, 本书介绍最经典的单纯形法.

2.4　单纯形法

一般的线性规划问题所具有的约束方程个数小于等于决策变量个数, 这时满足约束方程的解的个数不唯一, 甚至可能是无穷多个. 基于 2.3 节的分析, 线性规划问题基可行解的数量有限, 且如果存在最优解, 那么最优值一定可以在某个基可行解上达到. 单纯形法的基本思想是: 初始化一个基可行解 (可行域的某个顶点), 基于检验数判断目标函数在该基可行解是否达到最大; 如果是, 则返回该基可行解作为最优解, 否则通过置换基变量改进基可行解, 使目标函数值增加; 重复以上过程, 直至找到最优解为止. 该方法本质上是在可行域的顶点上不断迭代寻优, 而可行域是一个凸多面体, 又称为单纯形, 所以该方法称为单纯形法.

例 2-3　本例演示如何用单纯形法求解线性规划模型. 在例 2-1 中, 模型 (2-1) 所对应的标准形式的目标函数为

$$\max \quad z = 30x_1 + 50x_2 + 0x_3 + 0x_4 + 0x_5, \tag{2-8}$$

约束方程为

$$\begin{cases} x_1 + x_2 + x_3 & = 12, \\ x_1 + 2x_2 & + x_4 & = 16, \\ x_2 & + x_5 = 6, \end{cases} \tag{2-9}$$

非负约束为

$$x_j \geqslant 0, \quad j = 1, 2, \cdots, 5.$$

约束方程 (2-9) 的系数矩阵是

$$A = (P_1, P_2, P_3, P_4, P_5) = \begin{pmatrix} 1 & 1 & 1 & 0 & 0 \\ 1 & 2 & 0 & 1 & 0 \\ 0 & 1 & 0 & 0 & 1 \end{pmatrix}.$$

从式 (2-9) 中可以看到 x_3, x_4, x_5 的系数列向量

$$P_3 = \begin{pmatrix} 1 \\ 0 \\ 0 \end{pmatrix}, \quad P_4 = \begin{pmatrix} 0 \\ 1 \\ 0 \end{pmatrix}, \quad P_5 = \begin{pmatrix} 0 \\ 0 \\ 1 \end{pmatrix}$$

是线性独立的, 这些向量构成一个基

$$B_0 = (P_3, P_4, P_5) = \begin{pmatrix} 1 & 0 & 0 \\ 0 & 1 & 0 \\ 0 & 0 & 1 \end{pmatrix},$$

对应于 B_0 的变量 x_3, x_4, x_5 为基变量, 从式 (2-9) 中可以得到

$$\begin{cases} x_3 = 12 - x_1 \quad - x_2, \\ x_4 = 16 - x_1 - 2x_2, \\ x_5 = 6 \qquad - x_2. \end{cases} \tag{2-10}$$

将式 (2-10) 代入目标函数式 (2-8) 得到

$$z_0 = 0 + 30x_1 + 50x_2. \tag{2-11}$$

令非基变量 $x_1 = x_2 = 0$, 得到 $x_3 = 12, x_4 = 16, x_5 = 6$, 此时 $z_0 = 0$. 因此, 对应于基矩阵 B_0 的基可行解是

$$X^{(0)} = (0, 0, 12, 16, 6)^{\mathrm{T}}.$$

该基可行解可以理解为公交公司没有组织 A 型公交车和 B 型公交车疏散旅客, 所有的资源都没有被利用, 所以能够疏散的旅客数量是 $z_0 = 0$.

从分析目标函数的表达式 (2-11) 可以看出非基变量 x_1 和 x_2 的系数都是正数, 因此将非基变量变换为基变量, 目标函数值就可能增大. 在实践中, 只要适当安排 A 型或者 B 型公交车参与服务, 就可以使疏散旅客的数量有所增加. 在理论上, 只要目标函数式 (2-11) 的表达式中存在系数为正的非基变量, 就表示目标函数值还有增大的空间, 就可以将非基变量与基变量进行置换. 在求解过程中, 如果有多个系数为正的非基变量, 为了使目标函数值变得尽可能大, 一般会选择系数最大的那个非基变量 (如当前阶段的 x_2) 为换入变量, 将它加入到基变量中去. 同时, 为了确保基变量的个数等于 m, 还要选择一个基变量作为换出变量, 成为非基变量. 当确定将 x_2 为换入变量后, 其值将由 0 变为正数. 在逐渐增大 x_2 的过程中 (此时 x_1 仍取值为 0), 为了确保 x_3, x_4, x_5 均非负, 将最先变为 0 的基变量作为换出变量. 在式 (2-10) 中, 当 $x_1 = 0$ 时, 我们有

$$\begin{cases} x_3 = 12 - x_2 \geqslant 0, \\ x_4 = 16 - 2x_2 \geqslant 0, \\ x_5 = 6 - x_2 \geqslant 0, \end{cases} \tag{2-12}$$

从式 (2-12) 可以看出, x_2 的最大可能取值是 $\min\{12, 16/2, 6\} = 6$. 此时 $x_5 = 0$, 因此, x_5 由基变量变为非基变量. 在实践中, 每组织一辆 B 型车, 所需要的驾驶员、安保员和乘务员的数量是 (1, 2, 1). 这些人力资源中的薄弱环节就确定了组织 B 型车的数量上限, 此处由乘务员的数量确定了 B 型车的数量上限是 6 辆.

基于以上分析, 此时得到一组新的基变量 x_3, x_4, x_2 及其对应的基矩阵

$$B_1 = (P_3, P_4, P_2) = \begin{pmatrix} 1 & 0 & 1 \\ 0 & 1 & 2 \\ 0 & 0 & 1 \end{pmatrix}.$$

为了求得以 x_3, x_4, x_2 为基变量的一个基可行解, 将约束方程中含有基变量的项放在等式左边, 同时将含有非基变量的项放在等式的右边, 得到

$$\begin{cases} x_3 + x_2 = 12 - x_1, & ① \\ x_4 + 2x_2 = 16 - x_1, & ② \\ x_2 = 6 - x_5. & ③ \end{cases} \tag{2-13}$$

用高斯消去法, 将式 (2-13) 中 x_2 的系数列向量变换为单位列向量. 其运算步骤是: ③′=③; ①′=①−③′; ②′=②−2×③′, 并将结果仍按原顺序排列得到

$$\begin{cases} x_3 = 6 - x_1 + x_5, & ①′ \\ x_4 = 4 - x_1 + 2x_5, & ②′ \\ x_2 = 6 - x_5. & ③′ \end{cases} \tag{2-14}$$

再将式 (2-14) 代入目标函数 (2-11) 得到

$$z_1 = 300 + 30x_1 - 50x_5. \tag{2-15}$$

令非基变量 $x_1 = x_5 = 0$, 得到 $x_3 = 6, x_4 = 4, x_2 = 6$, 此时 $z_1 = 300$. 因此, 对应于基矩阵 B_1 的基可行解是

$$X^{(1)} = (0, 6, 6, 4, 0)^{\mathrm{T}}.$$

从目标函数的表达式 (2-15) 中可以看到, 非基变量 x_1 的系数是正的, 说明目标函数值还可以增大. 重复上述过程, 确定 x_1 为换入变量, x_4 为换出变量, 得到基可行解

$$X^{(2)} = (4, 6, 2, 0, 0)^{\mathrm{T}},$$

可以得到

$$\begin{cases} x_3 = 2 + x_4 - 2x_5, \\ x_1 = 4 - x_4 + 2x_5, \\ x_2 = 6 - x_5. \end{cases}$$

代入目标函数后得到 $z_2 = 420 - 30x_4 + 10x_5$. 此时非基变量 x_5 的系数为正, 说明目标函数还可以持续增大. 再次重复上述过程, 经过一次迭代, 可以得到基可行解

$$X^{(3)} = (8, 4, 0, 0, 2)^{\mathrm{T}},$$

这时得到目标函数表达式为

$$z_3 = 440 - 10x_3 - 20x_4. \tag{2-16}$$

检查目标函数的表达式 (2-16), 可见所有非基变量 x_3 和 x_4 的系数都是负数, 说明若要用剩余资源 x_3 或 x_4, 势必降低疏散旅客的数量. 所以当 $x_3 = x_4 = 0$ 时, 即不再利用这些资源时, 目标函数达到最大值, 因此 $X^{(3)}$ 是该问题的最优解, 即当分别组织 8 辆 A 型公交车和 4 辆 B 型公交车的时候, 公交公司疏散的旅客数达到最大值 440 人.　　□

上例呈现了利用单纯形法求解线性规划问题的基本思路, 现将每步迭代得到的结果与图解法对比, 帮助读者理解其几何意义. 原例 2-1 的线性规划问题是二维的, 即两个决策变量 x_1 和 x_2; 当加入松弛变量 x_3, x_4 和 x_5 后该问题就变为高维的了. 此时可以想象, 满足所有约束条件的可行域是一个高维空间的凸多面体. 该凸多面体上的顶点, 就是线性规划模型的基可行解. 以平面坐标为例, 初始基可行解 $X^{(0)} = (0,0,12,16,6)^{\mathrm{T}}$ 就相当于图 2-2 中的 O 点 $(0,0)$, $X^{(1)} = (0,6,6,4,0)^{\mathrm{T}}$ 相当于图 2-2 中的 A 点 $(0,6)$; $X^{(2)} = (4,6,2,0,0)^{\mathrm{T}}$ 相当于图 2-2 中的 B 点 $(4,6)$, 最优解 $X^{(3)} = (8,4,0,0,2)^{\mathrm{T}}$ 相当于图 2-2 中的 C 点 $(8,4)$. 从初始基可行解 $X^{(0)}$ 开始迭代, 依次得到 $X^{(1)}$, $X^{(2)}$, $X^{(3)}$. 这相当于图 2-2 中的目标函数的等值线平移时, 从 O 点开始, 首先到达 A 点, 然后到达 B 点, 最后到达最优解对应的 C 点.

下面开始讨论一般线性规划问题的求解步骤.

2.4.1 初始基可行解的确定

如果线性规划问题具有标准形式

$$
\begin{cases}
\max \quad z = c_1 x_1 + c_2 x_2 + \cdots + c_n x_n, \\
\text{s.t.} \quad P_1 x_1 + P_2 x_2 + \cdots + P_n x_n = b, \\
\qquad x_1, x_2, \cdots, x_n \geqslant 0.
\end{cases}
$$

可以从 $P_1, P_2, \cdots, P_n$ 中直接观察得到一个初始的可行基, 即 m 个线性独立的列向量. 若 m 较大, 不容易观察出一个可行基, 我们可以通过构造一个单位矩阵作为初始可行基. 构造的方法是在每个约束方程的左边减去一个人工变量后再加上一个人工变量, 此时正系数的人工变量便对应一个单位矩阵.

如果线性规划具有一般形式 (2-2), 对于 "$\leqslant$" 的约束条件, 在每个约束方程的左侧加上一个松弛变量; 对于 "$\geqslant$" 或 "$=$" 的约束条件, 在每个约束方程的左侧先减去一个人工变量再加上一个人工变量, 此时松弛变量与正系数的人工变量便对应一个单位矩阵.

通过以上过程可以得到一个基矩阵. 不妨设 $x_1, x_2, \cdots, x_m$ 是基变量, 利用高斯消去法求解方程组

$$
\begin{cases}
a_{11} x_1 + a_{12} x_2 + \cdots + a_{1m} x_m + a_{1,m+1} x_{m+1} + \cdots + a_{1n} x_n = b_1, \\
a_{21} x_1 + a_{22} x_2 + \cdots + a_{2m} x_m + a_{2,m+1} x_{m+1} + \cdots + a_{2n} x_n = b_2, \\
\qquad\qquad \cdots\cdots \\
a_{m1} x_1 + a_{m2} x_2 + \cdots + a_{mm} x_m + a_{m,m+1} x_{m+1} + \cdots + a_{mn} x_n = b_m.
\end{cases}
\tag{2-17}
$$

设该方程组的解为

$$
\begin{cases}
x_1 = b_1' - a_{1,m+1}' x_{m+1} - \cdots - a_{1n}' x_n, \\
x_2 = b_2' - a_{2,m+1}' x_{m+1} - \cdots - a_{2n}' x_n, \\
\qquad\qquad \cdots\cdots \\
x_m = b_m' - a_{m,m+1}' x_{m+1} - \cdots - a_{mn}' x_n,
\end{cases}
\tag{2-18}
$$

其中, $b_i' = (B^{-1}b)_i$, $a_{ik}' = (B^{-1}P_k)_i$, $1 \leqslant i \leqslant m, m+1 \leqslant k \leqslant n$.

令非基变量 $x_{m+1} = x_{m+2} = \cdots = x_n = 0$, 可得 $x_i = b'_i, i = 1, 2, \cdots, m$. 如果 $b'_1, b'_2, \cdots, b'_m \geqslant 0$, 此时就得到了一个初始基可行解 $X = (b'_1, b'_2, \cdots, b'_m, \underbrace{0, \cdots, 0}_{n-m \uparrow})^{\mathrm{T}}$; 否则, 重新选择一个基矩阵, 直到找到一个基可行解为止.

2.4.2　最优性检验与解的判别

本节介绍线性规划问题的最优性判别准则. 一般情况下, 经迭代后, 式 (2-17) 会变成

$$x_i = b'_i - \sum_{j=m+1}^{n} a'_{ij} x_j, \quad i = 1, 2, \cdots, m. \tag{2-19}$$

将式 (2-19) 代入目标函数, 整理后可得

$$z = \sum_{i=1}^{m} c_i b'_i + \sum_{j=m+1}^{n} \left(c_j - \sum_{i=1}^{m} c_i a'_{ij} \right) x_j. \tag{2-20}$$

令 $z_0 = \sum_{i=1}^{m} c_i b'_i, \sigma_j = c_j - \sum_{i=1}^{m} c_i a'_{ij}, j = m+1, m+2, \cdots, n$, 我们有

$$z = z_0 + \sum_{j=m+1}^{n} \sigma_j x_j. \tag{2-21}$$

这里 σ_j 称为非基变量 x_j 的检验数.

1. 最优解的判别准则

若 $X^{(0)} = (b'_1, b'_2, \cdots, b'_m, 0, \cdots, 0)^{\mathrm{T}}$ 是一个基可行解, 且对于所有 $j = m+1, m+2, \cdots, n$, 有 $\sigma_j \leqslant 0$, 则 $X^{(0)}$ 是最优解. 事实上, 当所有检验数 $\sigma_j \leqslant 0$ 时, 由式 (2-21) 可知不存在可以换入的非基变量, 使目标函数值继续增大.

2. 无界解的判别准则

若 $X^{(0)} = (b'_1, b'_2, \cdots, b'_m, 0, \cdots, 0)^{\mathrm{T}}$ 是一个基可行解, 存在某个 $m+1 \leqslant k \leqslant n$, 使得 $\sigma_k > 0$, 且 $a'_{ik} \leqslant 0$ 对于所有 $i = 1, 2, \cdots, m$ 成立, 那么该线性规划问题具有无界解. 事实上, 此时可以将非基变量 x_k 的取值趋向正无穷. 在此过程中, 因为 $a'_{ik} \leqslant 0$, 约束条件恒成立; 又因为 $\sigma_k > 0$, 所以目标函数值也趋向正无穷.

另外, 在图解法一节中我们已经了解到, 线性规划问题还存在无穷多最优解的情况. 若 $X^{(0)} = (b'_1, b'_2, \cdots, b'_m, 0, \cdots, 0)^{\mathrm{T}}$ 是一个基可行解, 对于所有 $j = m+1, m+2, \cdots, n$, 有 $\sigma_j \leqslant 0$, 且存在某个 $m+1 \leqslant k \leqslant n$, 使得 $\sigma_k = 0$, 则根据最优性判别准则可知 $X^{(0)}$ 是一个最优解. 进一步, 如果 $b'_1, b'_2, \cdots, b'_m > 0$, 可以将非基变量 x_k 换入基变量中, 此时能够找到一个新的基可行解 $X^{(1)}$. 又因为 $\sigma_k = 0$, 由式 (2-21) 可知目标函数值保持不变, 此时 $X^{(1)}$ 也是最优解. 我们在 2.2 节中已经指出, 当线性规划问题存在两个最优解 $X^{(0)}$ 和 $X^{(1)}$ 时,

它们连线上的所有点也都是最优解 (结合图解法中图 2-3 理解), 此时线性规划问题有无穷多最优解.

值得注意的是, 以上讨论都是针对标准形式的线性规划模型, 即极大化目标函数 (max) 的情况. 对于极小化目标函数 (min) 的情况, 可先将模型化为标准形式.

2.4.3 基变换

若当前基可行解 $X^{(0)}$ 不是最优解也不满足无界解判别准则时, 需要找到一个新的基可行解替换 $X^{(0)}$. **基变换**的具体做法是: 从 $X^{(0)}$ 中选择一个入基变量和一个出基变量, 得到一组新的基变量及其对应的基矩阵, 再通过高斯消去法解方程, 得到一个新的基可行解.

1. 确定入基变量

设对应于 $X^{(0)}$ 的非基变量的检验数是 $\sigma_{m+1}, \sigma_{m+2}, \cdots, \sigma_n$. 由式 (2-21) 看到, 当 $\sigma_j > 0$ 时, 增加 x_j 可以使目标函数值增大. 一般来说, 为了使目标函数值增加得更快, 通常选择最大非负检验数所对应的非基变量作为入基变量. 不妨设 $\sigma_k = \max\{\sigma_j | \sigma_j > 0\}$, 此时 σ_k 对应的 x_k 为入基变量.

2. 确定出基变量

在式 (2-18) 中, 当确定 x_k 为入基变量后, 令其他非基变量取值为零, 可得

$$
\begin{cases}
x_1 = b'_1 - a'_{1k}x_k, \\
x_2 = b'_2 - a'_{2k}x_k, \\
\qquad \cdots\cdots \\
x_m = b'_m - a'_{mk}x_k.
\end{cases}
\tag{2-22}
$$

为了尽可能增大目标函数值, x_k 应该选取满足非负性约束的最大值. 不妨设

$$
\theta = \min\left\{ \frac{b'_i}{a'_{ik}} \,\middle|\, a'_{ik} > 0 \right\} = \frac{b'_l}{a'_{lk}}.
\tag{2-23}
$$

因为在 x_k 逐渐增大的过程中 x_l 最先变为零, 所以选取 x_l 为出基变量, 此时 $1 \leqslant l \leqslant m$. 令 x_k 为入基变量, x_l 为出基变量, 这样便得到一组新的基变量. 为方便起见, 记为 $X^{(1)} = (x_1, x_2, \cdots, x_n)^{\mathrm{T}}$.

设 $X^{(0)}$ 对应的基矩阵为 $B = (P_1, \cdots, P_{l-1}, P_l, P_{l+1}, \cdots, P_m)$, 显然 $P_1, \cdots, P_{l-1}, P_l, P_{l+1}, \cdots, P_m$ 线性独立. 现用反证法证明 $X^{(1)}$ 中基变量所对应的系数列向量 $P_1, \cdots, P_{l-1}, P_k, P_{l+1}, \cdots, P_m$ 仍线性独立. 假设 $P_1, \cdots, P_{l-1}, P_k, P_{l+1}, \cdots, P_m$ 线性相关, 那么 P_k 一定可用 $P_1, \cdots, P_{l-1}, P_{l+1}, \cdots, P_m$ 线性表示, 即存在一组不全为零的实数 $\lambda_i, i = 1, 2, \cdots, m$, $i \neq l$, 使得

$$
P_k = \sum_{i=1, i \neq l}^{m} \lambda_i P_i
$$

成立. 在上式两端同时乘以 B^{-1}, 可得

$$
B^{-1}P_k = \sum_{i=1, i \neq l}^{m} \lambda_i B^{-1}P_i.
$$

又因为

$$\left(B^{-1}P_1, \cdots, B^{-1}P_{l-1}, B^{-1}P_l, B^{-1}P_{l+1}, \cdots, B^{-1}P_m\right) = B^{-1}B = I,$$

所以

$$B^{-1}P_1 = \begin{pmatrix} 1 \\ 0 \\ \vdots \\ 0 \end{pmatrix}, \quad B^{-1}P_2 = \begin{pmatrix} 0 \\ 1 \\ \vdots \\ 0 \end{pmatrix}, \quad \cdots, \quad B^{-1}P_m = \begin{pmatrix} 0 \\ 0 \\ \vdots \\ 1 \end{pmatrix},$$

此时可得

$$B^{-1}P_k = \sum_{i=1, i \neq l}^{m} \lambda_i B^{-1}P_i = (\lambda_1, \cdots, \lambda_{l-1}, 0, \lambda_{l+1}, \cdots, \lambda_m)^{\mathrm{T}},$$

这与 $\left(B^{-1}P_k\right)_l = a'_{lk} > 0$ 相矛盾, 因此 $P_1, \cdots, P_{l-1}, P_k, P_{l+1}, \cdots, P_m$ 线性独立.

2.4.4 迭代

通过在线性规划问题的约束方程组中加入松弛变量或人工变量, 得到

$$\begin{cases} x_1 & + a_{1,m+1}x_{m+1} + \cdots + a_{1k}x_k + \cdots + a_{1n}x_n = b_1, \\ \quad x_2 & + a_{2,m+1}x_{m+1} + \cdots + a_{2k}x_k + \cdots + a_{2n}x_n = b_2, \\ \qquad \cdots\cdots \\ \qquad x_l & + a_{l,m+1}x_{m+1} + \cdots + a_{lk}x_k + \cdots + a_{ln}x_n = b_l, \\ \qquad\qquad \cdots\cdots \\ \qquad x_m + a_{m,m+1}x_{m+1} + \cdots + a_{mk}x_k \cdots + a_{mn}x_n = b_m. \end{cases} \tag{2-24}$$

已知 x_k 为入基变量, x_l 为出基变量, x_k 和 x_l 的系数列向量分别为

$$P_k = \begin{pmatrix} a_{1k} \\ \vdots \\ a_{lk} \\ \vdots \\ a_{mk} \end{pmatrix}, \quad P_l = \begin{pmatrix} 0 \\ \vdots \\ 1 \\ \vdots \\ 0 \end{pmatrix} \leftarrow \text{第 } l \text{ 个分量}.$$

为了计算新的基变量所对应的基解, 通过高斯消去法把 P_k 变为单位向量, 这可以通过系数矩阵的增广矩阵实施初等行变换来实现, 这里的增广矩阵可表示为

$$\begin{array}{cccccccccc} x_1 & \cdots & x_l & \cdots & x_m & x_{m+1} & \cdots & x_k & \cdots & x_n & b \end{array}$$
$$\left(\begin{array}{cccc|c} 1 & & & & \\ & \ddots & & & \\ & & 1 & & a_{1,m+1} \cdots a_{1k} \cdots a_{1n} & b_1 \\ & & \ddots & & a_{l,m+1} \cdots a_{lk} \cdots a_{ln} & b_l \\ & & & 1 & a_{m,m+1} \cdots a_{mk} \cdots a_{mn} & b_m \end{array}\right). \tag{2-25}$$

初等行变换的步骤如下:

(1) 将增广矩阵 (2-25) 中的第 l 行除以 a_{lk}, 得到

$$\left(0,\cdots,0,\frac{1}{a_{lk}},0,\cdots,0,\frac{a_{l,m+1}}{a_{lk}},\cdots,1,\cdots,\frac{a_{ln}}{a_{lk}}\,\bigg|\,\frac{b_l}{a_{lk}}\right). \tag{2-26}$$

(2) 通过行变换, 将式 (2-25) 中第 k 列除第 l 行以外的各元素都变换为零, 变换后第 $i\ (i \neq l)$ 行的表达式为

$$\left(0,\cdots,0,-\frac{a_{ik}}{a_{lk}},0,\cdots,0,a_{i,m+1}-\frac{a_{l,m+1}}{a_{lk}}a_{ik},\cdots,0,\cdots,a_{in}-\frac{a_{ln}}{a_{lk}}a_{ik}\,\bigg|\,b_i-\frac{b_l}{a_{lk}}a_{ik}\right).$$

此时可得到变换后系数矩阵各元素的变换关系式为

$$a'_{ij}=\begin{cases} a_{ij}-\dfrac{a_{lj}}{a_{lk}}a_{ik}, & i\neq l, \\[2mm] \dfrac{a_{lj}}{a_{lk}}, & i=l, \end{cases} \qquad b'_i=\begin{cases} b_i-\dfrac{a_{ik}}{a_{lk}}b_l, & i\neq l, \\[2mm] \dfrac{b_l}{a_{lk}}, & i=l, \end{cases}$$

其中 a'_{ij} 和 b'_i 是变换后的新元素.

(3) 经过初等变换后的新增广矩阵是

$$\begin{array}{ccccccccccc} x_1 & \cdots & x_l & \cdots & x_m & x_{m+1} & \cdots & x_k & \cdots & x_n & b \end{array}$$
$$\left(\begin{array}{ccccccccc|c} 1 & \cdots & -\dfrac{a_{1k}}{a_{lk}} & \cdots & 0 & a'_{1,m+1} & \cdots & 0 & \cdots & a'_{1n} & b'_1 \\ \vdots & & \vdots & & \vdots & \vdots & & \vdots & & \vdots & \vdots \\ 0 & \cdots & \dfrac{1}{a_{lk}} & \cdots & 0 & a'_{l,m+1} & \cdots & 1 & \cdots & a'_{ln} & b'_l \\ \vdots & & \vdots & & \vdots & \vdots & & \vdots & & \vdots & \vdots \\ 0 & \cdots & -\dfrac{a_{mk}}{a_{lk}} & \cdots & 1 & a'_{m,m+1} & \cdots & 0 & \cdots & a'_{mn} & b'_m \end{array}\right). \tag{2-27}$$

(4) 由式 (2-27) 中可以看到, $x_1,x_2,\cdots,x_k,\cdots,x_m$ 的系数列向量构成 $m\times m$ 单位矩阵. 当非基变量 $x_{m+1},\cdots,x_l,\cdots,x_n$ 为零时, 就得到一个基可行解

$$X^{(1)}=\left(b'_1,\cdots,b'_{l-1},0,b'_{l+1},\cdots,b'_m,0,\cdots,b'_k,0,\cdots,0\right)^{\mathrm{T}},$$

在基变换过程中, 已经确保了 $X^{(1)}$ 的非负性.

在上述系数矩阵的变换中, a_{lk} 称为主元素, 变换后的取值为 1, 它所在列称为主元列, 所在行称为主元行.

单纯形法的计算步骤流程图如图 2-8 所示.

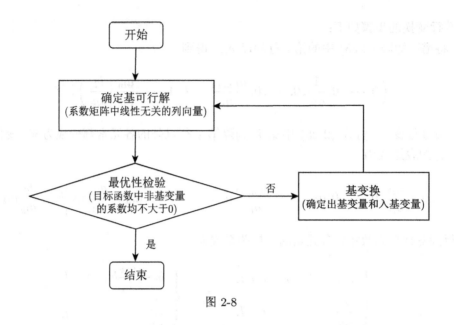

图 2-8

2.5　单 纯 形 表

为了便于计算, 本节在单纯形法的基础上设计一种基于单纯形表的算法. 我们将约束条件与目标函数组成一个有 $n+1$ 个变量和 $m+1$ 个方程的方程组

$$
\begin{cases}
x_1 + a_{1,m+1}x_{m+1} + \cdots + a_{1n}x_n = b_1, \\
x_2 + a_{2,m+1}x_{m+1} + \cdots + a_{2n}x_n = b_2, \\
\qquad\qquad \cdots\cdots \\
x_m + a_{m,m+1}x_{m+1} + \cdots + a_{mn}x_n = b_m, \\
-z + c_1x_1 + c_2x_2 + \cdots + c_mx_m + c_{m+1}x_{m+1} + \cdots + c_nx_n = 0,
\end{cases}
$$

并写成如下增广矩阵形式:

$$
\begin{array}{ccccccccc}
-z & x_1 & x_2 & \cdots & x_m & x_{m+1} & \cdots & x_n & b \\
\end{array}
$$
$$
\left(\begin{array}{cccccccc|c}
0 & 1 & 0 & \cdots & 0 & a_{1,m+1} & \cdots & a_{1n} & b_1 \\
0 & 0 & 1 & \cdots & 0 & a_{2,m+1} & \cdots & a_{2n} & b_2 \\
\vdots & \vdots & \vdots & & \vdots & \vdots & & \vdots & \vdots \\
0 & 0 & 0 & \cdots & 1 & a_{m,m+1} & \cdots & a_{mn} & b_m \\
1 & c_1 & c_2 & \cdots & c_m & c_{m+1} & \cdots & c_n & 0
\end{array}\right).
$$

通过初等行变换将基变量系数 $c_1, c_2, \cdots, c_m$ 变为 0, 得到

$$
\begin{pmatrix}
\begin{array}{ccccccccc|c}
-z & x_1 & x_2 & \cdots & x_m & x_{m+1} & \cdots & x_n & & b \\
0 & 1 & 0 & \cdots & 0 & a_{1,m+1} & \cdots & a_{1n} & & b_1 \\
0 & 0 & 1 & \cdots & 0 & a_{2,m+1} & \cdots & a_{2n} & & b_2 \\
\vdots & \vdots & \vdots & & \vdots & \vdots & & \vdots & & \vdots \\
0 & 0 & 0 & \cdots & 1 & a_{m,m+1} & \cdots & a_{mn} & & b_m \\
1 & 0 & 0 & \cdots & 0 & c_{m+1}-\sum\limits_{i=1}^{m}c_i a_{i,m+1} & \cdots & c_n-\sum\limits_{i=1}^{m}c_i a_{in} & & -\sum\limits_{i=1}^{m}c_i b_i
\end{array}
\end{pmatrix}.
$$

根据上述增广矩阵可以形成第一张单纯形表, 见表 2-3. 其中, X_B 列填入基变量 x_1, $x_2, \cdots, x_m$; C_B 列填入基变量的系数 $c_1, c_2, \cdots, c_m$; b 列填入约束方程组右端的常数; c_j 行填入变量系数 $c_1, c_2, \cdots, c_n$; θ_i 列在确定入基变量后, 按 θ 规则计算; 最后一行对应目标函数值的相反数

$$
-z = -\sum_{i=1}^{m} c_i b_i
$$

及各变量 x_j 的检验数

$$
\sigma_j = c_j - \sum_{i=1}^{m} c_i a_{ij}, \quad j = 1, 2, \cdots, n.
$$

表 2-3 称为初始单纯形表, 以后每迭代一步都可以构造出一个新的单纯形表.

表 2-3

	c_j		c_1	$\cdots$	c_m	c_{m+1}	$\cdots$	c_n	θ_i
C_B	X_B	b	x_1	$\cdots$	x_m	x_{m+1}	$\cdots$	x_n	
c_1	x_1	b_1	1	$\cdots$	0	$a_{1,m+1}$	$\cdots$	a_{1n}	θ_1
c_2	x_2	b_2	0	$\cdots$	0	$a_{2,m+1}$	$\cdots$	a_{2n}	θ_2
$\vdots$	$\vdots$	$\vdots$	$\vdots$		$\vdots$	$\vdots$		$\vdots$	$\vdots$
c_m	x_m	b_m	0	$\cdots$	1	$a_{m,m+1}$	$\cdots$	a_{mn}	θ_m
	$-z$	$-\sum\limits_{i=1}^{m}c_i b_i$	0	$\cdots$	0	$c_{m+1}-\sum\limits_{i=1}^{m}c_i a_{i,m+1}$	$\cdots$	$c_n-\sum\limits_{i=1}^{m}c_i a_{in}$	

基于单纯形表的计算步骤如下.

(1) 确定初始可行基和初始基可行解, 建立初始单纯形表.

(2) 若 $\sigma_j \leqslant 0, j = m+1, \cdots, n$, 则已得到最优解, 终止计算, 并返回最优解 $x_j = b_j, j = 1, \cdots, m, x_j = 0, j = m+1, \cdots, n$. 否则, 转入下一步.

(3) 若存在 $\sigma_k > 0$ 且列向量 $P_k \leqslant 0$, 则无界解, 终止计算. 否则, 转入下一步.

(4) 确定入基变量 x_k 与出基变量 x_l, 以 a_{lk} 为主元素进行初等行变换, 使得

$$P_k = \begin{pmatrix} a_{1k} \\ a_{2k} \\ \vdots \\ a_{lk} \\ \vdots \\ a_{mk} \end{pmatrix} \xRightarrow{\text{变换为}} \begin{pmatrix} 0 \\ 0 \\ \vdots \\ 1 \\ \vdots \\ 0 \end{pmatrix} \leftarrow \text{第 } l \text{ 行}$$

将 X_B 列中的 x_l 换为 x_k, 得到一张新的单纯形表. 重复步骤 (2)~(4), 直到满足终止计算条件.

现用例 2-1 的标准形式 (2-4) 来说明上述计算步骤. 取松弛变量 x_3, x_4, x_5 为基变量, 得到初始基可行解 $X^{(0)} = (0, 0, 12, 16, 6)^{\mathrm{T}}$, 目标函数值是 $z = 0$, 建立初始单纯形表见表 2-4.

表 2-4

C_B	c_j X_B	b	30 x_1	50 x_2	0 x_3	0 x_4	0 x_5	θ_i
0	x_3	12	1	1	1	0	0	12
0	x_4	16	1	2	0	1	0	8
0	x_5	6	0	[1]	0	0	1	6
$-z$		0	30	50	0	0	0	

非基变量的检验数 $\sigma_1 = 30$, $\sigma_2 = 50$, 且 P_1 和 P_2 均有正分量存在, 取对应最大检验数的 x_2 为入基变量, 取对应最小 θ_i 的 x_5 为出基变量. 以 $a_{32} = 1$ 为主元素进行初等行变换, 使 P_2 变换为 $(0, 0, 1)^{\mathrm{T}}$, 在 X_B 列中用 x_2 替换 x_5, 于是得到新的单纯形表见表 2-5. 新的基可行解是 $X^{(1)} = (0, 6, 4, 6, 0)^{\mathrm{T}}$, 目标函数值是 $z = 300$.

表 2-5

C_B	c_j X_B	b	30 x_1	50 x_2	0 x_3	0 x_4	0 x_5	θ_i
0	x_3	6	1	0	1	0	-1	6
0	x_4	4	[1]	0	0	1	-2	4
50	x_2	6	0	1	0	0	1	—
$-z$		-300	30	0	0	0	-50	

非基变量的检验数 $\sigma_1 = 30$, 且 P_1 有正分量存在, 取 x_1 为入基变量, x_4 为出基变量. 重复步骤 (4), 得到单纯形表见表 2-6. 新的基可行解是 $X^{(2)} = (4, 6, 2, 0, 0)^{\mathrm{T}}$, 目标函数值是 $z = 420$.

表 2-6

C_B	c_j X_B	b	30 x_1	50 x_2	0 x_3	0 x_4	0 x_5	θ_i
0	x_3	2	0	0	1	-1	[1]	2
30	x_1	4	1	0	0	1	-2	—
50	x_2	6	0	1	0	0	1	6
$-z$		-420	0	0	0	-30	10	

非基变量的检验数 $\sigma_5 = 10$, 且系数列 P_5 有正分量存在, 取 x_5 为入基变量, x_3 为出基变量. 重复步骤 (4), 得到单纯形表见表 2-7. 因为最后一行的检验数均为负数或零, 说明此时目标函数值已不可能再继续增大, 最优解是 $X^{(3)} = (8, 4, 0, 0, 2)^{\mathrm{T}}$, 最优值是 $z^* = 440$.

表 2-7

	c_j		30	50	0	0	0	θ_i
C_B	X_B	b	x_1	x_2	x_3	x_4	x_5	
0	x_5	2	0	0	1	-1	1	—
30	x_1	8	1	0	2	-1	0	—
50	x_2	4	0	1	-1	1	0	—
	$-z$	-440	0	0	-10	-20	0	

2.6 单纯形法的进一步讨论

2.6.1 人工变量法

在 2.4.2 节中提到, 通过添加人工变量可以得到初始基可行解. 设线性规划问题的约束条件是 $\sum_{j=1}^{n} P_j x_j = b$, 分别给每个方程加入一个人工变量, 得到

$$\begin{cases} a_{11}x_1 + a_{12}x_2 + \cdots + a_{1n}x_n + x_{n+1} & = b_1, \\ a_{21}x_1 + a_{22}x_2 + \cdots + a_{2n}x_n \quad\quad + x_{n+2} & = b_2, \\ \quad\quad\quad\quad \cdots\cdots \\ a_{m1}x_1 + a_{m2}x_2 + \cdots + a_{mn}x_n \quad\quad\quad\quad + x_{n+m} = b_m, \\ x_1, \cdots, x_n, x_{n+1}, \cdots, x_{n+m} \geqslant 0. \end{cases}$$

以人工变量 $x_{n+1}, \cdots, x_{n+m}$ 为基变量, 令非基变量 $x_1, \cdots, x_n$ 取值为零, 得到一个初始基可行解 $X^{(0)} = (0, \cdots, 0, b_1, \cdots, b_m)^{\mathrm{T}}$.

以下介绍求解含有人工变量的线性规划问题的大 M 法和两阶段法.

(1) 大 M 法: 对于一个求最大化的线性规划问题, 若在约束条件中加进人工变量, 需要在目标函数中将人工变量的系数取成 $-M$, 其中 M 为任意大的正数. 此时, 目标函数要实现最大化, 必须把人工变量从基变量中换出, 否则, 目标函数永远不可能实现最大化. 相反, 对于求最小化的线性规划问题, 人工变量在目标函数中的系数应取为 M.

例 2-4 用大 M 法求如下解线性规划问题

$$\begin{cases} \min & z = -3x_1 + x_2 + x_3, \\ \text{s.t.} & x_1 - 2x_2 + x_3 \leqslant 11, \\ & -4x_1 + x_2 + 2x_3 \geqslant 3, \\ & -2x_1 + x_3 = 1, \\ & x_1, x_2, x_3 \geqslant 0. \end{cases}$$

解 通过加入松弛变量 x_4 和剩余变量 x_5 将上述问题转化成标准形式, 然后再加入人

工变量 x_6 和 x_7 得到如下形式

$$\begin{cases} \min & z = -3x_1 + x_2 + x_3 + 0x_4 + 0x_5 + Mx_6 + Mx_7, \\ \text{s.t.} & x_1 - 2x_2 + x_3 + x_4 = 11, \\ & -4x_1 + x_2 + 2x_3 - x_5 + x_6 = 3, \\ & -2x_1 + x_3 + x_7 = 1, \\ & x_1, x_2, x_3, x_4, x_5, x_6, x_7 \geqslant 0. \end{cases}$$

其中, M 是一个任意大的正数. 基于单纯形表进行求解, 见表 2-8. 从最后一张单纯形表可以看出最优解是 $(4, 1, 9, 0, 0, 0, 0)$, 最优值是 $z = -2$.

表 2-8

	c_j		-3	1	1	0	0	M	M	θ_i
C_B	X_B	b	x_1	x_2	x_3	x_4	x_5	x_6	x_7	
0	x_4	11	1	-2	1	1	0	0	0	11
M	x_6	3	-4	1	2	0	-1	1	0	$3/2$
M	x_7	1	-2	0	$[1]$	0	0	0	1	1
	$-z$	$-4M$	$-3+6M$	$1-M$	$1-3M$	0	M	0	0	
0	x_4	10	3	-2	0	1	0	0	-1	—
M	x_6	1	0	$[1]$	0	0	-1	1	-2	1
1	x_3	1	-2	0	1	0	0	0	1	—
	$-z$	$-1-M$	-1	$1-M$	0	0	M	0	$3M-1$	
0	x_4	12	$[3]$	0	0	1	-2	2	-5	4
1	x_2	1	0	1	0	0	-1	1	-2	—
1	x_3	1	-2	0	1	0	0	0	1	—
	$-z$	-2	-1	0	0	0	1	$M-1$	$M+1$	
-3	x_1	4	1	0	0	$1/3$	$-2/3$	$2/3$	$-5/3$	—
1	x_2	1	0	1	0	0	-1	1	-2	—
1	x_3	9	0	0	1	$2/3$	$-4/3$	$4/3$	$-7/3$	—
	$-z$	2	0	0	0	$1/3$	$1/3$	$M-1/3$	$M-2/3$	

□

(2) 两阶段法: 第一阶段给原问题加入人工变量, 构造仅含人工变量的目标函数, 并要求实现其最小化, 如

$$\begin{cases} \min & \omega = x_{n+1} + \cdots + x_{n+m} + 0x_1 + \cdots + 0x_n, \\ \text{s.t.} & a_{11}x_1 + \cdots + a_{1n}x_n + x_{n+1} = b_1, \\ & a_{21}x_1 + \cdots + a_{2n}x_n + x_{n+2} = b_2, \\ & \qquad\qquad \vdots \\ & a_{m1}x_1 + \cdots + a_{mn}x_n + x_{n+m} = b_m, \\ & x_1, x_2, \cdots, x_{n+m} \geqslant 0, \end{cases}$$

利用单纯形表求解上述模型, 若得到 $\omega > 0$, 说明原问题无可行解, 停止计算; 否则, 若得到 $\omega = 0$, 说明原问题存在基可行解, 基于最后一张单纯形表, 除去人工变量, 将目标函数系数行换为原问题的目标函数系数, 进行第二阶段的单纯形迭代, 求原问题的最优解.

例 2-5 用两阶段法求解线性规划问题

$$\begin{cases} \min & z = -3x_1 + x_2 + x_3, \\ \text{s.t.} & x_1 - 2x_2 + x_3 \leqslant 11, \\ & -4x_1 + x_2 + 2x_3 \geqslant 3, \\ & -2x_1 + x_3 = 1, \\ & x_1, x_2, x_3 \geqslant 0. \end{cases}$$

解 先在上述线性规划问题的约束方程中加入人工变量, 给出第一阶段模型

$$\begin{cases} \min & \omega = x_6 + x_7, \\ \text{s.t.} & x_1 - 2x_2 + x_3 + x_4 = 11, \\ & -4x_1 + x_2 + 2x_3 - x_5 + x_6 = 3, \\ & -2x_1 + x_3 + x_7 = 1, \\ & x_1, x_2, x_3, x_4, x_5, x_6, x_7 \geqslant 0, \end{cases}$$

其中 x_6 和 x_7 是人工变量, 用单纯形法求解, 见表 2-9. 此时得到结果 $\omega = 0$, 最优解是 $x_1 = 0, x_2 = 1, x_3 = 1, x_4 = 12, x_5 = x_6 = x_7 = 0$.

表 2-9

C_B	X_B	b	x_1	x_2	x_3	x_4	x_5	x_6	x_7	θ_i
	c_j		0	0	0	0	0	1	1	
0	x_4	11	1	-2	1	1	0	0	0	11
1	x_6	3	-4	1	2	0	-1	1	0	3/2
1	x_7	1	-2	0	[1]	0	0	0	1	1
$-\omega$		-4	6	-1	-3	0	1	0	0	
0	x_4	10	3	-2	0	1	0	0	-1	—
1	x_6	1	0	[1]	0	0	-1	1	-2	1
0	x_3	1	-2	0	1	0	0	0	1	—
$-\omega$		-1	0	-1	0	0	1	0	3	
0	x_4	12	3	0	0	1	-2	2	-5	—
0	x_2	1	0	1	0	0	-1	1	-2	—
0	x_3	1	-2	0	1	0	0	0	1	—
$-\omega$		0	0	0	0	0	0	1	1	

因为人工变量 $x_6 = x_7 = 0$, 所以该线性规划问题的基可行解为 $(0, 1, 1, 12, 0)^{\mathrm{T}}$. 然后进行第二阶段的运算过程, 此时将第一阶段的最终表中的人工变量 x_6 和 x_7 的列删除, 并修改 c_j 行为原问题目标函数对应的系数, 继续利用单纯形表进行计算, 见表 2-10.

表 2-10

C_B	X_B	b	x_1	x_2	x_3	x_4	x_5	θ_i
	c_j		-3	1	1	0	0	
0	x_4	12	[3]	0	0	1	-2	4
1	x_2	1	0	1	0	0	-1	—
1	x_3	1	-2	0	1	0	0	—
$-z$		-2	-1	0	0	0	1	
-3	x_1	4	1	0	0	1/3	$-2/3$	—
1	x_2	1	0	1	0	0	-1	—
1	x_3	9	0	0	1	2/3	$-4/3$	—
$-z$		2	0	0	0	1/3	1/3	

从表 2-10 中得到最优解为 $x_1 = 4$, $x_2 = 1$, $x_3 = 9$, 最小目标函数值是 $z = -2$.　　　□

2.6.2　退化问题

单纯形法计算中用 θ 规则确定出基变量时, 有时会存在两个以上相同的最小比值, 这样在下一次迭代中就有一个或几个基变量同时等于零, 这就会出现退化解. 这时, 出基变量 $x_l = 0$, 迭代后的目标函数值不变, 此时不同的基可行解表示同一顶点. 有人曾构造出一个特例, 当出现退化时, 进行多次迭代, 而基从 $B_1, B_2, \cdots$, 又返回到 B_1, 即出现计算过程死循环, 永远达不到最优解.

尽管计算过程死循环现象极少, 但还是有可能出现, 我们该如何解决这一问题? 1974 年, Bob Bland 提出了一种简便的规则: 选取 $\sigma_j > 0$ 中下标最小的非基变量 x_k 为入基变量; 按 θ 规则计算存在两个和两个以上最小比值时, 选取下标最小的基变量为出基变量. 按照 Bland 规则进行单纯形迭代时, 一定能避免出现死循环.

2.6.3　常用处理方式汇总

现将几种常见的处理方式汇总于表 2-11.

表 2-11

决策变量	$x_j \geqslant 0$	不需要处理
	$x_j \leqslant 0$	令 $x_j = -x_j'$, $x_j' \geqslant 0$
	x_j 无约束	令 $x_j = x_j' - x_j''$, $x_j', x_j'' \geqslant 0$
约束条件	$b \geqslant 0$	不需要处理
	$b < 0$	约束条件两端同乘 -1
	$\leqslant$	加松弛变量, 目标函数中松弛变量的系数取 0
	$=$	加入人工变量, 目标函数中人工变量的系数取 $-M$(最大化问题) 或 M(最小化问题)
	$\geqslant$	减去剩余变量, 再加入人工变量
目标函数	$\max z$	不需要处理
	$\min z$	令 $z' = -z$, 求 $\max z'$

习　题

2.1 用图解法求解下列线性规划问题, 并指出各问题是具有唯一最优解、无穷多最优解、无界解还是无可行解.

(a)
$$\begin{cases} \min & z = 6x_1 + 4x_2, \\ \text{s.t.} & 2x_1 + x_2 \geqslant 1, \\ & 3x_1 + 4x_2 \geqslant 1.5, \\ & x_1, x_2 \geqslant 0; \end{cases}$$

(b)
$$\begin{cases} \max & z = 4x_1 + 8x_2, \\ \text{s.t.} & 2x_1 + 2x_2 \leqslant 10, \\ & -x_1 + x_2 \geqslant 8, \\ & x_1, x_2 \geqslant 0; \end{cases}$$

(c)
$$\begin{cases} \max & z = x_1 + x_2, \\ \text{s.t.} & 8x_1 + 6x_2 \geqslant 24, \\ & 4x_1 + 6x_2 \geqslant -12, \\ & 2x_2 \geqslant 4, \\ & x_1, x_2 \geqslant 0; \end{cases}$$

(d)
$$\begin{cases} \max & z = 3x_1 + 9x_2, \\ \text{s.t.} & x_1 + 3x_2 \leqslant 22, \\ & -x_1 + x_2 \leqslant 4, \\ & x_2 \leqslant 6, \\ & 2x_1 - 5x_2 \leqslant 0, \\ & x_1, x_2 \geqslant 0. \end{cases}$$

2.2 将下列线性规划问题化成标准形式, 并列出初始单纯形表.

(a) $\begin{cases} \max & z = 2x_1 + x_2 + 3x_3 + x_4, \\ \text{s.t.} & x_1 + x_2 + x_3 + x_4 \leqslant 7, \\ & 2x_1 - 3x_2 + 5x_3 = -8, \\ & x_1 - 2x_3 + 2x_4 \geqslant 1, \\ & x_1, x_3 \geqslant 0, x_2 \leqslant 0, x_4\text{无约束;} \end{cases}$

(b) $\begin{cases} \min & z = 2x_1 - 2x_2 + 3x_3, \\ \text{s.t.} & -x_1 + x_2 + x_3 = 4, \\ & -2x_1 + x_2 - x_3 \leqslant 6, \\ & x_1 \leqslant 0, x_2 \geqslant 0, x_3\text{无约束.} \end{cases}$

2.3 在下列线性规划问题中, 找出所有基解. 指出哪些是基可行解, 并分别代入目标函数, 比较找出最优解.

(a) $\begin{cases} \max & z = 3x_1 + 5x_2, \\ \text{s.t.} & x_1 + x_3 = 4, \\ & 2x_2 + x_4 = 12, \\ & 3x_1 + 2x_2 + x_5 = 18, \\ & x_j \geqslant 0 \quad (j = 1, \cdots, 5); \end{cases}$

(b) $\begin{cases} \min & z = 4x_1 + 12x_2 + 18x_3, \\ \text{s.t.} & x_1 + 3x_3 - x_4 = 3, \\ & 2x_2 + 2x_3 - x_5 = 5, \\ & x_j \geqslant 0 \quad (j = 1, \cdots, 5). \end{cases}$

2.4 考虑下列线性规划问题, 分别求目标函数值 z 的上界 $\bar{z}^*$ 和下界 $\underline{z}^*$:

$$\begin{cases} \max & z = c_1 x_1 + c_2 x_2, \\ \text{s.t.} & a_{11} x_1 + a_{12} x_2 \leqslant b_1, \\ & a_{21} x_1 + a_{22} x_2 \leqslant b_2, \\ & x_1, x_2 \geqslant 0, \end{cases}$$

式中, $1 \leqslant c_1 \leqslant 3, 4 \leqslant c_2 \leqslant 6, 8 \leqslant b_1 \leqslant 12, 10 \leqslant b_2 \leqslant 14; -1 \leqslant a_{11} \leqslant 3, 2 \leqslant a_{12} \leqslant 5, 2 \leqslant a_{21} \leqslant 4, 4 \leqslant a_{22} \leqslant 6.$

2.5 分别用单纯形法中的大 M 法和两阶段法求解下列线性规划问题, 并指出问题的解属于哪一类.

(a) $\begin{cases} \max & z = 4x_1 + 5x_2 + x_3, \\ \text{s.t.} & 3x_1 + 2x_2 + x_3 \geqslant 18, \\ & 2x_1 + x_2 \leqslant 4, \\ & x_1 + x_2 - x_3 = 5, \\ & x_j \geqslant 0 \quad (j = 1, 2, 3); \end{cases}$

(b) $\begin{cases} \max & z = 2x_1 + x_2 + x_3, \\ \text{s.t.} & 4x_1 + 2x_2 + 2x_3 \geqslant 4, \\ & 2x_1 + 4x_2 \leqslant 20, \\ & 4x_1 + 8x_2 + 2x_3 \leqslant 16, \\ & x_j \geqslant 0 \quad (j = 1, 2, 3). \end{cases}$

2.6 表 2-12 为某一求极大值线性规划问题的初始单纯形表及迭代后的表, x_4, x_5 为松弛变量, 试求表中 $a \sim l$ 的值及各变量下标 $m \sim t$ 的值.

表 2-12

		x_1	x_2	x_3	x_4	x_5
x_m	6	b	c	d	1	0
x_n	1	-1	3	e	0	1
$c_j - z_j$		a	1	-2	0	0
x_s	f	g	2	-1	1/2	0
x_t	4	h	i	1	1/2	1
$c_j - z_j$		0	7	j	k	l

2.7 线性规划问题 $\max z = CX, AX = b, X \geqslant 0$, 如果 X^* 是该问题的最优解, 又 $\lambda > 0$ 为某一常数, 分别讨论下列情况时最优解的变化:

(a) 目标函数变为 $\max z = \lambda CX$;

(b) 目标函数变为 $\max z = (C + \lambda) X$;

(c) 目标函数变为 $\max z = \dfrac{C}{\lambda} X$, 约束条件变为 $AX = \lambda b$.

2.8 某糖果厂用原料 A, B, C 加工成三种不同牌号的糖果甲、乙、丙. 已知各种牌号糖果中 A, B, C 的含量, 原料成本, 各种原料每月的限制用量, 三种牌号糖果的单位加工费用及售价如表 2-13 所示.

表 2-13

项目	甲	乙	丙	原料成本/(元/kg)	每月限制用量 /kg
原料 A	$\geqslant 60\%$	$\geqslant 15\%$		2.00	2000
原料 B				1.50	2500
原料 C	$\leqslant 20\%$	$\leqslant 60\%$	$\leqslant 50\%$	1.00	1200
加工费/(元 /kg)	0.50	0.40	0.30		
售价/ (元 /kg)	3.40	2.85	2.25		

问该厂每月生产这三种牌号糖果各多少千克, 使得到的利润为最大? 试建立这个问题的数学规划模型.

2.9 对某厂 I, II, III 三种产品下一年各季度的合同预定数如表 2-14 所示.

表 2-14

产品	第一季度	第二季度	第三季度	第四季度
I	1500	1000	2000	1200
II	1500	1500	1200	1500
III	1000	2000	1500	2500

该三种产品第一季度初无库存, 要求在第四季度末各库存 150 件. 已知该厂每季度生产工时为 15000h, 生产 I, II, III 产品每件分别需 2, 4, 3h. 因更换工艺设备, 产品 I 在第二季度无法生产. 规定当产品无法按期交货时, 产品 I, II 每件每迟交一个季度赔偿 20 元, 产品 III 赔偿 10 元; 又生产出的产品不在本季度交货的, 每件每季度的库存费用为 5 元. 问该厂应如何安排生产, 使总的赔偿加库存费用为最小 (要求建立数学模型, 不需求解).

2.10 某公司承诺为某建设项目从 2018 年起的 4 年中每年年初分别提供以下数额贷款: 2018 年——100 万元, 2019 年——150 万元, 2020 年——120 万元, 2021 年——110 万元. 以上贷款金额均需于 2017 年年底前筹集齐. 但为了充分发挥这笔资金的作用, 在满足每年贷款额情况下, 可将多余资金分别用于下列投资项目:

(1) 于 2018 年年初购买 A 种债券, 限期 3 年, 到期后本息合计为投资额的 140%, 但限购 60 万元;

(2) 于 2018 年年初购买 B 种债券, 限期 2 年, 到期后本息合计为投资额的 125%, 但限购 90 万元;

(3) 于 2019 年年初购买 C 种债券, 限期 2 年, 到期后本息合计为投资额的 130%, 但限购 50 万元;

(4) 于每年年初将任意数额的资金存放于银行, 年息 4%, 于每年年底取出.

求该公司应如何运用好这笔筹集到的资金, 使 2017 年年底需筹集到的资金数额为最少.

第 3 章　对偶理论与灵敏度分析

在线性规划早期发展中最重要的发现就是对偶问题, 即每一个线性规划原问题都有一个与它对应的对偶线性规划问题. 1928 年, 美籍匈牙利数学家 J. von. Neumann 在研究对策论时发现线性规划与对策论之间存在着密切的联系 (两人零和对策可表达成线性规划的原始问题和对偶问题), 并于 1947 年提出对偶理论. 1951 年, G. B. Dantzig 引用对偶理论求解线性规划的运输问题, 研究出确定检验数的位势法原理. 1954 年, C. E. Lemke 提出对偶单纯形法, 成为管理决策中进行灵敏度分析的重要工具. 对偶理论有许多重要应用: 在原始的和对偶的两个线性规划中求解任何一个规划时, 会自动地给出另一个规划的最优解; 当对偶问题比原始问题有较少约束时, 求解对偶规划比求解原始规划要方便得多.

第 2 章重点介绍了线性规划的基本模型与算法, 本章将基于线性规划的矩阵表示形式进一步讲解单纯形法的基本原理, 并在此基础上介绍线性规划的对偶问题、对偶理论、影子价格、对偶单纯形法及灵敏度分析.

3.1　单纯形法的矩阵描述

为了引入对偶理论, 本节首先介绍单纯形法计算过程的矩阵表示形式. 考虑如下一般形式的线性规划问题:

$$\begin{cases} \max & z = CX, \\ \text{s.t.} & AX \leqslant b, \\ & X \geqslant 0. \end{cases}$$

加入松弛变量 $X_S = (x_{S_1}, x_{S_2}, \cdots, x_{S_n})^{\mathrm{T}}$, 得到如下标准形式

$$\begin{cases} \max & z = CX + C_S X_S, \\ \text{s.t.} & AX + IX_S = b, \\ & X, X_S \geqslant 0. \end{cases} \tag{3-1}$$

记 $(A, I) = (B, N)$, $(X, X_S)^{\mathrm{T}} = (X_B, X_N)^{\mathrm{T}}$ 及 $(C, C_S) = (C_B, C_N)$, 其中, $C_S = 0$, I 是 $m \times m$ 单位矩阵, B 是基矩阵, N 是非基矩阵. 此时, 标准形式 (3-1) 可表示为

$$\text{目标函数：} \max z = C_B X_B + C_N X_N, \tag{3-2}$$

$$\text{约束条件：} BX_B + NX_N = b, \tag{3-3}$$

$$\text{非负条件：} X_B, X_N \geqslant 0. \tag{3-4}$$

将等式 (3-3) 两边左乘 B^{-1} 后, 可得

$$X_B = B^{-1}b - B^{-1}NX_N. \tag{3-5}$$

将 (3-5) 代入目标函数 (3-2), 得到

$$z = C_B(B^{-1}b - B^{-1}NX_N) + C_NX_N = C_BB^{-1}b + (C_N - C_BB^{-1}N)X_N. \tag{3-6}$$

令非基变量 $X_N = 0$, 得到基可行解 $X^{(1)} = (B^{-1}b, 0)^{\mathrm{T}}$ 及相应的目标函数值 $z = C_BB^{-1}b$. 从式 (3-6) 可知非基变量 X_N 的检验数是 $\sigma = C_N - C_BB^{-1}N$, θ 规则的表达式是

$$\theta = \min_i \left\{ \frac{(B^{-1}b)_i}{(B^{-1}P_k)_i} \middle| (B^{-1}P_k)_i > 0 \right\} = \frac{(B^{-1}b)_l}{(B^{-1}P_k)_l}, \tag{3-7}$$

这里 $(B^{-1}b)_i$ 表示 $B^{-1}b$ 中的第 i 个元素, $(B^{-1}P_k)_i$ 表示 $B^{-1}P_k$ 中的第 i 个元素.

3.2　对偶问题与对偶理论

3.2.1　对偶问题的提出

回顾例 2-1, 现公交集团要评估每位驾驶员、安保员、乘务员在疏散旅客工作中的绩效值, 目标是最小化所有人员的总绩效, 于是构建如下模型

$$\begin{cases} \min & \omega = 12y_1 + 16y_2 + 6y_3, \\ \text{s.t.} & y_1 + y_2 \geqslant 30, \\ & y_1 + 2y_2 + y_3 \geqslant 50, \\ & y_1, y_2, y_3 \geqslant 0 \end{cases}$$

称该线性规划问题为例 2-1 中线性规划问题的对偶问题. 线性规划的对偶概念, 在理论上和实际应用上都有重要意义.

3.2.2　原问题与对偶问题的关系

线性规划原问题与对偶问题的标准形式如下

$$\text{原问题} \begin{cases} \max & z = c_1x_1 + c_2x_2 + \cdots + c_nx_n, \\ \text{s.t.} & \begin{bmatrix} a_{11} & a_{12} & \dots & a_{1n} \\ \vdots & \vdots & & \vdots \\ a_{m1} & a_{m2} & \dots & a_{mn} \end{bmatrix} \begin{bmatrix} x_1 \\ x_2 \\ \vdots \\ x_n \end{bmatrix} \leqslant \begin{bmatrix} b_1 \\ \vdots \\ b_m \end{bmatrix}; \end{cases} \tag{3-8}$$

$$\text{对偶问题} \begin{cases} \min & \omega = y_1b_1 + y_2b_2 + \cdots + y_mb_m, \\ \text{s.t.} & (y_1, y_2, \cdots, y_m) \begin{bmatrix} a_{11} & a_{12} & \cdots & a_{1n} \\ \vdots & \vdots & & \vdots \\ a_{m1} & a_{m2} & \cdots & a_{mn} \end{bmatrix} \geqslant (c_1, c_2, \cdots, c_n). \end{cases} \tag{3-9}$$

当原问题不是标准形式时, 可先将其转化为标准形式 (3-8), 再写出对偶问题的标准形式 (3-9). 例如, 原问题的约束条件中含有等式约束

$$
\begin{cases}
\max \quad z = \sum_{j=1}^{n} c_j x_j, \\
\text{s.t.} \quad \sum_{j=1}^{n} a_{ij} x_j = b_i, i = 1, 2, \cdots, m, \\
\qquad x_j \geqslant 0, j = 1, 2, \cdots, n.
\end{cases} \tag{3-10}
$$

首先, 将等式约束分解为两个不等式约束

$$
\begin{cases}
\max \quad z = \sum_{j=1}^{n} c_j x_j, \\
\text{s.t.} \quad \sum_{j=1}^{n} a_{ij} x_j \leqslant b_i, i = 1, 2, \cdots, m, \tag{3-11} \\
\qquad -\sum_{j=1}^{n} a_{ij} x_j \leqslant -b_i, i = 1, 2, \cdots, m, \tag{3-12} \\
\qquad x_j \geqslant 0, j = 1, 2, \cdots, n.
\end{cases}
$$

再按照标准形式写出它的对偶问题: 设 y_i' 是对应式 (3-11) 的对偶变量, y_i'' 是对应式 (3-12) 的对偶变量, $i = 1, 2, \cdots, m$; 根据式 (3-10), 得到对偶问题的标准形式如下

$$
\begin{cases}
\min \quad \omega = \sum_{i=1}^{m} b_i y_i' + \sum_{i=1}^{m} (-b_i y_i''), \\
\text{s.t.} \quad \sum_{i=1}^{m} a_{ij} y_i' + \sum_{i=1}^{m} (-a_{ij} y_i'') \geqslant c_j, j = 1, 2, \cdots, n, \\
\qquad y_i', y_i'' \geqslant 0, i = 1, 2, \cdots, m.
\end{cases}
$$

整理目标函数与约束条件, 令 $y_i = y_i' - y_i''$, 便得

$$
\begin{cases}
\min \quad \omega = \sum_{i=1}^{m} b_i y_i, \\
\text{s.t.} \quad \sum_{i=1}^{m} a_{ij} y_i \geqslant c_j, j = 1, 2, \cdots, n, \\
\qquad y_i 无约束, i = 1, 2, \cdots, m.
\end{cases}
$$

例 3-1 试求下述线性规划问题的对偶问题

$$
\begin{cases}
\min \quad z = 2x_1 + 3x_2 - 5x_3 + x_4, \\
\text{s.t.} \quad x_1 + x_2 - 3x_3 + x_4 \geqslant 5, \qquad ① \\
\qquad 2x_1 + 2x_3 - x_4 \leqslant 4, \qquad ② \\
\qquad x_2 + x_3 + x_4 = 6, \qquad ③ \\
\qquad x_1 \leqslant 0; x_2, x_3 \geqslant 0; x_4 无约束.
\end{cases}
$$

解　设对应于约束条件①, ②, ③的对偶变量分别为 y_1, y_2, y_3, 则由原问题和对偶问题的对应关系, 可以直接写出上述问题的对偶问题, 即

$$
\begin{cases}
\max & z' = 5y_1 + 4y_2 + 6y_3, \\
\text{s.t.} & y_1 + 2y_2 \geqslant 2, \\
& y_1 + y_3 \leqslant 3, \\
& -3y_1 + 2y_2 + y_3 \leqslant -5, \\
& y_1 - y_2 + y_3 = 1, \\
& y_1 \geqslant 0, y_2 \leqslant 0, y_3 无约束.
\end{cases}
$$

$\square$

线性规划原问题与对偶问题的变换形式可归纳为表 3-1 中所示的对应关系.

表 3-1

原问题		对偶问题	
目标函数 $\max z$		目标函数 $\min \omega$	
变量 $\begin{cases} \\ \\ \\ \\ \end{cases}$	n 个 $\geqslant 0$ $\leqslant 0$ 无约束	$\begin{cases} \\ \\ \\ \\ \end{cases}$ 约束条件	n 个 $\geqslant$ $\leqslant$ $=$
约束条件 $\begin{cases} \\ \\ \\ \\ \end{cases}$	m 个 $\leqslant$ $\geqslant$ $=$	$\begin{cases} \\ \\ \\ \\ \end{cases}$ 变量	m 个 $\geqslant 0$ $\leqslant 0$ 无约束
约束条件右端项 目标函数变量的系数		目标函数变量的系数 约束条件右端项	

3.2.3　对偶问题基本性质

(1) 对称性：对偶问题的对偶问题是原问题.

证　若原问题是对偶形式

$$\min \omega = Yb; \quad YA \geqslant C; \quad Y \geqslant 0,$$

将约束方程两边取负号, 因为 $\min \omega = -\max(-\omega)$, 可得等价形式

$$-\max(-\omega) = -Yb; \quad -YA \leqslant -C; \quad Y \geqslant 0,$$

两边取转置, 得到

$$-\max(-\omega) = -b^{\mathrm{T}}Y^{\mathrm{T}}; \quad -A^{\mathrm{T}}Y^{\mathrm{T}} \leqslant -C^{\mathrm{T}}; \quad Y^{\mathrm{T}} \geqslant 0.$$

根据 (3-10), 得到其对偶问题

$$-\min(-z) = -X^{\mathrm{T}}C^{\mathrm{T}}; \quad -X^{\mathrm{T}}A^{\mathrm{T}} \geqslant -b^{\mathrm{T}}; \quad X^{\mathrm{T}} \geqslant 0,$$

两边取转置, 因为 $-\min(-z) = \max z$, 可得

$$\max z = CX; \quad AX \leqslant b; \quad X \geqslant 0,$$

这就是原问题 (3-9). □

(2) 弱对偶性: 若 $\bar{X}$ 是原问题的可行解, $\bar{Y}$ 是对偶问题的可行解, 则存在 $C\bar{X} \leqslant \bar{Y}b$.

证 因为 $\bar{X}$ 是原问题的可行解, $\bar{Y}$ 是对偶问题的可行解, 所以满足约束条件

$$A\bar{X} \leqslant b, \quad \bar{Y} \geqslant 0.$$

将 $\bar{Y}$ 左乘上式, 得到 $\bar{Y}A\bar{X} \leqslant \bar{Y}b$. 相似地, 我们有

$$\bar{Y}A \geqslant C, \quad \bar{X} \geqslant 0.$$

将 $\bar{X}$ 右乘上式, 得到 $\bar{Y}A\bar{X} \geqslant C\bar{X}$, 这表明 $C\bar{X} \leqslant \bar{Y}A\bar{X} \leqslant \bar{Y}b$. □

(3) 无界性: 若原问题 (对偶问题) 为无界解, 则其对偶问题 (原问题) 无可行解.

证 由弱对偶性显然成立. □

注意: 无界性不可逆, 即当原问题无可行解时, 其对偶问题可能无可行解. 例如下述一对原问题与对偶问题皆无可行解:

$$
\begin{array}{ll}
\text{原问题} & \text{对偶问题} \\
\left\{
\begin{array}{ll}
\max & z = x_1 + x_2, \\
\text{s.t.} & x_1 - x_2 \leqslant -1, \\
& -x_1 + x_2 \leqslant -1, \\
& x_1, x_2 \geqslant 0,
\end{array}
\right.
&
\left\{
\begin{array}{ll}
\min & \omega = -y_1 - y_2, \\
\text{s.t.} & y_1 - y_2 \geqslant 1, \\
& -y_1 + y_2 \geqslant 1, \\
& y_1, y_2 \geqslant 0.
\end{array}
\right.
\end{array}
$$

(4) 最优性: 设 $\hat{X}$ 是原问题的可行解, $\hat{Y}$ 是对偶问题的可行解. 若 $C\hat{X} = \hat{Y}b$, 则 $\hat{X}, \hat{Y}$ 分别是原问题与对偶问题的最优解.

证 若 $C\hat{X} = \hat{Y}b$, 根据弱对偶性可知: 对于原问题的任意可行解 $\bar{X}$, 都有 $C\bar{X} \leqslant \hat{Y}b = C\hat{X}$, 这表明 $\hat{X}$ 是原问题的最优解; 对于对偶问题的任意可行解 $\bar{Y}$, 都有 $\bar{Y}b \geqslant C\hat{X} = \hat{Y}b$, 这表明 $\hat{Y}$ 是对偶问题的最优解. □

(5) 对偶定理: 若原问题有最优解, 那么对偶问题也有最优解, 且最优值相等.

证 设 $\hat{X}$ 是原问题的最优解, 不妨设 $\hat{X}$ 是对应基矩阵 B 的基可行解. 令 $(A, I) = (B, N)$. 因为 $C_B - C_B B^{-1}B = 0$ 且 $C_N - C_B B^{-1}N \leqslant 0$, 我们有

$$C_B B^{-1}A \geqslant C, \quad C_B B^{-1}I \geqslant C_I = 0,$$

可见 $\hat{Y} = C_B B^{-1}$ 是对偶问题的可行解. 又因为 $C\hat{X} = C_B B^{-1}b = \hat{Y}b$, 我们有 $\hat{Y}$ 是对偶问题的最优解. □

(6) 互补松弛性: 设 $\hat{X}, \hat{Y}$ 分别是原问题

$$\max z = CX, \quad AX + X_S = b, \quad X, X_S \geqslant 0$$

与对偶问题

$$\min \omega = Yb, \quad YA - Y_S = C, \quad Y, Y_S \geqslant 0 \tag{3-13}$$

的可行解. 那么 $\hat{X}, \hat{Y}$ 是最优解当且仅当 $\hat{Y}X_S = 0, Y_S\hat{X} = 0$.

证 充分性: 在原问题目标函数中取 $C = YA - Y_S$, 得到

$$z = (YA - Y_S)X = YAX - Y_SX. \tag{3-14}$$

在对偶问题目标函数中取 $b = AX + X_S$, 得到

$$\omega = Y(AX + X_S) = YAX + YX_S. \tag{3-15}$$

若 $Y_S\hat{X} = \hat{Y}X_S = 0$, 则 $\hat{Y}b = \hat{Y}A\hat{X} = C\hat{X}$, 可知 $\hat{X}, \hat{Y}$ 是最优解.

必要性: 设 $\hat{X}, \hat{Y}$ 分别是原问题和对偶问题的最优解. 根据对偶定理, 我们有 $C\hat{X} = \hat{Y}b$. 又因为 $\hat{Y}X_S \geqslant 0$ 且 $Y_S\hat{X} \geqslant 0$, 由式 (3-14) 与 (3-15) 可知 $\hat{Y}X_S = 0, Y_S\hat{X} = 0$. □

(7) 原问题单纯形表检验数的相反数是对偶问题的一个解, 其中 $Y = C_BB^{-1}$ 是松弛变量 $\hat{X}$ 检验数的相反数, $\hat{Y} = C_BB^{-1}A - C$ 是变量 X 检验数的相反数.

证 设 $(A, I) = (B, N)$ 且 $BX_B + NX_N = b$, 则 $X_B = B^{-1}b - B^{-1}NX_N$. 代入目标函数

$$z = C_B\left(B^{-1}b - B^{-1}NX_N\right) + C_NX_N = C_BB^{-1}b + \left(C_N - C_BB^{-1}N\right)X_N$$

$$= C_BB^{-1}b + \left((C, 0) - C_BB^{-1}(B, N)\right)(X, \hat{X})^{\mathrm{T}}$$

$$= C_BB^{-1}b + \left((C, 0) - C_BB^{-1}(A, I)\right)(X, \hat{X})^{\mathrm{T}},$$

可得变量 X 的检验数是 $C - C_BB^{-1}A$, 松弛变量 $\hat{X}$ 的检验数是 $-C_BB^{-1}$. 令 $Y = C_BB^{-1}$, $\hat{Y} = C_BB^{-1}A - C$, 因为

$$YA - \hat{Y} = C_BB^{-1}A - \left(C_BB^{-1}A - C\right) = C,$$

所以 $\left(Y, \hat{Y}\right)$ 是对偶问题的一个解. □

例 3-2 试用对偶理论证明以下线性规划问题无最优解

$$\begin{cases} \max & z = x_1 + x_2, \\ \text{s.t.} & -x_1 + x_2 + x_3 \leqslant 2, \\ & -2x_1 + x_2 - x_3 \leqslant 1, \\ & x_1, x_2, x_3 \geqslant 0. \end{cases}$$

证 首先, 写出该问题的对偶问题

$$\begin{cases} \min & \omega = 2y_1 + y_2, \\ \text{s.t.} & -y_1 - 2y_2 \geqslant 1, \\ & y_1 + y_2 \geqslant 1, \\ & y_1 - y_2 \geqslant 0, \\ & y_1, y_2 \geqslant 0, \end{cases}$$

由第一个约束条件和非负性约束可知, 对偶问题无可行解, 因此无最优解. 根据对偶定理, 原问题亦无最优解. □

例 3-3 已知如下线性规划问题

$$\begin{cases} \min & \omega = 2x_1 + 3x_2 + 5x_3 + 2x_4 + 3x_5, \\ \text{s.t.} & x_1 + x_2 + 2x_3 + x_4 + 3x_5 \geqslant 4, \\ & 2x_1 - x_2 + 3x_3 + x_4 + x_5 \geqslant 3, \\ & x_j \geqslant 0, j = 1, 2, \cdots, 5. \end{cases}$$

对偶问题的最优解是 $\hat{y}_1 = \dfrac{4}{5}, \hat{y}_2 = \dfrac{3}{5}$, 对偶问题的最优值等于 5. 试用互补松弛条件找出原问题的最优解.

解 首先, 写出对偶问题

$$\begin{cases} \max & z = 4y_1 + 3y_2, \\ \text{s.t.} & y_1 + 2y_2 \leqslant 2, \\ & y_1 - y_2 \leqslant 3, \\ & 2y_1 + 3y_2 \leqslant 5, \\ & y_1 + y_2 \leqslant 2, \\ & 3y_1 + y_2 \leqslant 3, \\ & y_1, y_2 \geqslant 0. \end{cases}$$

将 $\hat{y}_1 = \dfrac{4}{5}, \hat{y}_2 = \dfrac{3}{5}$ 代入约束条件, 得松弛变量 $Y_S = \left(0, \dfrac{14}{5}, \dfrac{8}{5}, \dfrac{3}{5}, 0\right)$. 由互补松弛条件得 $\hat{x}_2 = \hat{x}_3 = \hat{x}_4 = 0$. 另外, 因 $\hat{y}_1, \hat{y}_2 > 0$, 我们有

$$\hat{x}_1 + 3\hat{x}_5 = 4, \quad 2\hat{x}_1 + \hat{x}_5 = 3,$$

解得 $\hat{x}_1 = 1, \hat{x}_5 = 1$. 故原问题的最优解为 $\hat{X} = (1,0,0,0,1)^{\mathrm{T}}$, 最优值等于 5. □

3.3 影子价格

在单纯形法的每步迭代中, 对应于基矩阵 B 的目标函数值是 $z = C_B B^{-1} b$, 而非基变量检验数是 $C_N - C_B B^{-1} N$, 那么 $Y = C_B B^{-1}$ 的经济意义是什么?

设 B 是 $\{\max z = CX | AX \leqslant b, X \geqslant 0\}$ 的最优基, 因为

$$z^* = C_B B^{-1} b = Y^* b,$$

由此求偏导数得

$$\frac{\partial z^*}{\partial b} = C_B B^{-1} = Y^*,$$

即拉格朗日乘子在最优化时的值. 要认识它的经济意义, 就要分析 $C_B B^{-1}$ 的量纲. 在第 2 章的例子中, C_B 的经济意义是效益, 用 (乘客/车) 表示, B^{-1} 是最优基的逆矩阵, 本例人力资源的量纲是 (人力资源/车), 它们是消耗定额; 而逆矩阵的量纲是 (车/人力资源), 它们是

资源转化成产品的效率, 所以 $C_B B^{-1}$ 可表示为单位资源转化成效益的效率. 由此可见, 原问题目标函数的量纲不同, 其经济意义也不同, 相应地, $C_B B^{-1}$ 的经济意义也不同, 可以给予不同的名称.

从另一方面来看, 即使其他条件不变的情况下, 用偏导数表示的在最优解时对偶变量 y_i^* 的取值来看, 它是单位资源微小变化所引起的目标函数的最优值变化的比值, 即梯度. 从对偶问题来看, 最优解就是资源的梯度的线性组合, 即 $z^* = \sum_{i=1}^{m} y_i^* b_i$, 它的量纲与原问题的技术经济指标量纲应当是一致的, 它们的经济意义也应是一致的. 因此出现影子价格、影子利润、最优计算价格等名词. 还有其他的名称, 如运输问题中的对偶变量称为位势等. 所以对偶变量的物理意义解释具有一定的艺术性.

从一般经济意义来看, 资源转化为最佳效益时的转化率高低是在目标函数最优值中体现的, 可称为对目标函数的边际贡献.

以下用例 2-1 来说明影子价格的经济意义和具有的特点.

(1) 影子价格反映资源对目标函数的边际贡献, 即资源转化成效益的效率.

由例 2-1 的最终计算表可见, $y_1^* = 10, y_2^* = 20, y_3^* = 0$. 这说明在其他条件不变的情况下, 若驾驶员增加 1 名, 该公交公司按最优计划派车可多疏散 10 名乘客; 安保人员增加 1 名, 可多疏散 20 名乘客; 乘务员增加 1 名, 对疏散乘客数量无影响. 从图 3-1 可看到, 驾驶员增加 1 名时, 代表该约束条件的直线由①移到①′, 相应的最优解由 (8, 4) 变为 (10, 3), 目标函数 $z = 30 \times 10 + 50 \times 3 = 450$, 即比原来的增加 10. 又若安保人员增加 1 名, 代表该约束方程的直线由②移到②′, 相应的最优解从 (8, 4) 变为 (7, 5), 目标函数 $z = 30 \times 7 + 50 \times 5 = 460$, 比原来的增加 20. 乘务员增加 1 名, 该约束方程的直线由③移到③′, 这时的最优解不变.

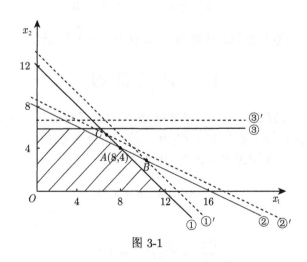

图 3-1

可见资源的影子价格不同, 对目标函数值的贡献也不同. 从图 3-1 可见, 随着资源量的变化, 可行域也发生变化; 当某资源量的不断增加超过某值时, 需要重新计算目标函数的最优解. 这将在灵敏度分析中继续讨论.

(2) 影子价格反映了资源的稀缺程度.

在不发生退化情况下, $y_1^* = 10, y_2^* = 20, y_3^* = 0$, 对应资源的剩余量, 也即剩余变量的值是 $x_3 = 0, x_4 = 0, x_5 = 2$. 这当某种资源 $y_i^* > 0$ 时, 表示这种资源短缺, 决策者要增加收益, 先注重影子价格高的资源; 当某种资源 $y_i^* = 0$ 时, 表示这种资源有剩余, 不短缺或资源过多供应. 可以用影子价格反映在最优解时的某种资源利用状态的指标.

(3) 影子价格反映了资源的边际使用价值.

资源占用者赋予资源的一个内部价格, 与资源的市场价格无直接关系. 影子价格可以计算出经济活动的成本, 它不是市场价格, 不能与资源的市场价格的概念等同. 但也有学者在讨论市场价格与影子价格之间的内在关系, 这是经济理论问题.

(4) 影子价格有三种理论.

一是资源最优配置理论; 二是机会成本和福利经济学理论; 三是全部效益和全部费用理论. 影子价格在国内外有着不同的论述, 这里不做进一步的讨论.

3.4 对偶单纯形法

在单纯形表迭代过程中, "b" 列始终保持非负, 是原问题的一个可行解, 而检验数行的相反数不一定满足非负性约束, 但它们对应的原问题与对偶问题的目标函数值相等. 通过迭代, 当检验数行的相反数满足非负性约束时, 原问题与对偶问题同时达到最优.

根据对偶问题的对称性, 也可以这样考虑: 若始终保持检验数行的相反数是对偶问题的可行解, 即 $C - C_B B^{-1} A \leqslant 0$, 而 b 列不满足非负性约束, 但通过逐步迭代使其满足非负性约束, 这样也同时达到了原问题与对偶问题的最优, 该方法称为**对偶单纯形法**.

对偶单纯形法的优点是适用于初始 b 列存在负分量的情形, 其计算步骤如下:

(1) 生成初始单纯形表, 如果 b 列取值非负且检验数行取值非正, 则原问题与对偶问题均已达到最优, 停止计算; 若 b 列取值非负, 但检验数行存在正分量, 则按照单纯形法迭代求最优解; 若检验数行非正, 但 b 列存在负分量, 则按照以下步骤计算.

(2) 确定换出变量, 选择 $b_l = \min \{b_i | b_i < 0\}$ 对应的基变量 x_l 为换出变量.

(3) 确定换入变量, 在单纯形表中检查 x_l 所在行的系数 $a_{lj}, j = 1, 2, \cdots, n$, 若所有 $a_{lj} \geqslant 0$, 则无可行解, 停止计算. 若存在 $a_{lj} < 0$, 计算 $\theta = \min_j \left\{ \dfrac{\sigma_j}{a_{lj}} \middle| a_{lj} < 0 \right\} = \dfrac{\sigma_k}{a_{lk}}$, 按 θ 规则所对应的列的非基变量 x_k 为换入变量, 这样才能保持得到的对偶问题解仍为可行解.

(4) 以 a_{lk} 为主元素, 按原单纯形法在表中进行迭代运算, 得到新的计算表.

重复步骤 (2)~(4), 直到满足 "停止计算" 条件.

例 3-4 用对偶单纯形法求解

$$\begin{cases} \min & w = 2x_1 + 3x_2 + 4x_3, \\ \text{s.t.} & x_1 + 2x_2 + x_3 \geqslant 3, \\ & 2x_1 - x_2 + 3x_3 \geqslant 4, \\ & x_1, x_2, x_3 \geqslant 0. \end{cases}$$

解 先将此问题化成下列标准形式

$$
\begin{cases}
\max \quad w = -2x_1 - 3x_2 - 4x_3, \\
\text{s.t.} \quad -x_1 - 2x_2 - x_3 + x_4 = -3, \\
\qquad\quad -2x_1 + x_2 - 3x_3 + x_5 = -4, \\
\qquad\quad x_j \geqslant 0, \quad j = 1, 2, \cdots, 5.
\end{cases}
$$

建立此问题的初始单纯形表, 见表 3-2. 可见, 检验数行对应的对偶问题的解是可行解, 而 b 列存在负值, 故需按照对偶单纯形法进行迭代运算.

表 3-2

C_B	X_B	b	$c_j \to$ x_1	x_2	x_3	x_4	x_5
			-2	-3	-4	0	0
0	x_4	-3	-1	-2	-1	1	0
0	x_5	-4	$[-2]$	1	-3	0	1
	$c_j - z_j$		-2	-3	-4	0	0

选择 x_5 为换出变量, x_1 为换入变量, 按照单纯形表计算步骤进行迭代, 得表 3-3.

表 3-3

C_B	X_B	b	$c_j \to$ x_1	x_2	x_3	x_4	x_5
			-2	-3	-4	0	0
0	x_4	-1	0	$[-5/2]$	$1/2$	1	$-1/2$
-2	x_1	2	1	$-1/2$	$3/2$	0	$-1/2$
	$c_j - z_j$		0	-4	-1	0	-1

选择 x_4 为换出变量, x_2 为换入变量, 按照单纯形表计算步骤进行迭代, 得表 3-4.

表 3-4

C_B	X_B	b	$c_j \to$ x_1	x_2	x_3	x_4	x_5
			-2	-3	-4	0	0
-3	x_2	$2/5$	0	1	$-1/5$	$-2/5$	$1/5$
-2	x_1	$11/5$	1	0	$7/5$	$-1/5$	$-2/5$
	$c_j - z_j$		0	0	$-9/5$	$-8/5$	$-1/5$

此时, b 列数字非负, 检验数行非正, 满足停止计算条件. 最优解为 $x_1 = 11/5, x_2 = 2/5$. □

3.5 灵敏度分析

3.5.1 参数 c 的变化

1. 在最终的单纯形表里, x_k 是非基变量

在这种情况下, 由于约束方程系数增广矩阵在迭代中只是其本身的行的初等变换, 与 c_k 没有任何关系, 所以当 c_k 变成 $c_k + \Delta c_k$ 时, 在最终单纯形表中其系数的增广矩阵不变,

又因为 x_k 是非基变量, 所以基变量的目标函数的系数不变, 即 c_B 不变, 可知 z_k 也不变, 只是 c_k 变成了 $c_k + \Delta c_k$. 这时 $\sigma_k = c_k - z_k$ 就变成了 $c_k + \Delta c_k - z_k = \sigma_k + \Delta c_k$. 要使得原来的最优解仍为最优解, 只要 $\sigma_k + \Delta c_k \leqslant 0$ 即可, 也就是 c_k 的增量 $\Delta c_k \leqslant -\sigma_k$ 即可.

2. 在最终的单纯形表中, x_k 是基变量

当 c_k 变成 $c_k + \Delta c_k$ 时, 同上面一样, 可知在最终的单纯形表中的约束方程的增广矩阵不变, 但是基变量在目标函数中的系数 c_B 变了, 则 $z_j\,(j = 1, 2, \cdots, n)$ 一般也变了, 不妨设 $c_B = (c_{B1}, c_{B2}, \cdots, c_k, \cdots, c_{Bm})$, 当 c_B 变成 $(c_{B1}, c_{B2}, \cdots, c_k + \Delta c_k, \cdots, c_{Bm})$ 时, 则

$$z_j = (c_{B1}, c_{B2}, \cdots, c_k, \cdots, c_{Bm}) \left(a'_{1j}, a'_{2j}, \cdots, a'_{kj}, \cdots, a'_{mj}\right)^{\mathrm{T}}$$

就变成了

$$
\begin{aligned}
z'_j &= (c_{B1}, c_{B2}, \cdots, c_k + \Delta c_k, \cdots, c_{Bm}) \left(a'_{1j}, a'_{2j}, \cdots, a'_{kj}, \cdots, a'_{mj}\right)^{\mathrm{T}} \\
&= c_{B1}a'_{1j} + c_{B2}a'_{2j} + \cdots + (c_k + \Delta c_k)\, a'_{kj} + \cdots + c_{Bm}a'_{mj} \\
&= c_{B1}a'_{1j} + c_{B2}a'_{2j} + \cdots + c_k a'_{kj} + \cdots + c_{Bm}a'_{mj} + \Delta c_k a'_{kj} \\
&= z_j + \Delta c_k a'_{kj}.
\end{aligned}
$$

这样检验数 $\sigma_j\,(j = 1, 2, \cdots, n)$ 变成了 σ'_j, 有

$$
\begin{aligned}
\sigma'_j &= c_j - z'_j = c_j - (z_j + \Delta c_k a'_{kj}) \\
&= (c_j - z_j) - \Delta c_k a'_{kj} = \sigma_j - \Delta c_k a'_{kj}.
\end{aligned}
$$

要使最优解不变, 只要当 $j \neq k$ 时, $\sigma'_j \leqslant 0$, 也就是

$$\sigma_j - \Delta c_k a'_{kj} \leqslant 0, \quad \Delta c_k a'_{kj} \geqslant \sigma_j.$$

当 $a'_{kj} > 0$ 时, $\Delta c_k \geqslant \dfrac{\sigma_j}{a'_{kj}}$, 这里 $\dfrac{\sigma_j}{a'_{kj}} \leqslant 0$.

当 $a'_{kj} < 0$ 时, $\Delta c_k \leqslant \dfrac{\sigma_j}{a'_{kj}}$, 这里 $\dfrac{\sigma_j}{a'_{kj}} \leqslant 0$.

而当 $j = k$ 时, $\sigma'_k = c_k + \Delta c_k - z'_k = c_k + \Delta c_k - z_k - \Delta c_k \cdot a'_{kk}$, 因为 x_k 是基变量, 可知 $\sigma_k = 0, a'_{kk} = 1$, 故知 $\sigma'_k = 0$.

这也就是说, 要使最优解不变, 对于除了 a'_{kk} 外的所有的小于零的 a'_{kj}, c_k 的增量 Δc_k 都要小于等于 $\dfrac{\sigma_j}{a'_{kj}}$, 对于所有大于零的 a'_{kj}, Δc_k 都要大于等于 $\dfrac{\sigma_j}{a'_{kj}}$, 我们用数学式表示使最优解不变的 Δc_k 的变化范围为

$$\max \left\{ \left. \frac{\sigma_j}{a'_{kj}} \right| a'_{kj} > 0 \right\} \leqslant \Delta c_k \leqslant \min \left\{ \left. \frac{\sigma_j}{a'_{kj}} \right| a'_{kj} < 0 \right\}.$$

下面以例 2-1 为例, 在最终的单纯形表上对 c_j 进行灵敏度分析, 此题的数学模型如下

$$\begin{cases} \max & z = 30x_1 + 50x_2 + 0x_3 + 0x_4 + 0x_5, \\ \text{s.t.} & x_1 + x_2 + x_3 = 12, \\ & x_1 + 2x_2 + x_4 = 16, \\ & x_2 + x_5 = 6, \\ & x_j \geqslant 0, \quad j = 1, 2, \cdots, 5. \end{cases}$$

此题在第 2 章里, 我们已得到其最终的单纯形表如表 3-5 所示.

表 3-5

C_B	X_B	b	30	50	0	0	0	θ_i
	$c_j \to$		x_1	x_2	x_3	x_4	x_5	
0	x_5	2	0	0	1	-1	1	
30	x_1	8	1	0	2	-1	0	
50	x_2	4	0	1	-1	1	0	
	$c_j - z_j$		0	0	-10	-20	0	

我们先对非基变量 x_3 的目标函数系数 c_3 进行灵敏度分析.

这里 $\sigma_3 = -10$, 所以当 c_3 的增量 $\Delta c_3 \leqslant -(-10)$, 即 $\Delta c_3 \leqslant 10$ 时, 最优解不变, 也就是说 x_3 的目标函数的系数 $c_3' = c_3 + \Delta c_3 \leqslant 0 + 10 = 10$ 时, 最优解不变.

我们再对基变量 x_1 的目标函数的系数 c_1 进行灵敏度分析.

在 $a_{21}', a_{22}', a_{23}', a_{24}', a_{25}'$ 中, 除了 a_{21}' 外还知道 $a_{23}' > 0, a_{24}' < 0$, 可知 $\dfrac{\sigma_3}{a_{23}'} = \dfrac{-10}{2} = -5$, 有 $\max\left\{\dfrac{\sigma_j}{a_{2j}'}\,\middle|\,a_{2j}' > 0\right\} = \max\{-5\} = -5$. 同样有

$$\min\left\{\frac{\sigma_j}{a_{2j}'}\,\middle|\,a_{1j}' < 0\right\} = \min\left\{\frac{\sigma_4}{a_{24}'}\right\} = \min\left\{\frac{-20}{-1}\right\} = 20.$$

这样可知当 $-5 \leqslant \Delta c_1 \leqslant 20$ 时, 也就是 $30 - 5 \leqslant c_1' = c_1 + \Delta c_1 \leqslant 30 + 20$, 即 $25 \leqslant c_1' \leqslant 50$ 时最优解不变. 我们也可以按以下方法来计算出使最优解不变的 c_1' 的变化范围.

在最终的单纯形表中, 用 c_1' 代替原来的 $c_1 = 30$, 计算如表 3-6 所示.

表 3-6

C_B	X_B	b	c_1'	50	0	0	0
	$c_j \to$		x_1	x_2	x_3	x_4	x_5
0	x_5	2	0	0	1	-1	1
c_1'	x_1	8	1	0	2	-1	0
50	x_2	4	0	1	-1	1	0
	$c_j - z_j$		0	0	$-2c_1' + 50$	$c_1' - 50$	0

从 $\sigma_3 \leqslant 0$, 得到 $-2c_1' + 50 \leqslant 0$, 即

$$c_1' \geqslant 25, \tag{3-16}$$

并且从 $\sigma_4 \leqslant 0$, 得到 $c_1' - 50 \leqslant 0$, 即

$$c_1' \leqslant 50. \tag{3-17}$$

从式 (3-16) 和式 (3-17) 我们知道当 $25 \leqslant c_1' \leqslant 50$ 时最优解不变, 如果采取了不属于该范围的 c_1', 必存在某个检验数 $\sigma_j > 0$, 我们可以继续用单纯形表进行迭代, 以求出新的最优解.

3.5.2 参数 b 的变化

在第 3 章里我们给出了对偶价格的定义: 约束条件的常数项增加一个单位而使最优目标值得到改进的数量. 根据这个定义, 我们可以发现约束条件的对偶价格与松弛变量 (或剩余变量, 或人工变量) 的 z_j 有关. 下面仍以例 2-1 为例在其最终单纯形表上找出其约束条件的对偶价格.

此题的最终单纯形表如表 3-7 所示, 这是一个求目标函数最大值的问题.

表 3-7

	$c_j \rightarrow$		30	50	0	0	0
C_B	X_B	b	x_1	x_2	x_3	x_4	x_5
0	x_5	2	0	0	1	-1	1
30	x_1	8	1	0	2	-1	0
50	x_2	4	0	1	-1	1	0
	z_j		30	50	10	20	0
	$c_j - z_j$		0	0	-10	-20	0

从表 3-7 可以发现驾驶员人数的约束条件中的松弛变量的 x_3 的 z_j 值 10 正好等于驾驶员人数的对偶价格; 安保人员约束条件中的松弛变量的 x_4 的 z_j 值 20 正好等于安保人员的对偶价格; 同样, 乘务员的约束条件中的松弛变量 x_5 的 z_j 值 0 正好等于乘务员的对偶价格. 松弛变量的 z_j 值是否等于对应的约束条件的对偶价格呢? 回答是肯定的.

首先我们知道在最优解中 $x_5 = 2$ 是基变量, 也就是说, 安保人员有 2 人没用完, 再增加安保人员不会使疏散的旅客数量增多, 故安保人员的对偶价格为零. 在最终单纯形表上当松弛变量为基变量时, 都有其检验数 σ_j 为零. 我们又知道对任何的松弛变量, 它在目标函数中的系数 c_j 都为零, 那么为基变量的松弛变量的 z_j 也必然为零, 因为 $z_j = c_j - \sigma_j$, 这正反映了对于任何为基变量的松弛变量其所对应的约束条件的对偶价格为零.

下面来看一看对于非基变量的松弛变量的 z_j 值是否也正确地给出了与其对应的约束条件的对偶价格. 因为对所有松弛变量都有 $c_j = 0$, 所以在对非基变量的目标函数的灵敏度分析中 $z_j = c_j - \sigma_j = -\sigma_j$, 我们知道当 $\Delta c_j \leqslant -\sigma_j$ 时最优解不变, 即当 $\Delta c_j \leqslant -\sigma_j$ 时, 非基变量仍然为非基变量, 仍然为零. 这时与其对应的约束条件如驾驶员全部分配完了. 只有当 $\Delta c_j \geqslant -\sigma_j$, 即 $\Delta c_j \geqslant z_j$ 时, 对应为非基变量的松弛变量要变成入基变量了. 对于驾驶人员数来说, 当其松弛变量在目标函数中系数从零变到 $z_3 = 10$ 时, 即只有当余下一个驾驶员从不能疏散旅客变成能疏散 30 位旅客时, 比如说别人愿意疏散 30 位旅客时, 我们就不必为组织车型 A,B 而分配完所有的驾驶员了. 这正说明了驾驶员人数的对偶数就是 10, 同样, 我们也可以知道安保人员的对偶数 $z_4 = 20$.

对于含有 "⩾" 的约束条件, 为了化成标准形式我们就添上了剩余变量, 这时, 这个约束条件的对偶价格就和剩余变量的有关了, 只不过当约束条件的常数项增加一个单位时, 约束条件更严格了. 这将给满足约束条件带来些困难, 也使最优目标函数值特别 "恶化" 而不是改进, 故这时约束条件的对偶价格应取 z_j 值的相反数 $-z_j$. 对于含有等于号的约束条件, 其约束条件的对偶价格就和该约束条件的人工变量有关了, 其约束条件的对偶价格等于此约束条件的人工变量的 z_j 值.

下面给出一个通过最终单纯形表对不同的约束类型的对偶价格的取值, 如表 3-8 所示.

表 3-8

约束类型	对偶价格的取值
⩽	等于这个约束条件对应的松弛变量的 z_j 值
⩾	等于与这个约束条件对应的剩余变量的 z_j 值的相反数 $-z_j$
=	等于与这个约束条件对应的人工变量的 z_j 值

从对偶价格的定义可以知道, 当对偶价格为正时, 它将改进目标函数值. 对于求目标函数最大值的线性规划来说, 改进就是增加其目标函数值; 而对求目标函数最小值的线性规划来说, 改进就是减少其目标函数值. 当对偶价格为负时, 它将 "恶化" 目标函数值. 对求目标函数最大值的线性规划来说, "恶化" 就是减少其目标函数值; 而对求目标函数最小值的线性规划来说, "恶化" 就是增加其目标函数值. 在 3.3 节我们已提及过影子价格的概念, 在求目标函数最大值的线性规划中, 对偶价格等于影子价格; 而在求目标函数最小值的线性规划中, 影子价格为对偶价格的相反数.

由此可以得到表 3-9.

表 3-9

约束条件	影子价格的取值	
	求目标函数最大值的线性规划	求目标函数最小值的线性规划
⩽	等于与这个约束条件对应的松弛变量的 z_j 值	等于与这个约束条件对应的松弛变量的 z_j 值的相反数 $-z_j$
⩾	等于与这个约束条件对应的剩余变量的 z_j 值的相反数 $-z_j$	等于与这个约束条件对应的剩余变量的 z_j 值
=	等于与这个约束条件对应的人工变量 z_j 值	等于与这个约束条件对应的人工变量 z_j 值的相反数 $-z_j$

下面求出 b_j 的变化范围, b_j 在这个范围内变化时其对偶价格不变.

当 b_j 变成 $b_j' = b_j + \Delta b_j$ 时, 由于单纯形表的迭代实际是约束方程的增广矩阵进行初等行变换, b_j 的变化并不影响系数矩阵的迭代, 故其最终单纯形表中的系数矩阵没有变化. 要使其对偶价格不变, 只要原来最终单纯形表中的所有 z_j 值都不变, 而 z_j 值由基变量的系数与系数矩阵中 j 列对应元素相乘所得, 即 $z_j = c_B \cdot p_j^{\mathrm{T}}$. 这样基变量的系数 c_B 不变, 也就是所有的基变量仍然是基变量. 即基不变时, 原线性规划问题的对偶价格就不变. 而要使所有的基变量仍然是基变量只要当 b_j 变化成 $b_j' = b_j + \Delta b_j$ 时, 原来的基不变所得到的基本解仍然是可行解, 即所求得的基变量的值仍然大于等于零. 一般地说, 由于 b_j 的变化, 资源投入起了变化, 最优解是变化的. 这时我们也可以看出: 所谓使其对偶价格不变的 b_j

的变化范围, 也就是使其最优解的所有基变量 (最优基) 不变, 且所得的最优解仍然是可行的 b_j 的变化范围. 下面考虑当某个 b_k 变成 $b_k' = b_k + \Delta b_k$ 时, 在原来的最终单纯形表中的基不变的条件下, 最终单纯形表会有什么变化. 单纯形表的迭代实际上是约束方程的增广矩阵的行的初等变换, b_k 的变化不会影响系数矩阵的迭代, 所以最终单纯形表的系数矩阵不变, 又已知最终单纯形表中的基不变, 可知 c_B 不变, 这样 $z_j = c_B \cdot p_j^{\mathrm{T}}$ 也不变, 因此检验数 $\sigma_j = c_j - z_j$ 也不变, 唯一带来变化的只有最终单纯形表中的 b 列, 那么 b_k 的变化与 b 列到底有什么关系呢? 原来的约束方程组不妨用矩阵表示为 $Ax = b$, 通过一些单纯形表的迭代变成以 B 为基的最终单纯形表, 实际上也就是对原来的约束方程组左乘 B^{-1}, 即 $B^{-1}Ax = B^{-1}b$, 其中 B^{-1} 是基 B 的逆矩阵, 在初始单纯形表里的系数矩阵中的单位矩阵通过迭代在最终单纯形表里正好就变成了 B^{-1}, 这里可知

$$B^{-1} = \begin{bmatrix} 1 & 0 & -1 \\ -2 & 1 & 1 \\ 0 & 0 & 1 \end{bmatrix}.$$

其实迭代过程也是用矩阵初等变换求 B 的逆矩阵 B^{-1} 的过程. 这样, 在最终单纯形表中系数矩阵为 $B^{-1} \cdot A$, 基变量 (记为 x_B) 的解为 $B^{-1}b$, 记在单纯形表的 b 列中, 当 b_k 变成 $b_k + \Delta b_k$ 时, 也就是原来初始单纯形表中的向量 b 变成了向量 b', 这里

$$b = \begin{bmatrix} b_1 \\ b_2 \\ \vdots \\ b_k \\ \vdots \\ b_m \end{bmatrix}, \quad b' = \begin{bmatrix} b_1 \\ b_2 \\ \vdots \\ b_k + \Delta b_k \\ \vdots \\ b_m \end{bmatrix} = \begin{bmatrix} b_1 \\ b_2 \\ \vdots \\ b_k \\ \vdots \\ b_m \end{bmatrix} + \begin{bmatrix} 0 \\ 0 \\ \vdots \\ \Delta b_k \\ \vdots \\ 0 \end{bmatrix} = b + \begin{bmatrix} 0 \\ 0 \\ \vdots \\ \Delta b_k \\ \vdots \\ 0 \end{bmatrix}.$$

令 $\Delta b = (0, 0, \cdots, 0, \Delta b_k, 0, \cdots, 0)^{\mathrm{T}}$, 则有 $b' = b + \Delta b$.

从而在最终单纯形表中基变量 x_B 的解就变成了 $x_B' = B^{-1}(b + \Delta b) = B^{-1}b + B^{-1}\Delta b$. 要使 x_B' 为可行解, 只要 $B^{-1}b + B^{-1}\Delta b \geqslant 0$ 即可. 在此不等式中求出的 Δb_k 的变化范围, 就是使得第 k 个约束条件的对偶价格不变的 b_k 的变化范围.

我们知道 $B^{-1}b$ 就是原来最终单纯形表中基变量 x_B 的值, 而 $B^{-1}\Delta b$ 项中的 $\Delta b = (0, 0, \cdots, 0, \Delta b_k, 0, \cdots, 0)^{\mathrm{T}}$, 故可知 $B^{-1}\Delta b$ 就等于矩阵 B^{-1} 中的第 k 列乘以 Δb_k 所得的结果, 即

$$B^{-1}\Delta b = \Delta b_k \cdot D_K,$$

其中 D_K 是 B^{-1} 的第 k 列, 有

$$D_K = \begin{bmatrix} d_{1k}' \\ d_{2k}' \\ \vdots \\ d_{mk}' \end{bmatrix},$$

则

$$B^{-1}\Delta b = \begin{bmatrix} \Delta b_k \cdot d'_{1k} \\ \Delta b_k \cdot d'_{2k} \\ \Delta b_k \cdot d'_{3k} \\ \vdots \\ \Delta b_k \cdot d'_{mk} \end{bmatrix}.$$

所以新的最优解

$$x'_B = x_B + B^{-1}\Delta b = \begin{bmatrix} x_{B1} \\ x_{B2} \\ \vdots \\ x_{Bm} \end{bmatrix} + \begin{bmatrix} \Delta b_k \cdot d'_{1k} \\ \Delta b_k \cdot d'_{2k} \\ \vdots \\ \Delta b_k \cdot d'_{mk} \end{bmatrix}.$$

若 $x'_B \geqslant 0$, 即

$$\begin{bmatrix} x_{B1} + \Delta b_k d'_{1k} \\ x_{B2} + \Delta b_k d'_{2k} \\ \vdots \\ x_{Bm} + \Delta b_k d'_{mk} \end{bmatrix} \geqslant 0,$$

只需要各个分量 $x_{B1} + \Delta b_k d'_{1k} \geqslant 0, x_{B2} + \Delta b_k d'_{2k} \geqslant 0, \cdots, x_{Bi} + \Delta b_k d'_{ik} \geqslant 0, \cdots, x_{Bm} + \Delta b_k d'_{mk} \geqslant 0$ 即可. 在上述的不等式中求出满足所有不等式的 Δb_k 的范围, 也就确定了 b_k 的变化范围, b_k 在此范围内变化使得其对应的约束条件的对偶价格不变.

用一个数学式子来表示 b_k 的允许变化的范围:

$$\max\left\{ -\frac{x_{Bi}}{d'_{ik}} \,\middle|\, d'_{ik} > 0 \right\} \leqslant \Delta b_k \leqslant \min\left\{ -\frac{x_{Bi}}{d'_{ik}} \,\middle|\, d'_{ik} < 0 \right\}.$$

我们知道初始单纯形表里的系数矩阵中的单位矩阵通过迭代在最终单纯形表里就变成了 B^{-1}. 那么 B^{-1} 的第 k 列怎样在最终单纯形表中确认呢? B^{-1} 的第 k 列是由初始单纯形表里的系数矩阵中的单位矩阵中的列向量 e_k (这是一个除了第 k 个分量为 1, 其余都为 0 的列向量) 通过迭代在最终单纯形表中变成了 B^{-1} 的第 k 列. 如果第 k 个约束方程中有松弛变量, 那么这个松弛变量在最终单纯形表上的系数列正好就是 B^{-1} 的第 k 列, 因为这个松弛变量在初始单纯形表上的系数列正好就是单位向量 e_k. 如果第 k 个约束方程有剩余变量, 那么 B^{-1} 的第 k 列正好等于这个剩余变量在最终单纯形表上的系数列的相反数, 因为这个剩余变量在初始单纯形表上的系数列正好是单位向量 e_k 的负向量. 如果第 k 个约束方程只有人工变量, 那么 B^{-1} 的第 k 列正好是这个人工变量在最终单纯形表上的系数列, 因为这个人工变量在初始单纯形表上的系数列正好是单位向量 e_k.

下面仍以例 2-1 为例在最终单纯形表上对 b_j 进行灵敏度分析. 此题的最终单纯形表如表 3-10 所示.

表 3-10

C_B	X_B	b	x_1	x_2	x_3	x_4	x_5
	$c_j \rightarrow$		30	50	0	0	0
0	x_5	2	0	0	1	-1	1
30	x_1	8	1	0	2	-1	0
50	x_2	4	0	1	-1	1	0
	z_j		30	50	10	20	0
	$c_j - z_j$		0	0	-10	-20	0

我们对 b_1 进行灵敏度分析, 因为在第一个约束条件中含有松弛变量 x_3, 所以松弛变量在最终单纯形表中的系数列 $(1, 2, -1)$ 就是 B^{-1} 的第一列. 因为 $d'_{11} = 1 > 0, d'_{21} = 2 > 0, d'_{31} = -1 < 0$, 可知 $\max\limits_i \left\{ -\dfrac{x_{Bi}}{d_{i1}} \middle| d'_{i1} > 0 \right\} = -\dfrac{4}{2} = -2$, 而 $\min\limits_i \left\{ -\dfrac{x_{Bi}}{d_{i1}} \middle| d'_{i1} < 0 \right\} = \dfrac{-4}{-1} = 4$, 故有当 $-2 \leqslant \Delta b_1 \leqslant 4$, 即 $2 - 2 \leqslant b'_1 = b_1 + \Delta b_1 \leqslant 2 + 4$ 时, 第 1 个约束条件对偶值不变. 结合本例的实际意义即可阐述为: 当驾驶员人数在 0 与 6 之间变化时, 该约束条件即驾驶员人数的对偶值不变, 这样所得的结果和用计算机计算输出的结果是一样的.

3.5.3 参数 a 的变化

下面分两种情况讨论.

(1) 在初始单纯形表上的变量 x_k 的系数列 P_k 改变为 P'_k, 经过迭代后, 在最终单纯形表上 x_k 是非基变量.

由于单纯形表的迭代是约束方程的增广矩阵的行变换, P_k 变成 P'_k 仅仅影响最终单纯形表上的第 k 列数据, 包括 x_k 的系数列、z_k 以及 σ_k, 这时最终单纯形表上的 x_k 的系数列就变成了 $B^{-1}P'_k$, 而 z_k 就变成了 $c_B B^{-1} P'_k$, 新的检验数 $\sigma'_k = c_k - c_B B^{-1} P'_k$.

若 $\sigma'_k \leqslant 0$, 则原最优解仍然是最优解; 若 $\sigma'_k > 0$, 则继续进行迭代以求出新的最优解.

例 3-5 以例 2-1 为基础, 设该公司除了组织 A, B 车型外, 现多加一种 C 型车, 已知组织 C 型车需要驾驶员 1 人, 需要安保人员 1 人, 需要乘务员 1 人, 可容纳 25 位旅客, 问该公司是否应该组织该车型和组织多少?

解 这是一个增加一个新的变量的问题. 我们可以把它认为是一个改变变量 x_6 在初始表上的系数列的问题, 从 $(0,0,0)^{\mathrm{T}}$ 变成 $(1,1,1)^{\mathrm{T}}$, 这样在原来的最终表上添上新的一列变量 (x_6 的一列), 把它放在 x_5 之后的第 6 列上, 显然 x_6 是非基变量, 在最终表上 $(1,1,1)$ 就变成了

$$B^{-1}P_6 = \begin{bmatrix} 1 & -1 & 1 \\ 2 & -1 & 0 \\ -1 & 1 & 0 \end{bmatrix} \cdot \begin{bmatrix} 1 \\ 1 \\ 1 \end{bmatrix} = \begin{bmatrix} 1-1+1 \\ 2-1 \\ -1+1 \end{bmatrix} = \begin{bmatrix} 1 \\ 1 \\ 0 \end{bmatrix}.$$

这时 $z_6 = 0 \times 1 + 30 \times 1 + 50 \times 0 = 30$, $\sigma_6 = c_6 - z_6 = 25 - 30 = -5$. 如表 3-11 所示, 这时新变量的检验数 σ_6 小于零, 可知原最优解就是新问题的最优解, 即该公司组织 A 型车 30 辆, B 型车 50 辆, 不组织 C 型车可最多疏散旅客 440 人.

表 3-11

C_B	X_B	b	x_1	x_2	x_3	x_4	x_5	x_6
	$c_j \to$		30	50	0	0	0	25
0	x_5	2	0	0	1	−1	1	1
30	x_1	8	1	0	2	−1	0	1
50	x_2	4	0	1	−1	1	0	0
	z_j		30	50	10	20	0	30
	$c_j - z_j$		0	0	−10	−20	0	−5

$\square$

例 3-6　假设例 2-1 中 C 型车的人员安排有了改变, 这时组织 1 辆 C 型车需要驾驶员 1 人, 安保人员 1 人, 乘务员 1 人, 每辆 C 型车可疏散旅客 40 人, 问该公司的原计划是否修改?

解　先求出 x_6 在最终表上的系数列 $B^{-1}P_6'$ (注意, 这里 x_6 在原最终单纯形表中都是非基变量).

$$B^{-1}P_6' = \begin{bmatrix} 1 & -1 & 1 \\ 2 & -1 & 0 \\ -1 & 1 & 0 \end{bmatrix} \cdot \begin{bmatrix} 1 \\ 1 \\ 1 \end{bmatrix} = \begin{bmatrix} 1-1+1 \\ 2-1 \\ -1+1 \end{bmatrix} = \begin{bmatrix} 1 \\ 1 \\ 0 \end{bmatrix},$$

$$z_6' = (0, 30, 50) \begin{bmatrix} 1 \\ 1 \\ 0 \end{bmatrix} = 30,$$

$$\sigma_6' = c_j' - z_6' = 40 - 30 = 10,$$

把上述数据填入表 3-12.

表 3-12

C_B	X_B	b	x_1	x_2	x_3	x_4	x_5	x_6	
	$c_j \to$		30	50	0	0	0	40	
0	x_5	2	0	0	1	−1	1	1	$\dfrac{2}{1}$
30	x_1	8	1	0	2	−1	0	1	$\dfrac{x}{1}$
50	x_2	4	0	1	−1	1	0	0	
	z_j		30	50	10	20	0	30	
	$c_j - z_j$		0	0	−10	−20	0	10	

显然, 由于 $\sigma_6 > 0$, 可知此解不是最优解, 我们要进行第 3 次迭代, 选 x_6 为入基变量, x_1 为出基变量, 如表 3-13 所示.

由表 3-13 可知此规划的最优解为 $x_1 = 6$, $x_2 = 4$, $x_3 = 0$, $x_4 = 0$, $x_5 = 0$, $x_6 = 2$, 此时, 最大目标函数为 460 人. 也就是说, 该公司新的组织计划为组织 A 型车 6 辆, B 型车 4 辆, C 型车 2 辆, 可疏散旅客 460 人.

表 3-13

C_B	X_B	b	x_1	x_2	x_3	x_4	x_5	x_6
	$c_j \to$		30	50	0	0	0	40
40	x_6	2	0	0	1	-1	1	1
30	x_1	6	1	0	1	0	-1	0
50	x_2	4	0	1	-1	1	0	0
	z_j		30	50	20	10	10	40
	$c_j - z_j$		0	0	-20	-10	-10	0

$\square$

(2) 在初始表上的变量 x_k 的系数列 P_k 改变为 P_k', 经过迭代后, 在最终表上 x_k 是基变量, 在这种情况下原最优解的可行性和最优解都可能遭到破坏, 问题变得十分复杂, 一般不去修改原最终表, 而是重新计算.

3.5.4 增加一个约束条件

在原线性规划模型中增加一个约束条件时, 先将原问题的最优解代入新约束条件. 如果满足, 说明新增条件没有起到限制作用, 最优解不变; 否则, 将新增约束添加到最终单纯形表中进一步求解.

例 3-7 在例 2-1 中, 假设除了驾驶员、安保员、乘务员以外, 还涉及清洁员的限制. 设公交集团在执行此项任务时只能调配到 10 名清洁员, 组织一辆 A 型车或 B 型车均需清洁员 1 人, 试分析此时旅客疏散量最大的组织计划.

解 先将原最优解 $x_1 = 8, x_2 = 4$ 代入涉及清洁员的约束条件 $x_1 + x_2 \leqslant 10$. 由于 $8 + 4 > 10$, 所以原最优解不是本例的最优解. 在新约束条件中加入松弛变量 x_6 后得

$$x_1 + x_2 + x_6 = 10.$$

把这个约束条件添加到最终单纯形表上, 其中 x_6 为基变量, 如表 3-14 所示.

表 3-14

C_B	X_B	b	x_1	x_2	x_3	x_4	x_5	x_6
	$c_j \to$		30	50	0	0	0	0
0	x_5	2	0	0	1	-1	1	0
30	x_1	8	1	0	2	-1	0	0
50	x_2	4	0	1	-1	1	0	0
0	x_6	10	1	1	0	0	0	1
	z_j		30	50	10	20	0	0
	$c_j - z_j$		0	0	-10	-20	0	0

由表 3-14 中的 x_1, x_2 不是单位向量, 故进行行的线性变换, 得到表 3-15.

表 3-15 中的 x_6 行的约束可以写为

$$-x_3 + x_6 = -2.$$

上式两边乘以 -1, 再加上人工变量 a_1 得

$$x_3 - x_6 + a_1 = 2.$$

将上式替换表 3-15 中的 x_6 行得到表 3-16.

表 3-15

C_B	X_B	b	$c_j \to$ 30 x_1	50 x_2	0 x_3	0 x_4	0 x_5	0 x_6
0	x_5	2	0	0	1	-1	1	0
30	x_1	8	1	0	2	-1	0	0
50	x_2	4	0	1	-1	1	0	0
0	x_6	-2	0	0	-1	0	0	1
	z_j		30	50	10	20	0	0
	$c_j - z_j$		0	0	-10	-20	0	0

表 3-16

C_B	X_B	b	c_j 30 x_1	50 x_2	0 x_3	0 x_4	0 x_5	0 x_6	$-M$ a_1
0	x_5	2	0	0	[1]	-1	1	0	0
30	x_1	8	1	0	2	-1	0	0	0
50	x_2	4	0	1	-1	1	0	0	0
$-M$	a_1	2	0	0	1	0	0	-1	1
	z_j		30	50	$10-M$	20	0	M	$-M$
	$c_j - z_j$		0	0	$M-10$	-20	0	$-M$	0
0	x_3	2	0	0	1	-1	1	0	0
30	x_1	4	1	0	0	1	-2	0	0
50	x_2	6	0	1	0	0	1	0	0
$-M$	a_1	0	0	0	0	[1]	-1	-1	1
	z_j		30	50	0	$30-M$	$M-10$	M	$-M$
	$c_j - z_j$		0	0	0	$M-30$	$10-M$	$-M$	0
0	x_3	2	0	0	1	0	0	-1	1
30	x_1	4	1	0	0	0	-1	1	-1
50	x_2	6	0	1	0	0	1	0	0
0	x_4	0	0	0	0	1	-1	-1	1
	z_j		30	50	0	0	20	30	-30
	$c_j - z_j$		0	0	0	0	-20	-30	$-M+30$

由表 3-16 可知最优解为 $x_1 = 4, x_2 = 6, x_3 = 2, x_4 = x_5 = x_6 = a_1 = 0$, 即该公司在增加了清洁人员限制以后的最优组织计划为 A 型车 4 辆, B 型车 6 辆.　　□

习　　题

3.1 写出下列线性规划问题的对偶问题.

(a)
$$
\begin{cases}
\min & z = 3x_1 + 2x_2 - 3x_3 + 4x_4, \\
\text{s.t.} & x_1 - 2x_2 + 3x_3 + 4x_4 \leqslant 3, \\
& x_2 + 3x_3 + 4x_4 \geqslant -5, \\
& 2x_1 - 3x_2 - 7x_3 - 4x_4 = 2, \\
& x_1 \geqslant 0, x_4 \leqslant 0, x_2, x_3 \text{无约束};
\end{cases}
$$

$$(b)\begin{cases} \max \quad z = \sum_{j=1}^{n} c_j x_j, \\ \text{s.t.} \quad \sum_{j=1}^{n} a_{ij}x_j \leqslant b_j, \quad j=1,\cdots,m_1, \\ \quad\quad \sum_{j=1}^{n} a_{ij}x_j \leqslant b_i, \quad i=m_1+1,\cdots,m_2, \\ \quad\quad \sum_{j=1}^{n} a_{ij}x_j \geqslant b_i, \quad i=m_2+1,\cdots,m, \\ \quad\quad x_j \leqslant 0, \quad j=1,\cdots,n_1, \\ \quad\quad x_j \geqslant 0, \quad j=n_1+1,\cdots,n_2, \\ \quad\quad x_j无约束, \quad j=n_2+1,\cdots,n; \end{cases}$$

$$(c)\begin{cases} \max \quad z = \sum_{i=1}^{n}\sum_{k=1}^{m} c_{ik}x_{ik}, \\ \text{s.t.} \quad \sum_{i=1}^{n} a_{ik}x_{ik} = s_k, \quad k=1,\cdots,m, \\ \quad\quad \sum_{k=1}^{m} b_{ik}x_{ik} = p_i, \quad i=1,\cdots,n, \\ \quad\quad x_{ik} \geqslant 0, \quad i=1,\cdots,n, k=1,\cdots,m; \end{cases}$$

$$(d)\begin{cases} \min \quad z = \sum_{i=1}^{4}\sum_{j=1}^{4-i+1} c_j x_{ij}, \\ \text{s.t.} \quad \sum_{i=1}^{k}\sum_{j=k-i+1}^{4-i+1} x_{ij} \geqslant r_k, \quad k=1,2,3,4, \\ \quad\quad x_{ij} \geqslant 0, \quad i=1,\cdots,4, j=1,\cdots,4-i+1. \end{cases}$$

3.2 已知表 3-17 是求极大化线性规划问题的初始单纯形表和迭代计算中某一步的表. 试求表中未知数 $a \sim l$ 的值.

表 3-17

		x_1	x_2	x_3	x_4	x_5	x_6
x_5	20	5	-4	13	b	1	0
x_6	8	i	-1	k	c	0	1
$c_j - z_j$		1	6	-7	a	0	0
$\vdots$		$\vdots$					
x_3	d	-1/7	0	1	-2/7	f	4/7
x_2	e	l	1	0	-3/7	-5/7	g
$c_j - z_j$		72/7	0	0	11/7	h	j

3.3 已知线性规划问题

$$\begin{cases} \max \quad z = 6x_1 + 10x_2 + 9x_3 + 20x_4, & \text{对偶变量} \\ \text{s.t.} \quad 4x_1 + 9x_2 + 7x_3 + 10x_4 \leqslant 600, & y_1 \\ \quad\quad x_1 + x_2 + 3x_3 + 40x_4 \leqslant 400, & y_2 \\ \quad\quad 3x_1 + 4x_2 + 2x_3 + x_4 \leqslant 500, & y_3 \\ \quad\quad x_j \geqslant 0, \quad j=1,\cdots,4, \end{cases}$$

其最优解为 $x_1 = 400/3, x_2 = x_3 = 0, x_4 = 20/3, z^* = 2800/3$. 要求:

(a) 写出其对偶问题;

(b) 根据互补松弛性质找出对偶问题最优解.

3.4 已知表 3-18 为求解某线性规划问题的最终单纯形表, 表中 x_4, x_5 为松弛变量, 问题的约束为 "$\leqslant$" 形式.

表 3-18

		x_1	x_2	x_3	x_4	x_5
x_3	5/2	0	1/2	1	1/2	0
x_1	5/2	1	−1/2	0	−1/6	1/3
$c_j - z_j$		0	−4	0	−4	−2

(a) 写出原线性规划问题;

(b) 写出原问题的对偶问题;

(c) 直接由表 3-18 写出对偶问题的最优解.

3.5 已知线性规划问题

$$\begin{cases} \max & z = 3x_1 + 2x_2, \\ \text{s.t.} & -x_1 + 2x_2 \leqslant 4, \\ & 3x_1 + 2x_2 \leqslant 14, \\ & x_1 - x_2 \leqslant 3, \\ & x_1, x_2 \geqslant 0. \end{cases}$$

要求：(a) 写出它的对偶问题;

(b) 应用对偶理论证明原问题和对偶问题都存在最优解.

3.6 用对偶单纯形法求解线性规划问题:

(a) $$\begin{cases} \max & z = 2x_1 + 3x_2 + 4x_3, \\ \text{s.t.} & x_1 + 2x_2 + x_3 \geqslant 3, \\ & 2x_1 - x_2 + 3x_3 \geqslant 4, \\ & x_1, x_2, x_3 \geqslant 0; \end{cases}$$

(b) $$\begin{cases} \min & z = 3x_1 + 2x_2 + x_3, \\ \text{s.t.} & x_1 + x_2 + x_3 \leqslant 6, \\ & x_1 - x_3 \geqslant 4, \\ & x_2 - x_3 \geqslant 3, \\ & x_1, x_2, x_3 \geqslant 0. \end{cases}$$

3.7 已知线性规划问题:

$$\begin{cases} \max & z = 10x_1 + 5x_2, \\ \text{s.t.} & 3x_1 + 4x_2 \leqslant 9, \\ & 5x_1 + 2x_2 \leqslant 8, \\ & x_1, x_2 \geqslant 0. \end{cases}$$

用单纯形法求得最终表如表 3-19 所示.

表 3-19

		x_1	x_2	x_3	x_4
x_3	3/2	0	1	5/14	−3/14
x_1	1	1	0	−1/7	2/7
$c_j - z_j$		0	0	−5/14	−25/14

试用灵敏度分析的方法分别判断:

(a) 目标函数系数 c_1 和 c_2 分别在什么范围内变动, 上述最优解不变;

(b) 问题的目标函数变为 $\max z = 12x_1 + 4x_2$ 时上述最优解的变化;

(c) 约束条件右端项由 $\begin{bmatrix} 9 \\ 8 \end{bmatrix}$ 变为 $\begin{bmatrix} 11 \\ 19 \end{bmatrix}$ 时上述最优解的变化.

3.8 已知线性规划问题:

$$\begin{cases} \max & z = (c_1 + t_1) x_1 + c_2 x_2 + c_3 x_3 + 0 x_4 + 0 x_5, \\ \text{s.t.} & a_{11} x_1 + a_{12} x_2 + a_{13} x_3 + x_4 = b_1 + 3 t_2, \\ & a_{21} x_1 + a_{22} x_2 + a_{23} x_3 + x_5 = b_2 + t_2, \\ & x_j \geqslant 0, \quad j = 1, \cdots, 5. \end{cases}$$

当 $t_1 = t_2 = 0$ 时, 求解得最终单纯形表如表 3-20 所示.

表 3-20

		x_1	x_2	x_3	x_4	x_5
x_3	5/2	0	1/2	1	1/2	0
x_1	5/2	1	−1/2	0	−1/6	1/3
$c_j - z_j$		0	−4	0	−4	−2

(a) 确定 $c_1, c_2, c_3, a_{11}, a_{12}, a_{13}, a_{21}, a_{22}, a_{23}$ 和 b_1, b_2 的值;

(b) 当 $t_2 = 0$ 时, t_1 在什么范围内变化上述最优解不变;

(c) 当 $t_1 = 0$ 时, t_2 在什么范围内变化上述最优解不变.

3.9 某厂生产甲、乙、丙三种产品, 已知有关数据如表 3-21 所示, 试分别回答下列问题:

表 3-21

原材料	各产品原材料消耗定额			原料拥有量
	甲	乙	丙	
A	6	3	5	45
B	3	4	5	30
单位利润	4	1	5	

(a) 建立线性规划模型, 求使该厂获利最大的生产计划;

(b) 若产品乙、丙的单位利润不变, 则产品甲的利润在什么范围内变化时, 上述最优解不变;

(c) 若有一种新产品丁, 其原材料消耗定额: A 为 3 单位, B 为 2 单位, 单位利润为 2.5 单位. 问该产品是否值得安排生产, 并求新的最优生产计划;

(d) 若原材料 A 市场紧缺, 除拥有量外一时无法购进, 而原材料 B 如数量不足可去市场购买, 单位为 0.5 单位. 问该厂应否购买, 以购进多少为宜?

(e) 由于某种原因该厂决定暂停甲产品的生产, 试重新确定该厂的最优生产计划.

第 4 章 运 输 问 题

在前面几章中, 我们重点介绍了线性规划问题的一般形式及单纯形方法. 在实际中, 会遇到一些具有特殊结构的线性规划问题, 存在比单纯形法更为简便的算法. 本章要讨论的运输问题就是这样一类特殊的线性规划问题. 早在 20 世纪 20 年代, A. N. Tolstoi 等开始使用数学工具研究运输问题, 其线性规划模型最早由 F. L. Hitchcock, T. C. Koopmans 等提出. 第二次世界大战期间, 苏联数学家和经济学家 L. V. Kantorovich 在该领域取得了重大进展. 运输问题首先在物资运输的合理规划中形成并得到广泛关注. 随着研究的不断深入, 运输问题模型与算法的适用范围逐渐扩大, 在生产计划、任务分配等诸多问题中均有所应用.

本章重点介绍运输问题的数学模型、产销平衡问题的表上作业法及产销不平衡问题的求解方法.

4.1 运输问题模型

在国民经济建设过程中, 我们经常会遇到各种类型的物资调运问题. 如煤炭、钢铁、机械零件、木材、粮食、石油等物资, 在全国有多个生产或存储基地, 同时存在多个销售地. 根据现有的交通路网, 应该如何制定运输方案, 将这些物资从生产或存储基地运输到销售地, 使得总运输费用最小?

运输问题可用下面的数学语言描述: 已知某物资有 m 个生产地 $A_i,\ i = 1, 2, \cdots, m$, 产量分别是 $a_i, i = 1, 2, \cdots, m$; 有 n 个销售地 $B_j, j = 1, 2, \cdots, n$, 需要量分别是 $b_j, j = 1, 2, \cdots, n$; 从 A_i 到 B_j 的单位运输价格是 c_{ij}, 见表 4-1. 运输问题分为以下三种类型:

(1) 产销平衡问题

$$\sum_{i=1}^{m} a_i = \sum_{j=1}^{n} b_j;$$

(2) 供过于求问题

$$\sum_{i=1}^{m} a_i > \sum_{j=1}^{n} b_j;$$

(3) 供不应求问题

$$\sum_{i=1}^{m} a_i < \sum_{j=1}^{n} b_j.$$

表 4-1

产地	销地				产量
	1	2	$\cdots$	n	
1	c_{11}	c_{12}	$\cdots$	c_{1n}	a_1
2	c_{21}	c_{22}	$\cdots$	c_{2n}	a_2
$\vdots$	$\vdots$	$\vdots$		$\vdots$	$\vdots$
m	c_{m1}	c_{m2}	$\cdots$	c_{mn}	a_m
销量	b_1	b_2	$\cdots$	b_n	

本节重点考虑产销平衡问题. 若用 x_{ij} 表示从 A_i 到 B_j 的运量, 那么在产销平衡条件下, 以运费最小为目标的运输问题模型可表示为

$$
\begin{cases}
\min \quad z = \sum_{i=1}^{m}\sum_{j=1}^{n} c_{ij}x_{ij}, \\
\text{s.t.} \quad \sum_{j=1}^{n} x_{ij} = a_i, \quad i = 1, 2, \cdots, m, \\
\qquad \sum_{i=1}^{n} x_{ij} = b_j, \quad j = 1, 2, \cdots, n, \\
\qquad x_{ij} \geqslant 0.
\end{cases}
$$

该模型包含 $m \times n$ 个决策变量、$m + n$ 个等式约束、$m \times n$ 个非负约束. 系数矩阵的结构比较松散, 而且比较特殊, 如下所示

$$
\begin{array}{cccccccccccc}
x_{11} & x_{12} & \cdots & x_{1n} & x_{21} & x_{22} & \cdots & x_{2n} & \cdots & x_{m1} & x_{m2} & \cdots & x_{mn}
\end{array}
$$

$$
\left.\begin{bmatrix}
1 & 1 & \cdots & 1 & & & & & & & & \\
& & & & 1 & 1 & \cdots & 1 & & & & \\
& & & & & & & & \ddots & & & \\
& & & & & & & & & 1 & 1 & \cdots & 1 \\
1 & & & & 1 & & & & & 1 & & \\
& 1 & & & & 1 & & & & & 1 & \\
& & \ddots & & & & \ddots & & & & & \ddots & \\
& & & 1 & & & & 1 & & & & & 1
\end{bmatrix}\right\}
\begin{array}{l}
m \text{ 行} \\[2em]
n \text{ 行}
\end{array}
$$

系数矩阵中对应变量 x_{ij} 的系数向量 P_{ij}, 其第 i 个和第 $m+j$ 个分量取值 1, 其余为零, 即

$$
P_{ij} = (0, \cdots, 1, \cdots, 0, \cdots, 1, \cdots, 0)^{\mathrm{T}} = e_i + e_{m+j}, \tag{4-1}
$$

其中, e_i 为第 i 个分量取值为 1, 其余分量取值为 0 的向量.

对于产销平衡问题, 由于存在以下关系

$$
\sum_{j=1}^{n} b_j = \sum_{i=1}^{m} a_i,
$$

任意一个等式约束方程都可以由其余 $m+n-1$ 个方程推导得出, 所以 $m+n$ 个等式约束并不独立, 但可以证明任意 $m+n-1$ 个等式约束都是独立的, 因此系数矩阵的秩为 $m+n-1$.

4.2 产销平衡问题的表上作业法

表上作业法是单纯形法求解运输问题时的一种简化方法, 故也称运输问题单纯形法, 但具体的术语有所不同, 计算步骤如下：

(1) 确定初始基可行解, 在产销平衡表上按一定规则给出 $m+n-1$ 个数字, 即初始基变量的取值;

(2) 计算非基变量的检验数, 在产销平衡表上计算空格对应的检验数, 判别是否达到最优, 如是最优解, 则停止计算, 否则转到下一步;

(3) 确定换入变量和换出变量, 找出新的基可行解;

(4) 重复步骤 (2), (3) 直到得到最优解为止.

下面通过一个例题说明表上作业法的具体步骤.

例 4-1   北京市某大学新校区占地约 2000 亩, 为了方便师生的校园出行与生活, 学校与某共享单车企业建立了校园共享单车运营团队, 分别在男生公寓、女生公寓、留学生公寓、餐厅、教学楼、图书馆和体育馆建立了 7 个共享单车电子围栏. 经过一段时间的运营后, 运营团队发现学生公寓夜间经常停放过量单车, 而餐厅、教学楼、图书馆和体育馆夜间单车较少, 需要人工搬运, 以保持校园内单车分布的均衡. 假设某天夜间的搬运场景如下: 男生公寓、女生公寓、留学生公寓分别多出 70 辆、50 辆、80 辆单车, 餐厅、教学楼、图书馆和体育馆分别缺少 30 辆、60 辆、60 辆和 50 辆单车, 运营团队需要将学生公寓多余的单车分别搬运至餐厅、教学楼、图书馆和体育馆. 由于各电子围栏之间的距离不同, 单位搬运成本 (单位：角) 也不同, 见表 4-2. 问如何搬运单车, 使得搬运成本最低.

表 4-2

单车过量区域	单车短缺区域				多余数量
	餐厅	教学楼	图书馆	体育馆	
男生公寓	4	12	4	11	70
女生公寓	2	10	3	9	50
留学生公寓	8	5	11	6	80
短缺数量	30	60	60	50	

解   先画出该问题的单位运价表和搬运平衡表, 得表 4-3

表 4-3

单车过量区域	单车短缺区域				多余数量
	餐厅	教学楼	图书馆	体育馆	
男生公寓					70
女生公寓					50
留学生公寓					80
短缺数量	30	60	60	50	

4.2.1 确定初始基可行解

运输问题确定初始基可行解的过程与一般线性规划问题有所不同. 在运输问题中, 确定初始基可行解的方法很多, 我们希望所使用的方法简便, 同时所得到的解尽可能接近最优解. 下面介绍两种方法: 最小元素法和伏格尔 (Vogel) 法.

1. 最小元素法

该方法基于 "就近供应" 的基本思想, 从单位运价表中的最小运价开始确定运输关系, 然后再基于次小运价确定运输关系, 以此类推, 直至得到初始基可行解. 现结合例 4-1 展开讨论.

第一步: 从表 4-2 中找出最小运价为 2, 这表示应先将女生公寓的车辆搬运到餐厅. 因 $a_2 > b_1$ (50>30, a 表示多余数量, b 表示短缺数量), 女生公寓的单车在满足餐厅的全部需要外, 还剩余 20 辆. 我们在表 4-3 中女生公寓行和餐厅列的交叉格处填上 30, 得表 4-4, 并将表 4-2 的餐厅所在列的运价划去, 得表 4-5.

第二步: 在表 4-5 中再找到最小运价 3, 确定女生公寓多余的 20 辆供应图书馆, 得到表 4-6; 此时图书馆还需求 40 辆单车, 划去女生公寓所在行的运价, 得到表 4-7.

表 4-4

单车过量区域	单车短缺区域				多余数量
	餐厅	教学楼	图书馆	体育馆	
男生公寓					70
女生公寓	30				20
留学生公寓					80
短缺数量	0	60	60	50	

表 4-5

单车过量区域	单车短缺区域			
	餐厅	教学楼	图书馆	体育馆
男生公寓	4	12	4	11
女生公寓	2	10	3	9
留学生公寓	8	5	11	6

表 4-6

单车过量区域	单车短缺区域				多余数量
	餐厅	教学楼	图书馆	体育馆	
男生公寓					70
女生公寓	30		20		0
留学生公寓					80
短缺数量	0	60	40	50	

第三步: 在表 4-7 中找到最小运价 4, 确定男生公寓的 40 辆单车运到图书馆, 一步步地进行下去, 直到单位运价表上的所有元素划去为止, 最后在搬运平衡表上得到一个调运方案, 见表 4-8. 此时的搬运费用是 $40 \times 4 + 30 \times 11 + 30 \times 2 + 20 \times 3 + 60 \times 5 + 20 \times 6 = 1030$.

表 4-7

单车过量区域	单车短缺区域			
	餐厅	教学楼	图书馆	体育馆
男生公寓	4	12	4	11
女生公寓	2	10	3	9
留学生公寓	8	5	11	6

表 4-8

单车过量区域	单车短缺区域				多余数量
	餐厅	教学楼	图书馆	体育馆	
男生公寓			40	30	0
女生公寓	30		20		0
留学生公寓		60		20	0
短缺数量	0	0	0	0	

最小元素法给出的初始解是搬运问题的基可行解, 其理由为:

(1) 最小元素法得到的初始解是通过从单位运价表中逐次挑选最小元素, 比较对应的多余数量和短缺数量, 当多余量大于短缺量时, 划去该元素所在列; 当多余量小于短缺量时, 划去该元素所在行. 这样在搬运平衡表上每填入一个数字, 在运价表上就划去一行或一列. 表中共有 m 行 n 列, 总共能够划 $m+n$ 条直线, 但当表中只剩最后一个元素时, 在搬运平衡表上填写这个数字后, 在运价表上同时划去一行和一列. 此时就把单位运价表上所有元素都划去了, 相应地在搬运平衡表上也只填了 $m+n-1$ 个数字.

注 4-1 用最小元素法计算初始解时, 在搬运平衡表上填入一个数字 (不是最后一个数字) 后, 如果此时多余数量等于短缺数量, 单位运价表将同时划去一行和一列, 同时会出现退化情况. 关于退化情况的处理方法将在 4.2.4 节中讲述.

(2) 这 $m+n-1$ 个数字对应的系数列向量是线性独立的.

证 若表中确定的第 1 个基变量为 x_{ij}, 由式 (4-1) 可知它对应的系数列向量为

$$P_{ij} = e_i + e_{m+j}.$$

当给定 x_{ij} 的值后, 将划去第 i 行或第 j 列, 其后的系数列向量中不再出现 e_i 或 e_{m+j}, 因此, P_{ij} 不可能用其他系数列向量的线性组合来表示. 类似地, 任意一个系数列向量都不可能用其他系数列向量的线性组合表示. 所以, 这 $m+n-1$ 个系数列向量是线性独立的. □

注 4-2 最小元素法开始时节省了某些生产地 (过量区域) 与销售地 (短缺区域) 之间的运费, 但后面可能需要在个别生产地与销售地之间多花几倍的运费.

2. 伏格尔法

该方法的基本思想是: 假如某个过量区域的单车不能按最小运费就近搬运, 可以考虑次小运费, 这两者之间有一个差额. 差额越大, 说明不能按最小运费搬运时, 运费增加越多. 因而在差额最大处, 应该采用最小运费搬运. 伏格尔法的主要步骤如下.

第一步: 基于单位运价表, 分别计算各行与各列的最小运费和次最小运费的差额, 并填入该表的最右列和最下行, 见表 4-9.

表 4-9

单车过量区域	单车短缺区域				行差额
	餐厅	教学楼	图书馆	体育馆	
男生公寓	4	12	4	11	0
女生公寓	2	10	3	9	1
留学生公寓	8	5	11	6	1
列差额	2	5	1	3	

第二步: 在行或列差额中选出最大者, 选择它所在行或列中的最小元素安排搬运量. 在表 4-9 中教学楼所在列是最大差额列, 最小元素是 5, 所以留学生公寓多余的单车应该优先搬运至教学楼, 此时得到表 4-10. 然后将运价表中的教学楼列数字划去, 如表 4-11 所示.

表 4-10

单车过量区域	单车短缺区域				多余数量
	餐厅	教学楼	图书馆	体育馆	
男生公寓					70
女生公寓					50
留学生公寓		60			80
短缺数量	30	60	60	50	

表 4-11

单车过量区域	单车短缺区域				行差额
	餐厅	教学楼	图书馆	体育馆	
男生公寓	4	12	4	11	0
女生公寓	2	10	3	9	1
留学生公寓	8	5	11	6	1
列差额	2		1	3	

第三步: 对表 4-11 中未划去的元素再分别计算出各行与各列的最小运费和次最小运费的差额, 并填入该表的最右列和最下行. 重复第一、二步, 直到给出初始解为止, 初始解如表 4-12 所示, 相应的搬运费用是 $30 \times 2 + 60 \times 5 + 60 \times 4 + 10 \times 11 + 20 \times 9 + 20 \times 6 = 1010$.

表 4-12

单车过量区域	单车短缺区域				多余数量
	餐厅	教学楼	图书馆	体育馆	
男生公寓			60	10	70
女生公寓	30			20	50
留学生公寓		60		20	80
短缺数量	30	60	60	50	

由上可见, 伏格尔法同最小元素法除了确定供求关系的原则不同外, 其余步骤相同 (相似地, 可证明伏格尔法得到的初始解也是基可行解). 在大多数情况下, 伏格尔法给出的初始解比最小元素法给出的初始解更接近最优解.

4.2.2 最优解的判别

作为一类特殊的线性规划问题, 运输问题的最优性判别方法基于计算空格位置 (非基变量) 的检验数 $c_{ij} - C_B B^{-1} P_{ij}$. 因为运输问题的目标函数是最小化运输成本, 所以当

$c_{ij} - C_B B^{-1} P_{ij} \geqslant 0$ 时, 达到最优解. 下面介绍两种计算检验数的方法.

1. 闭回路法

基于初始基可行解 (表 4-12), 从每一空格出发找一条闭回路. 这条闭回路以某空格为起点, 用水平或垂直线向前划动, 当碰到一个数字格时可以转 90° (也可以不转), 然后继续前进, 直到回到起始空格为止.

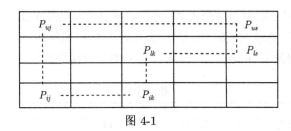

图 4-1

从每一个空格出发一定可以找到唯一的闭回路. 因 $m+n-1$ 个数字格 (基变量) 对应的系数向量是一个基, 任一空格 (非基变量) 对应的系数向量是这个基的线性组合, 且组合方式唯一, 而每一个组合方式对应一条闭回路. 如图 4-1 所示, P_{ij} 可表示为 $P_{ik}, P_{lk}, P_{ls}, P_{us}, P_{uj}$ 的线性组合, 即

$$P_{ij} = e_i + e_{m+j}$$
$$= e_i + e_{m+k} - e_{m+k} + e_l - e_l + e_{m+s} - e_{m+s} + e_u - e_u + e_{m+j}$$
$$= (e_i + e_{m+k}) - (e_l + e_{m+k}) + (e_l + e_{m+s}) - (e_u + e_{m+s}) + (e_u + e_{m+j})$$
$$= P_{ik} - P_{lk} + P_{ls} - P_{us} + P_{uj}.$$

闭回路法计算检验数的经济解释如下: 在描述初始解的表 4-12 中, 可从任一空格出发, 如 (男生公寓, 餐厅), 找到一条闭回路, 若让男生公寓增加 1 辆单车给餐厅, 为了保持车辆数的平衡, 就要依次做出如下调整: 男生公寓减少 1 辆单车给图书馆, 女生公寓增加 1 辆单车给图书馆, 女生公寓减少 1 辆单车给餐厅, 如表 4-13 中的虚线所示, 其中, 闭回路各顶点所在格的右上角数字是单位运价.

表 4-13

单车过量区域	单车短缺区域							多余数量
	餐厅		教学楼		图书馆		体育馆	
男生公寓		4		12		4		11	70
	(+1)				(−1)				
女生公寓		2		10		3		9	50
	(−1)				(+1)				
留学生公寓		8		5		11		6	80
短缺数量	30		60		60		50	

该调整方案使运费增加了 $(+1) \times 4 + (-1) \times 4 + (+1) \times 3 + (-1) \times 2 = 1$(角). 这表明若采用该方案调整运量, 总运费将增加 1 角. 将 "1" 这个数字填入 (男生公寓, 餐厅) 空格, 这就是该非基变量的检验数. 按以上所述, 找出所有空格的检验数, 见表 4-14.

表 4-14

空格	闭回路	检验数
$(1,1)$	$(1,1)$—$(1,3)$—$(2,3)$—$(2,1)$—$(1,1)$	1
$(1,2)$	$(1,2)$—$(1,4)$—$(3,4)$—$(3,2)$—$(1,2)$	2
$(2,2)$	$(2,2)$—$(2,3)$—$(1,3)$—$(1,4)$—$(3,4)$—$(3,2)$—$(2,2)$	1
$(2,4)$	$(2,4)$—$(2,3)$—$(1,3)$—$(1,4)$—$(2,4)$	-1
$(3,1)$	$(3,1)$—$(3,4)$—$(1,4)$—$(1,3)$—$(2,3)$—$(2,1)$—$(3,1)$	10
$(3,3)$	$(3,3)$—$(3,4)$—$(1,4)$—$(1,3)$—$(3,3)$	12

当检验数存在负数时, 说明当前的搬运方案不是最优解, 还要继续改进.

2. 位势法

用闭回路法求检验数时, 需要给每一个空格找一条闭回路. 对于大规模运输问题, 当空格很多时, 找一条闭回路会十分困难, 计算也很耗时. 下面介绍的位势法会比闭回路法简便一些. 在第一个约束条件增加一个人工变量 $x_{m,n+1}$, 则系数矩阵的秩变成了 $m+n$. 设 X 是最小元素法或伏格尔法得到的初始解所对应的基变量 (包括人工变量 $x_{m,n+1}$), B 是相应的基矩阵, $(u_1, u_2, \cdots, u_m, v_1, v_2, \cdots, v_n)$ 是对应 $m+n$ 个约束条件的对偶变量. 因为运输问题是等式约束, 所以对偶变量无约束. 根据对偶理论, 可知

$$C_B B^{-1} = (u_1, u_2, \cdots, u_m, v_1, v_2, \cdots, v_n).$$

对于任意 $i = 1, 2, \cdots, m, j = 1, 2, \cdots, n$, 决策变量 x_{ij} 的检验数是

$$\sigma_{ij} = c_{ij} - C_B B^{-1} P_{ij} = c_{ij} - (u_i + v_j).$$

人工变量 $x_{m,n+1}$ 的检验数是

$$\sigma_{m,n+1} = c_{m,n+1} - C_B B^{-1} P_{m,n+1} = -u_1.$$

因为所有基变量的检验数都等于 0, 有

$$u_1 = 0, \quad c_{ij} - (u_i + v_j) = 0, \tag{4-2}$$

其中 x_{ij} 是基变量.

在例 4-1 中, 由最小元素法得到的初始解对应的基变量是 $x_{23}, x_{34}, x_{21}, x_{32}, x_{13}, x_{14}$. 根据式 (4-2), 有

$$
\begin{cases}
u_1 = 0, \\
c_{23} - (u_2 + v_3) = 3 - (u_2 + v_3) = 0, \\
c_{34} - (u_3 + v_4) = 6 - (u_3 + v_4) = 0, \\
c_{21} - (u_2 + v_1) = 2 - (u_2 + v_1) = 0, \\
c_{32} - (u_3 + v_2) = 5 - (u_3 + v_2) = 0, \\
c_{13} - (u_1 + v_3) = 4 - (u_1 + v_3) = 0, \\
c_{14} - (u_1 + v_4) = 11 - (u_1 + v_4) = 0,
\end{cases}
$$

解得 $u_1 = 0, u_2 = -1, u_3 = -5, v_1 = 3, v_2 = 10, v_3 = 4, v_4 = 11$. 据此可以算出所有非基变量的检验数, 填在空格位置. 上述计算过程可以在表格中进行, 现以例 4-1 详细说明.

第一步: 按最小元素法给出表 4-8 的初始解, 并在对应表 4-8 的数字格处填入单位运价, 见表 4-15.

表 4-15

单车过量区域	单车短缺区域			
	餐厅	教学楼	图书馆	体育馆
男生公寓			4	11
女生公寓	2		3	
留学生公寓		5		6

第二步: 在表 4-15 的底部和右侧增加一行 v_j 和一列 u_i, 令 $u_1 = 0$, 然后根据 $u_i + v_j = c_{ij}$ 相继地确定行位势 u_i 与列位势 v_j. 根据 $u_1 = 0$, 由 $u_1 + v_3 = 4$ 可得 $v_3 = 4$, 由 $u_1 + v_4 = 11$ 可得 $v_4 = 11$; 根据 $v_4 = 11$, 由 $u_3 + v_4 = 6$ 可得 $u_3 = -5$, 以此类推可确定所有 u_i, v_j 的数值, 得表 4-16.

表 4-16

单车过量区域	单车短缺区域				u_i
	餐厅	教学楼	图书馆	体育馆	
男生公寓			4	11	0
女生公寓	2		3		-1
留学生公寓		5		6	-5
v_j	3	10	4	11	

第三步: 按 $\sigma_{ij} = c_{ij} - (u_i + v_j)$ 计算所有空格的检验数, 如 $\sigma_{11} = 4 - (0 + 3) = 1$. 上述计算可直接在表上进行. 为了方便, 可以设计如表 4-17 所示的计算表.

表 4-17

单车多余区域	单车短缺区域				u_i
	餐厅	教学楼	图书馆	体育馆	
男生公寓	4 1	12 2	4 0	11 0	0
女生公寓	2 0	10 1	3 0	9 -1	-1
留学生公寓	8 10	5 12	11 0	6 0	-5
v_j	3	10	4	11	

可见, 表 4-17 中还有检验数为负. 说明不是最优解, 还可以再改进.

4.2.3　改进的方法——闭回路调整法

当空格位置出现负检验数时, 表明当前解不是最优解, 以该空格对应的非基变量为换入变量. 若有两个或两个以上检验数为负时, 一般选最小的负检验数对应的空格为换入格. 由表 4-17 可知 $(2, 4)$ 为换入格, 以此格为出发点找到一个闭回路, 如表 4-18 虚线所示.

表 4-18

单车过量区域	单车短缺区域				多余数量
	餐厅	教学楼	图书馆	体育馆	
男生公寓			40(+1) ------ ------	30(−1)	70
女生公寓	30		20(−1) ------ ------	(+1)	50
留学生公寓		60		20	80
短缺数量	30	60	60	50	

换入格的调入量 θ 是选择闭回路上具有 (−1) 的数字格中的最小值, 即 $\theta = \min\{20, 30\} = 20$ (其原理与单纯形法中确定 θ 的规则相同). 然后按闭回路上的正、负号, 加上和减去 θ, 得到更新后的运输方案, 如表 4-19 所示.

表 4-19

单车过量区域	单车短缺区域				多余数量
	餐厅	教学楼	图书馆	体育馆	
男生公寓			60	10	70
女生公寓	30			20	50
留学生公寓		60		20	80
短缺数量	30	60	60	50	

对表 4-19 给出的解, 再用闭回路法或位势法求每个空格的检验数, 见表 4-20. 此时表 4-20 中所有检验数都非负, 故表 4-19 中的解达到了最优解, 此时的总运费是 1010 角.

表 4-20

单车过量区域	单车短缺区域			
	餐厅	教学楼	图书馆	体育馆
男生公寓	0	2		
女生公寓		2	1	
留学生公寓	9		12	

4.2.4 表上作业法计算中的问题

1. 无穷多最优解

当存在某个非基变量 (空格) 的检验数为 0 时, 运输问题有无穷多最优解. 表 4-20 空格 $(1, 1)$ 的检验数是 0, 表明例 4-1 有无穷多个最优解. 事实上, 可以在表 4-21 中以 $(1, 1)$ 为调入格, 作闭回路 $(1, 1) \to (1, 4) \to (2, 4) \to (2, 1) \to (1, 1)$, 对于任意 $0 < \theta \leqslant 10$, 调整后可得到一个新的最优解. 例如, 当 $\theta = 10$ 时, 调整后的最优解见表 4-21.

表 4-21

单车过量区域	单车短缺区域				多余数量
	餐厅	教学楼	图书馆	体育馆	
男生公寓	10		60		70
女生公寓	20			30	50
留学生公寓		60		20	80
短缺数量	30	60	60	50	

2. 退化

用表上作业法求解运输问题, 可能会出现退化情况, 分以下两种情况处理:

(1) 当确定初始解的各供需关系时, 若在 (i, j) 格填入某数字后, 出现 a_i 处的余量等于 b_j 处的需求量, 这时在搬运平衡表上填一个数, 而在单位运价表上相应地要划去一行和一列. 为了使在搬运平衡表上有 $m + n - 1$ 个数字格, 需要添加一个 "0". 它的位置可在对应同时划去的那行或那列的任一空格处. 但为了减少调整次数, 可将 0 添加到对应最小运价的空格位置.

(2) 用闭回路法调整时, 当在闭回路上出现两个或两个以上具有 (-1) 标记的最小值时, 此时经过调整后, 会得到多个数字格变成空格. 处理方法是除了一个位置变为空格外, 其他位置标记 0. 出现退化解, 在作改进调整时, 可能在某闭回路上有标记为 (-1) 的取值为 0 的数字格, 这时应取调整量 $\theta = 0$.

4.3   产销不平衡问题及求解方法

表上作业法适用于产销平衡问题. 然而, 实际问题往往是产销不平衡的, 这就需要把产销不平衡问题转化成产销平衡问题. 下面针对供过于求与供不应求两种情形分别讨论.

供过于求情形: 当总产量大于总销量时, 即

$$\sum_{i=1}^{m} a_i > \sum_{j=1}^{n} b_j,$$

此时的运输问题模型是

$$
\begin{cases}
\min \quad z = \sum_{i=1}^{m} \sum_{j=1}^{n} c_{ij} x_{ij}, \\
\text{s.t.} \quad \sum_{i=1}^{m} x_{ij} = b_j, \quad j = 1, 2, \cdots, n, \\
\qquad \sum_{j=1}^{n} x_{ij} \leqslant a_i, \quad i = 1, 2, \cdots, m, \\
\qquad x_{ij} \geqslant 0, \quad i = 1, 2, \cdots, m, j = 1, 2, \cdots, n.
\end{cases}
$$

增加一个假想的销地 $n+1$, 该销地的总需求量为

$$\sum_{i=1}^{m} a_i - \sum_{j=1}^{n} b_j.$$

在单位运价表中定义从各产地到假想销地的单位运价为 $c_{i,n+1} = 0, i = 1, 2, \cdots, m$. 此时, 供过于求问题就等价为一个产销平衡问题, 数学模型如下

$$
\begin{cases}
\min \quad z = \sum_{i=1}^{m} \sum_{j=1}^{n+1} c_{ij} x_{ij}, \\
\text{s.t.} \quad \sum_{j=1}^{n+1} x_{ij} = a_i, \quad i = 1, 2, \cdots, m, \\
\qquad \sum_{i=1}^{m} x_{ij} = b_j, \quad j = 1, 2, \cdots, n+1, \\
\qquad x_{ij} \geqslant 0, \quad i = 1, 2, \cdots, m, j = 1, 2, \cdots, n+1.
\end{cases}
$$

供不应求情形：当总销量大于总产量时, 即

$$
\sum_{i=1}^{m} a_i < \sum_{j=1}^{n} b_j,
$$

此时的运输问题模型是

$$
\begin{cases}
\min \quad z = \sum_{i=1}^{m} \sum_{j=1}^{n} c_{ij} x_{ij}, \\
\text{s.t.} \quad \sum_{j=1}^{n} x_{ij} = a_i, \quad i = 1, 2, \cdots, m, \\
\qquad \sum_{i=1}^{m} x_{ij} \leqslant b_j, \quad j = 1, 2, \cdots, n, \\
\qquad x_{ij} \geqslant 0, \quad i = 1, 2, \cdots, m, j = 1, 2, \cdots, n.
\end{cases}
$$

增加一个假想的产地 $m+1$, 该产地的总产量为

$$
\sum_{j=1}^{n} b_j - \sum_{i=1}^{m} a_i.
$$

在单位运价表上定义从该假想产地到各销地的运价为 $c_{m+1,j} = 0, j = 1, 2, \cdots, n$. 此时, 供不应求问题就转化成一个产销平衡问题, 数学模型如下

$$
\begin{cases}
\min \quad z = \sum_{i=1}^{m+1} \sum_{j=1}^{n} c_{ij} x_{ij}, \\
\text{s.t.} \quad \sum_{j=1}^{n} x_{ij} = a_i, \quad i = 1, 2, \cdots, m+1, \\
\qquad \sum_{i=1}^{m+1} x_{ij} = b_j, \quad j = 1, 2, \cdots, n, \\
\qquad x_{ij} \geqslant 0, \quad i = 1, 2, \cdots, m+1, j = 1, 2, \cdots, n.
\end{cases}
$$

例 4-2 设有三个炼油厂 Q1, Q2, Q3 分别给四个加油站 A, B, C, D 供应汽油. 各炼油厂年产量、各加油站年需要量, 以及从炼油厂到加油站的单位运价如表 4-22 所示. 试求出使总运费最低的汽油运输方案.

表 4-22

炼油厂	需求地区				产量
	A	B	C	D	
Q1	16	13	22	17	50
Q2	14	13	19	15	60
Q3	19	20	23	—	50
最低需求	30	70	0	10	
最高需求	50	70	30	不限	

解 这是一个产销不平衡的运输问题, 总产量为 160 万吨, 四个加油站的最低需求为 110 万吨, 最高需求无上限. 根据现有产量, 加油站 D 每年最多能分配到 60 万吨, 这样最高需求为 210 万吨, 大于产量. 在产销平衡表中增加一个假想的炼油厂 Q4, 其年产量为 50 万吨. 由于各加油站的需求量包含两部分, 如加油站 A, 30 万吨是最低需求量, 不能由 Q4 供给, 令相应运价为 M (任意大正数), 而另一部分满足或不满足 20 万吨都可以. 因此, 可以由 Q4 供给, 按前面讲的, 令相应运价为 0. 对凡是需求分两种情况的地区, 实际上可按照两个地区看待. 这样可以写出这个问题的产销平衡表 (表 4-23) 和单位运价表 (表 4-24).

表 4-23

产地	销地						产量
	A	A'	B	C	D	D'	
Q1							50
Q2							60
Q3							50
Q4							50
销量	30	20	70	30	10	50	

表 4-24

产地	销地					
	A	A'	B	C	D	D'
Q1	16	16	13	22	17	17
Q2	14	14	13	19	15	15
Q3	19	19	20	23	M	M
Q4	M	0	M	0	M	0

根据表上作业法计算, 可以求得这个问题的最优方案如表 4-25 所示.

表 4-25

产地	销地						产量
	A	A'	B	C	D	D'	
Q1			50				50
Q2			20		10	30	60
Q3	30	20	0				50
Q4				30		20	50
销量	30	20	70	30	10		

4.4 应用举例

由于表上作业法远比单纯形法简单, 所以在实践中人们常常把某些线性规划问题尽可能转化为运输问题, 再运用表上作业法进行求解, 下面介绍几个典型的例子.

例 4-3 设汽车厂某新款汽车每个季度的订单分别是 10, 15, 25, 20 辆. 已知该厂各季度的生产能力及单位生产成本如表 4-26 所示, 若生产的汽车当季不能交货, 每辆汽车在每个季度需要 0.15 万元库存成本. 要求在完成订单需求的情况下, 给出全年成本最低的生产计划.

表 4-26

季度	生产能力/辆	单位成本/万元
一	25	10.8
二	35	11.1
三	30	11.0
四	10	11.3

解 由于每个季度生产的汽车当季不一定交货, 设 x_{ij} 为第 i 季度生产用于第 j 季度交货的汽车数量. 根据订单需求, 决策变量需要满足

$$\begin{cases} x_{11} = 10, \\ x_{12} + x_{22} = 15, \\ x_{13} + x_{23} + x_{33} = 25, \\ x_{14} + x_{24} + x_{34} + x_{44} = 20. \end{cases}$$

每季度生产的汽车数量不可能超过该季度的生产能力, 所以有

$$\begin{cases} x_{11} + x_{12} + x_{13} + x_{14} \leqslant 25, \\ x_{22} + x_{23} + x_{24} \leqslant 35, \\ x_{33} + x_{34} \leqslant 30, \\ x_{44} \leqslant 10. \end{cases}$$

第 i 季度生产用于第 j 季度交货的每辆汽车的实际成本 c_{ij} 应该是该季度单位生产成本加上库存成本, 具体值见表 4-27.

表 4-27

i	j			
	一	二	三	四
一	10.8	10.95	11.10	11.25
二		11.10	11.25	11.40
三			11.00	11.15
四				11.30

注意到当 $i > j$ 时, $x_{ij} = 0$, 令 $c_{ij} = M$, 其中 M 是一个极大的正数 (表 4-28). 该问题可表示为一个供过于求的运输问题. 增加一个虚拟的销售地 D, 把该问题转换成产销平衡的运输模型, 写出产销平衡表和单位运价表 (表 4-28).

表 4-28

产地	销地					产量
	一	二	三	四	D	
一	10.8	10.95	11.10	11.25	0	25
二	M	11.10	11.25	11.40	0	35
三	M	M	11.00	11.15	0	30
四	M	M	M	11.30	0	10
销量	10	15	25	20	30	

用表上作业法求解, 可得到多个最优生产计划, 表 4-29 是其中之一, 第一季度生产 25 辆, 10 辆当季交货, 15 辆第二季度交货; 第二季度生产 35 辆, 其中 5 辆用于第三季度交货; 第三季度生产 30 辆, 其中 20 辆于当季交货, 10 辆于第四季度交货; 第四季度生产 10 辆, 于当季交货. 按此计划生产, 该厂总成本为 773 万元.

表 4-29

生产季度	销售季度					产量
	一	二	三	四	D	
一	10	15	0	0	0	25
二	0	0	5	0	30	35
三	0	0	20	10	0	30
四	0	0	0	10	0	10
销量	10	15	25	20	30	

□

例 4-4 某物流公司承担所在城市 6 个物流站 A, B, C, D, E, F 之间的四条固定线路的运输任务. 已知每条线路的起点、终点及每小时的运输次数如表 4-30 所示. 假定各线路使用相同型号的货车, 各物流站之间的行驶时间见表 4-31. 已知每辆货车每次装卸货各需 1 小时, 问该物流公司至少配备多少辆货车, 才能满足所有线路的运输任务?

表 4-30

物流运输线路	起点	终点	运输次数
1	E	D	3
2	B	C	2
3	A	F	1
4	D	B	1

表 4-31

起点	终点					
	A	B	C	D	E	F
A	0	1	2	14	7	7
B	1	0	3	13	8	8
C	2	3	0	15	5	5
D	14	13	15	0	17	20
E	7	8	5	17	0	3
F	7	8	5	20	3	0

解 该公司所需配备的货车分为两部分.

(1) 载货线路需要的周转货车数. 例如线路 1, 在物流站 E 装货 1 小时, E→D 行程 17 小时, 在 D 卸货 1 小时, 总计 19 小时. 每小时 3 次运输, 故该线路周转货车需 57 辆. 各条线路周转所需货车数见表 4-32. 以上累计共需周转货车数 91 辆.

表 4-32

线路	装货时间	行程时间	卸货时间	总计	运输次数	需周转货车数
1	1	17	1	19	3	57
2	1	3	1	5	2	10
3	1	7	1	9	1	9
4	1	13	1	15	1	15

(2) 各物流站间调度所需货车数. 有些物流站每小时到达货车数多于出发货车数, 例如物流站 D 每小时到达 3 辆, 出发 1 辆; 而有些物流站到达数少于出发数, 例如物流站 B 每小时到达 1 辆, 出发 2 辆. 各物流站每小时余缺货车数见表 4-33.

表 4-33

物流站	到达	需求	余缺货车数
A	0	1	−1
B	1	2	−1
C	2	0	2
D	3	1	2
E	0	3	−3
F	1	0	1

为使配备货车数量最少, 应做到周转的货车数为最少. 因此建立以下运输问题, 其产销平衡表见表 4-34.

表 4-34

物流站	A	B	E	多余货车
C				2
D				2
F				1
缺少货车	1	1	3	

单位运价表应为相应各物流站之间的货车行驶时间, 见表 4-35.

表 4-35

物流站	A	B	E
C	2	3	5
D	14	13	17
F	7	8	3

用表上作业法求出空货车的最优调度方案见表 4-36.

表 4-36

物流站	A	B	E	每天多余货车
C	1		1	2
D		1	1	2
F			1	1
每天缺少货车	1	1	3	

由表 4-36 知最少需周转的空货车为 $2 \times 1 + 13 \times 1 + 5 \times 1 + 17 \times 1 + 3 \times 1 = 40$(辆). 这样在不考虑维修、储备等情况下, 该公司至少应配备 131 辆货车. □

习　　题

4.1 判断表 4-37 (a), (b), (c) 中给出的调运方案能否作为表上作业法求解时的初始解, 为什么?

表 4-37 (a)

产地	销地						产量
	B_1	B_2	B_3	B_4	B_5	B_6	
A_1	20	10					30
A_2		30	20				50
A_3			10	10	50	5	75
A_4						20	20
销量	20	40	30	10	50	25	

表 4-37 (b)

产地	销地						产量
	B_1	B_2	B_3	B_4	B_5	B_6	
A_1					30		30
A_2	20	30					50
A_3		10	30	10		25	75
A_4					20		20
销量	20	40	30	10	50	25	

表 4-37 (c)

产地	销地				产量
	B_1	B_2	B_3	B_4	
A_1			6	5	11
A_2	5	4		2	11
A_3		5	3		8
销量	5	9	9	7	

4.2 已知运输问题的产销地、产销量及各产销地之间的单位运价如表 4-38 (a), (b) 所示, 试据此分别列出其数学模型.

表 4-38 (a)

产地	销地			产量
	甲	乙	丙	
1	20	16	24	300
2	10	10	8	500
3	M	18	10	100
销量	200	400	300	

表 4-38 (b)

产地	销地			产量
	甲	乙	丙	
1	10	16	32	15
2	14	22	40	7
3	22	24	34	16
销量	12	8	20	

4.3 已知运输问题的供需关系表与单位运价表如表 4-39 所示; 试用表上作业法求表 4-39 (a)~(c) 的最优解 (表中 M 代表任意大正数). 对其中的 (b), (c) 分别用伏格尔法直接给出近似最优解.

表 4-39 (a)

产地	销地				产量
	甲	乙	丙	丁	
1	3	2	7	6	15
2	7	5	2	3	7
3	2	5	4	5	16
销量	60	40	20	15	

表 4-39 (b)

产地	销地				产量
	甲	乙	丙	丁	
1	18	14	17	12	100
2	5	8	13	15	100
3	17	7	12	9	150
销量	50	70	60	80	

表 4-39 (c)

产地	销地					产量
	甲	乙	丙	丁	戊	
1	8	6	3	7	5	20
2	5	M	8	4	7	30
3	6	3	9	6	8	30
销量	25	25	20	10	20	

4.4 某一实际问题可以叙述如下: 有 n 个地区需要某种物资, 需要量分别不少于 $b_j (j = 1, \cdots, n)$. 这些物资均由某公司分设在 m 个地区的工厂供应, 各工厂的产量分别不大于 $a_i (i = 1, \cdots, m)$, 已知从 i 地

区工厂至第 j 个需求地区物资的单位运价为 c_{ij}, 又 $\sum_{i=1}^{m} a_i = \sum_{j=1}^{n} b_j$, 试写出其对偶问题, 并解释对偶变量的经济意义.

4.5 已知某运输问题的产销平衡表及给出的一个调运方案和单位运价表分别见表 4-40(a) 和表 4-40(b). 判断所给出的调运方案是否为最优? 如是, 说明理由; 如否, 也说明理由.

表 4-40 (a)

产地	销地						产量
	B_1	B_2	B_3	B_4	B_5	B_6	
A_1		40			10		50
A_2	5	10	20		5		40
A_3	25			24		11	60
A_4				16	15		31
销量	30	50	20	40	30	11	

表 4-40 (b)

产地	销地					
	B_1	B_2	B_3	B_4	B_5	B_6
A_1	2	1	3	3	2	5
A_2	3	2	2	4	3	4
A_3	3	5	4	2	4	1
A_4	4	2	2	1	2	2

4.6 已知某运输问题的产销平衡表和单位运价表如表 4-41 所示.

表 4-41

产地	销地						产量
	B_1	B_2	B_3	B_4	B_5	B_6	
A_1	2	1	3	3	3	5	50
A_2	4	2	2	3	4	4	40
A_3	3	5	4	2	4	1	60
A_4	4	2	2	1	2	2	31
销量	30	50	20	40	30	11	

要求: (a) 最优的运输调拨方案;
(b) 单位运价表中的 c_{12}, c_{35}, c_{41} 分别在什么范围内变化时, 上面求出的最优调拨方案不变.
4.7 有一运输问题, 运价及产销量如表 4-42 所示.

表 4-42

产地	销地			产量
	B_1	B_2	B_3	
A_1	1	2	2	20
A_2	1	4	5	40
A_3	2	3	3	30
销量	30	20	20	90>70

当某个产地的货物没有运出时, 将要发生储存费用, 其中三个产地 A_1, A_2, A_3 的单位存储费用分别

为 5 元、4 元、3 元. 要求产地 A_2 的物资至少运出 38 单位, 产地 A_3 的物资至少运出 27 单位, 试求此运输问题费用最小的解决方案.

4.8 某化学公司有甲、乙、丙、丁四个化工厂生产某种产品, 产量 (单位: t) 分别为 200, 300, 400, 100, 供应 I, II, III, IV, V, VI 六个地区的需要, 需要量分别为 200, 150, 400, 100, 150, 150. 由于工艺、技术等条件差别, 各厂每千克产品成本 (单位: 元) 分别为 1.2, 1.4, 1.1, 1.5, 又由于行情不同, 各地区销售价 (单位: 元/kg) 分别为 2.0, 2.4, 1.8, 2.2, 1.6, 2.0. 已知从各厂运往各销售地区每千克产品运价如表 4-43 所示.

表 4-43

工厂	地区					
	I	II	III	IV	V	VI
甲	0.5	0.4	0.3	0.4	0.3	0.1
乙	0.3	0.8	0.9	0.5	0.6	0.2
丙	0.7	0.7	0.3	0.7	0.4	0.4
丁	0.6	0.4	0.2	0.6	0.5	0.8

如第 III 个地区至少供应 100t, 第 IV 个地区的需要必须全部满足, 试确定使该公司获利最大的产品调运方案.

4.9 某糖厂每月最多生产糖 270t, 先运至 A_1, A_2, A_3 三个仓库, 然后再分别供应 B_1, B_2, B_3, B_4, B_5 五个地区需要. 已知各仓库容量 (单位: t) 分别为 50, 100, 150, 各地区的需要量 (单位: t) 分别为 25, 105, 60, 30, 70. 已知各糖厂经由各仓库然后供应各地区的费用如表 4-44 所示. 试确定一个使总费用最低的调运方案.

表 4-44

	B_1	B_2	B_3	B_4	B_5
A_1	10	15	20	20	40
A_2	20	40	15	30	30
A_3	30	35	40	55	25

4.10 有一运输问题, 运价及产销量如表 4-45 所示.

表 4-45

产地	销地			产量
	B_1	B_2	B_3	
A_1	4	6	5	10
A_2	3	7	8	20
销量	10	10	10	$\sum = 30$

已知两个产地和三个销售地都有中转的能力, 各点之间的转运费分别是 A_1A_2 之间为 1、B_1B_2 之间为 2、B_2B_3 之间为 3, 请确定总运费最少的运输方案.

另外, 假设 B_3 没有中转能力, 并且 B_3 只需要 5 个单位, 那么总运费最少的运输方案又如何?

第 5 章　目标规划

通过前面几章的学习, 我们了解到线性规划模型的特点是在满足线性约束的条件下, 寻求某个目标的最大值或最小值. 随着社会的飞速发展, 在广泛的实践与应用中, 我们发现线性规划存在以下不足: ① 线性规划对约束条件的要求十分苛刻, 不允许有丝毫偏差, 但在实践中并不是所有约束都必须严格满足, 允许一定程度上对某些约束条件的违背; ② 线性规划无法处理包含多个目标的优化问题, 更无法处理多个目标间存在重要性差异的问题.

为了解决上述不足, 本章介绍目标规划方法. 该方法基于决策目标的轻重缓急, 分析如何达到规定目标或从总体上找到与规定目标差距最小的解. 目标规划的相关概念和模型最早由美国学者 A. Charnes 和 W. W. Cooper 在 1961 年出版的 *Management Models and Industrial Applications of Linear Programming* 一书中提出. 在此之后, 许多学者持续改进并完善了目标规划的相关内容, 例如, Y. Ijiri 在 1965 年出版了 *Management Goals and Accounting for Control*, S. M. Lee 在 1972 年出版了 *Goal Programming for Decision Analysis* 等. 后来, J. P. Ignizio 在 1976 年出版了 *Goal Programming and Extensions* 一书, 对目标规划的理论和方法进行了系统的归纳和总结.

本章重点介绍目标规划模型、图解法、单纯形法及灵敏度分析.

5.1　目标规划模型

例 5-1　在例 2-1 中, 假设北京公交集团的运营决策面临如下目标:

(1) 上级部门下达的任务为疏散北京西站旅客尽量不少于 400 名;

(2) 尽可能使 A, B 两种类型的公交车数量之比为 1:1;

(3) 人力成本高涨导致驾驶员短缺, 为了不影响其他线路的正常运营, 此次旅客疏散任务所使用的驾驶员数量不能超过 12 人;

(4) 乘务员均为女性, 为了增加女性员工收入, 希望尽可能安排她们都上岗;

(5) 安保员如果不够, 可以通过劳务派遣方式增加, 但考虑到用人成本, 增派的安保员数量要尽可能少.

想要解决上述具有多个目标的优化问题, 需要借助目标规划方法, 下面介绍目标规划的相关内容及一般形式.

1. 定义偏差变量

偏差变量用来表示实际值与目标值之间的差异, 用以下符号来表示:

d^+——超出目标的差值, 称正偏差变量;

d^-——未达到目标的差值, 称负偏差变量.

由偏差变量的定义可知, d^+ 和 d^- 中必然有一个为零, 即当实际值超出目标值时, 有 $d^- = 0, d^+ > 0$; 当实际值未达到目标值时, 有 $d^+ = 0, d^- > 0$; 当实际值同目标值恰好一致时, 有 $d^+ = d^- = 0$.

2. 定义刚性约束与目标约束

首先, 针对具有严格资源限制的条件建立约束, 称为刚性约束, 与线性规划约束条件相同. 例如, 约束 (3) 要求驾驶员不能超过 12 人, 故

$$x_1 + x_2 \leqslant 12.$$

其次, 对于不需要严格限制的条件, 可以通过建立目标约束来表达. 例如, 约束 (2) 要求两种类型的公交车数量比例尽量为 1:1. 这个比例允许有偏差, 当 A 型车数量小于 B 型车数量时, 出现负偏差 d^-, 有

$$x_1 - x_2 + d^- = 0.$$

当 A 型车数量大于 B 型车数量时, 出现正偏差 d^+, 有

$$x_1 - x_2 - d^+ = 0.$$

因为正负偏差不可能同时出现, 故有

$$x_1 - x_2 + d^- - d^+ = 0.$$

约束 (2) 希望 A 型车数量尽量等于 B 型车数量, 此时, 既不希望出现 $d^- > 0$, 也不希望出现 $d^+ > 0$, 用目标约束可表示为

$$\begin{cases} \min & d^- + d^+, \\ \text{s.t.} & x_1 - x_2 + d^- - d^+ = 0. \end{cases}$$

同理, 约束 (1) 要求疏散旅客不少于 400 名, 可表示为

$$\begin{cases} \min & d^-, \\ \text{s.t.} & 30x_1 + 50x_2 + d^- - d^+ = 400. \end{cases}$$

约束 (4) 要求调配到的乘务员要尽可能安排上岗, 可表示为

$$\begin{cases} \min & d^- + d^+, \\ \text{s.t.} & x_2 + d^- - d^+ = 6. \end{cases}$$

约束 (5) 要求增派的安保员数量要尽可能少, 可表示为

$$\begin{cases} \min & d^+, \\ \text{s.t.} & x_1 + 2x_2 + d^- - d^+ = 16. \end{cases}$$

3. 定义目标优先级与权系数

在目标规划模型中, 如果两个目标之间的重要程度相差悬殊, 此时, 为了达到某一个目标可以牺牲另一个目标, 我们称这些目标具有不同层次的优先级. 优先级层次的高低可通过优先因子 $P_1, P_2, \cdots, P_K$ 来表示, 并规定 $P_k \gg P_{k+1}$. 另外, 对于处在同一层次优先级的不同目标, 可以按目标的重要程度分别乘以不同的权系数 $\omega_{k1}, \omega_{k2}, \cdots, \omega_{kL}$, 权系数越大表明该目标相对同一层次优先级中的其他目标越重要.

假设例 5-1 中各目标的重要程度依次为: 第一优先级, 疏散旅客尽量不少于 400 名; 第二优先级, 两类公交车数量尽可能 1:1; 第三优先级, 乘务员要尽可能安排上岗; 第四优先级, 增派的安保员数量尽可能少. 在此假设下, 对各目标约束的正负偏差变量按顺序编号, 该问题的目标规划模型可以写为

$$
\begin{cases}
\min \quad z = P_1 d_1^- + P_2(d_2^+ + d_2^-) + P_3(d_3^+ + d_3^-) + P_4 d_4^+, \\
\text{s.t.} \quad x_1 + x_2 \leqslant 12, \\
\qquad 30x_1 + 50x_2 + d_1^- - d_1^+ = 400, \\
\qquad x_1 - x_2 + d_2^- - d_2^+ = 0, \\
\qquad x_2 + d_3^- - d_3^+ = 6, \\
\qquad x_1 + 2x_2 + d_4^- - d_4^+ = 16, \\
\qquad x_1, x_2, d_i^-, d_i^+ \geqslant 0, \quad i = 1, 2, 3, 4.
\end{cases}
\tag{5-1}
$$

相比于线性规划, 目标规划更加灵活, 适用于存在多个目标且不同目标之间具有轻重缓急次序的优化问题. 同时, 企业可以根据外界条件或环境的变化调整多个目标间的优先级和权系数, 求出不同的方案以供决策者选择. 目标规划的一般形式可表示为

$$
\begin{cases}
\min \quad z = \displaystyle\sum_{k=1}^{K} P_k \left(\sum_{l=1}^{L} \omega_{kl}^- d_l^- + \omega_{kl}^+ d_l^+ \right), \\
\text{s.t.} \quad \displaystyle\sum_{j=1}^{n} a_{ij} x_j \leqslant (=, \geqslant) b_i, \quad i = 1, \cdots, m, \\
\qquad \displaystyle\sum_{j=1}^{n} c^{(l)} x_j + d_l^- - d_l^+ = g_l, \quad l = 1, \cdots, L, \\
\qquad x_j \geqslant 0, \quad j = 1, \cdots, n, \\
\qquad d_l^-, d_l^+ \geqslant 0, \quad l = 1, \cdots, L.
\end{cases}
\tag{5-2} \tag{5-3}
$$

上式中, P_k 是第 k 级优先因子, $k = 1, 2, \cdots, K$, ω_{kl}^- 和 ω_{kl}^+ 分别是赋予第 l 个目标约束中正负偏差量的权系数, g_l 是第 l 个目标的预期目标值, $l = 1, 2, \cdots, L$. 另外, 我们通常称式 (5-2) 为系统约束, 称式 (5-3) 为目标约束. 可见, 目标规划求解问题的思路是, 在综合考虑各目标优先级和权系数的情况下, 使结果与预期目标之间的加权偏差最小.

目标规划与线性规划的差异可以从变量、约束、目标等几个方面进行比较, 见表 5-1.

表 5-1

	线性规划	目标规划
变量	决策变量	决策变量 + 偏差变量
约束	系统约束	系统约束 + 目标约束
目标	决策变量的函数	偏差变量的函数
解	最优解	满意解

5.2 图 解 法

对于模型中只含两个决策变量 (偏差变量除外) 的目标规划问题, 可以用图解法找出满意解. 下面以目标规划模型 (5-1) 为例来说明目标规划图解法的具体步骤.

先以 x_1 和 x_2 为轴画出平面直角坐标系, 将代表各约束的直线方程分别画在该坐标平面内. 在图 5-1 中, 约束条件 $x_1 + x_2 \leqslant 12$ 是系统约束 (见直线①), 因此只有在三角形 OAB 内的点才是可行解, 下面再按照各目标的优先级依次分析目标约束. 直线②代表 $30x_1 + 50x_2 = 400$, 该直线上的所有点都有 $d_1^- = d_1^+ = 0$, 该直线左下方的点满足 $30x_1 + 50x_2 < 400$, 故 $d_1^- > 0$, 右上方的点满足 $30x_1 + 50x_2 > 400$, 故 $d_1^+ > 0$. 目标函数中的第一优先级要求最小化 d_1^-, 故应取直线②右上方的点, 这使得该问题的解的范围缩小至三角形 BCD 内. 直线③代表 $x_1 - x_2 = 0$, 此时优先因子 P_2 对应的偏差变量是 d_2^-, d_2^+, 由于要求 $d_2^- + d_2^+ = 0$, 因此, 该问题的解的范围进一步缩减为线段 EF. 直线④代表 $x_2 = 6$, 此时优先因子 P_3 对应的偏差变量要求 $d_3^+ + d_3^- = 0$, 因此解的范围再次缩小为直线③和④的交点, 即 H 点. 直线⑤代表 $x_1 + 2x_2 = 16$, 对应优先因子 P_4, $d_4^+ = 0$ 时应选直线⑤左下方的线段 EG. 但线段 EG 和上一步得出的 H 点并不相交, 进一步分析目标的优先级后发现 P_3 的优先级大于 P_4, 为了达到 P_3 的目标可以牺牲 P_4 的目标, 最终我们取 H 点为该目标规划的满意解. 又因 H 点是直线③和④的交点, 故可求解联立方程

$$\begin{cases} x_1 - x_2 = 0, \\ x_2 = 6, \end{cases}$$

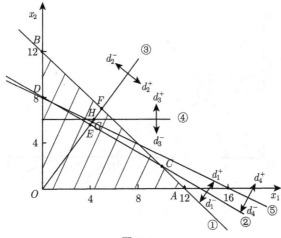

图 5-1

得到该目标规划问题的满意解 $x_1 = 6, x_2 = 6$. 即分别组织 6 辆 A 型车、6 辆 B 型车, 此时公交集团能够疏散的旅客数量为 $30 \times 6 + 50 \times 6 = 480$ (人).

我们前面已经指出, 目标规划解决优化问题时比线性规划更加灵活, 原因是企业可根据外界环境或经营条件的变化调整多个目标间的优先级或权系数, 然后求出不同的方案 (满意解) 以供进一步选择. 下面举例说明.

例 5-2 假定例 5-1 中的各项参数都不变, 但由于外界环境发生了变化, 公交集团需要重新调整运营目标以及各目标的优先级次序如下:

(1) A 型车和 B 型车的数量之比应尽量满足 3:4;

(2) 至少疏散 400 名北京西站的旅客;

(3) 乘务员在可行的情况下要尽可能安排她们都上岗;

(4) 增派的安保人员数量要尽可能少.

此时, 目标规划模型应该调整如下

$$
\begin{cases}
\min \ z = P_1(d_2^+ + d_2^-) + P_2 d_1^- + P_3(d_3^+ + d_3^-) + P_4 d_4^+, \\
\text{s.t.} \ x_1 + x_2 \leqslant 12, & \text{(5-3a)} \\
\quad 30x_1 + 50x_2 + d_1^- - d_1^+ = 400, & \text{(5-3b)} \\
\quad 4x_1 - 3x_2 + d_2^- - d_2^+ = 0, & \text{(5-3c)} \\
\quad x_2 + d_3^- - d_3^+ = 6, & \text{(5-3d)} \\
\quad x_1 + 2x_2 + d_4^- - d_4^+ = 16, & \text{(5-3e)} \\
\quad x_1, x_2, d_i^-, d_i^+ \geqslant 0, \quad i = 1, 2, 3, 4.
\end{cases}
$$

我们仍然可以利用图解法求解上述模型, 见图 5-2.

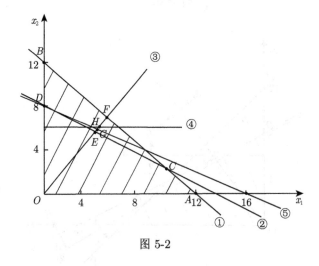

图 5-2

先考虑系统约束 (5-3a), 此时解的范围在三角形 OAB 内. 考虑优先级 P_1, 画直线③,

与 OAB 的交集为线段 OF, 因此解的范围缩减为 OF; 再考虑优先级 P_2, 画直线②, 满足要求的区域为三角形 DCB, OF 与 DCB 的交集为线段 EF, 解的范围缩减为 EF; 然后考虑优先级 P_3, 画直线④, 此时交集为 H 点; 最后考虑优先级 P_4, 画直线⑤, 此时的交集为空集. 由于 P_3 的优先级大于 P_4, 故解为 H 点. 这时该公司疏散旅客数为 435 人.

5.3 单纯形法

目标规划也可以通过单纯形法求解, 并且求解步骤与线性规划基本相同. 由于目标函数被分为不同的优先级, 因此应该首先对最高优先级的目标进行优化, 然后转向下一级, 依次类推. 下面用一个例子来具体说明.

例 5-3 用单纯形法求解下述目标规划问题

$$\begin{cases} \min & z = P_1(d_1^- + d_2^+) + P_2 d_3^-, \\ \text{s.t.} & x_1 + d_1^- - d_1^+ = 10, \\ & 2x_1 + x_2 + d_2^- - d_2^+ = 30, \\ & 3x_1 + 2x_2 + d_3^- - d_3^+ = 80, \\ & x_1, x_2, d_i^-, d_i^+ \geqslant 0, \quad i = 1, 2, 3. \end{cases}$$

解 用单纯形法求解目标规划问题的步骤如下.

第一步: 列出初始单纯形表. 由于目标规划中的目标函数一定为求极小值, 为方便起见不再转化成求极大的形式. 又由于各目标约束中的负偏差变量系数构成单位向量, 全部负偏差变量的系数列向量能够构成一个基, 因此本例中以 d_1^-, d_2^-, d_3^- 作为基变量, 列出初始单纯形表, 见表 5-2. 由于目标函数中各偏差变量分别具有不同的优先因子, 单纯形表中的检验数需要按优先因子 P_1, P_2 分成两行分别计算.

表 5-2

	c_j		0	0	P_1	0	0	P_1	P_2	0
C_B	X_B	b	x_1	x_2	d_1^-	d_1^+	d_2^-	d_2^+	d_3^-	d_3^+
P_1	d_1^-	10	1	0	1	-1	0	0	0	0
0	d_2^-	30	2	1	0	0	1	-1	0	0
P_2	d_3^-	80	3	2	0	0	0	0	1	-1
σ_j		P_1	-1	0	0	1	0	1	0	0
		P_2	-3	-2	0	0	0	0	0	1

第二步: 确定换入变量. 在表 5-2 中按优先级顺序依次检查 $P_1, P_2, \cdots, P_k$ 行的检验数是否有负值. 因表 5-2 中 P_1 行存在负的检验数, 说明第一优先级的目标函数可进一步优化. 选取 P_1 行中的最小检验数 -1, 选取其对应的变量 x_1 为换入变量.

第三步: 确定换出变量. 将表 5-2 中 b 列数字同 x_1 列中的正数相比, 选择最小比值对应的变量 d_1^- 为换出变量.

第四步: 用换入变量 x_1 替换换出变量 d_1^-, 进行迭代运算, 得到表 5-3.

表 5-3

c_j			0	0	P_1	0	0	P_1	P_2	0
C_B	X_B	b	x_1	x_2	d_1^-	d_1^+	d_2^-	d_2^+	d_3^-	d_3^+
0	x_1	10	1	0	1	−1	0	0	0	0
0	d_2^-	10	0	1	−2	2	1	−1	0	0
P_2	d_3^-	50	0	2	−3	3	0	0	1	−1
σ_j		P_1	0	0	1	0	0	1	0	0
		P_2	0	−2	3	−3	0	0	0	1

再次检查检验数, 发现在 P_2 行仍有负值, 因此可对该问题再次进行优化. 重复上述第二、三、四步运算, 得到表 5-4.

表 5-4

c_j			0	0	P_1	0	0	P_1	P_2	0
C_B	X_B	b	x_1	x_2	d_1^-	d_1^+	d_2^-	d_2^+	d_3^-	d_3^+
0	x_1	15	1	1/2	0	0	1/2	−1/2	0	0
0	d_1^+	5	0	[1/2]	−1	1	1/2	−1/2	0	0
P_2	d_3^-	35	0	1/2	0	0	−3/2	3/2	1	−1
σ_j		P_1	0	0	1	0	0	1	0	0
		P_2	0	−1/2	0	0	0	−3/2	0	1
0	x_1	10	1	0	1	−1	0	0	0	0
0	x_2	10	0	1	−2	2	1	−1	0	0
P_2	d_3^-	30	0	0	1	−1	−2	2	1	−1
σ_j		P_1	0	0	1	0	0	1	0	0
		P_2	0	0	−1	1	2	−2	0	1

□

这里需要说明的是:

(1) 目标函数的优化是按优先级顺序逐级进行的. 当 P_1 行的所有检验数均为非负时, 说明第一级已得到优化, 可以转入下一级, 继而考察 P_2 行的检验数是否存在负值, 以此类推.

(2) 在检查 P_2 行以下的检验数时, 应注意包括更高级别的优先因子在内, 例如表 5-4 最下面 P_2 行检验数有两个负值, 其对应的非基变量 d_1^- 的检验数为 $P_1 - P_2 > 0$, 非基变量 d_2^+ 的检验数为 $P_1 - 2P_2 > 0$. 说明尽管 P_2 行有负值, 但综合考虑 P_1 行的检验数后发现其对应的检验数仍为正值.

因此, 在目标规划的单纯形法中, 最优性判断准则如下:

(1) 在 $P_1, P_2, \cdots, P_k$ 行的所有检验数均为非负;

(2) 若 $P_1, P_2, \cdots, P_i\ (i < k)$ 行所有检验数为非负, 第 P_{i+1} 行存在负检验数, 但负检验数所对应的列中比 P_{i+1} 级别高的行 $P_1, P_2, \cdots, P_i$ 中有正检验数.

5.4 灵敏度分析

5.4.1 优先级次序变化的分析

例 5-4 已知目标规划问题

$$\begin{cases} \min & z = P_1 d_1^- + P_2 d_4^+ + P_3(5d_2^- + 3d_3^-) + P_3(3d_2^+ + 5d_3^+), \\ \text{s.t.} & x_1 + x_2 + d_1^- - d_1^+ = 80, \\ & x_1 + d_2^- - d_2^+ = 70, \\ & x_2 + d_3^- - d_3^+ = 45, \\ & d_1^+ + d_4^- - d_4^+ = 10, \\ & x_1, x_2, d_i^-, d_i^+ \geqslant 0, \quad i = 1, 2, 3, 4. \end{cases}$$

试: (1) 用单纯形法求出该目标规划的最优解; (2) 分析当目标函数分别变为下述

(a) $\min \quad z = P_1 d_4^+ + P_2 d_1^- + P_3(5d_2^- + 3d_3^-) + P_3(3d_2^+ + 5d_3^+)$,

(b) $\min \quad z = P_1 d_1^- + P_3 d_4^+ + P_2(5d_2^- + 3d_3^-) + P_2(3d_2^+ + 5d_3^+)$

两种情况时最优解的变化.

解 (1) 用单纯形法求解上述目标规划问题, 得最优解的单纯形表, 见表 5-5.

表 5-5

c_j			0	0	P_1	0	$5P_3$	$3P_3$	$3P_3$	$5P_3$	0	P_2
C_B	X_B	b	x_1	x_2	d_1^-	d_1^+	d_2^-	d_2^+	d_3^-	d_3^+	d_4^-	d_4^+
0	x_2	20	0	1	1	0	-1	1	0	0	1	-1
0	x_1	70	1	0	0	0	1	-1	0	0	0	0
$3P_3$	d_3^-	25	0	0	-1	0	1	-1	1	-1	-1	1
0	d_1^+	10	0	0	0	1	0	0	0	0	1	-1
		P_1	0	0	1	0	0	0	0	0	0	0
σ_j		P_2	0	0	0	0	0	0	0	0	0	1
		P_3	0	0	3	0	2	6	0	8	3	-3

(2a) 在表 5-5 中, 由于 P_1 和 P_2 行所有检验数均为非负, 所以仅调整第一、第二优先级目标顺序, 该问题的最优解不会发生改变.

(2b) 将目标函数中优先因子的变化直接反映到最终单纯形表中, 重新求解各个优先级对应的检验数. 若不符合迭代计算的停止准则, 继续迭代计算. 计算过程见表 5-6.

表 5-6

c_j			0	0	P_1	0	$5P_2$	$3P_2$	$3P_2$	$5P_2$	0	P_3
C_B	X_B	b	x_1	x_2	d_1^-	d_1^+	d_2^-	d_2^+	d_3^-	d_3^+	d_4^-	d_4^+
0	x_2	20	0	1	1	0	-1	1	0	0	1	-1
0	x_1	70	1	0	0	0	1	-1	0	0	0	0
$3P_3$	d_3^-	25	0	0	-1	0	1	-1	1	-1	-1	[1]
0	d_1^+	10	0	0	0	1	0	0	0	0	1	-1
		P_1	0	0	1	0	0	0	0	0	0	0
σ_j		P_2	0	0	3	0	2	6	0	8	3	-3
		P_3	0	0	0	0	0	0	0	0	0	1
0	x_2	45	0	1	0	0	0	0	1	-1	0	0
0	x_1	70	1	0	0	0	1	-1	0	0	0	0
P_3	d_4^+	25	0	0	-1	0	-1	1	-1	-1	-1	1
0	d_1^+	35	0	0	-1	1	1	-1	1	-1	0	0
		P_1	0	0	1	0	0	0	0	0	0	0
σ_j		P_2	0	0	0	0	5	3	3	5	0	0
		P_3	0	0	1	0	-1	1	-1	1	1	0

5.4.2 约束条件右端变化的分析

例 5-5 如果在例 5-4 的目标规划问题中, 第一个约束条件右端 (a) 由 80 变为 100, (b) 由 80 变为 120, 目标函数和其他约束条件均未发生变化, 试问该目标规划的最优解会发生什么样的变化?

解 同线性规划中对右端项变化时的灵敏度分析过程一样, 先求出 $B^{-1}\Delta b$, 将其直接反映到最终单纯形表. 在变化 (a) 中, 我们有

$$\Delta b = \begin{bmatrix} 20 \\ 0 \\ 0 \\ 0 \end{bmatrix}.$$

所以 $B^{-1}\Delta b$ 的计算只需将 20 乘上偏差变量 d_1^- 在最终单纯形表中的列向量即可 (注: 初始基矩阵为负偏差变量 $d_1^-, d_2^-, d_3^-, d_4^-$ 所对应的单位矩阵, 当前基矩阵 B 的逆矩阵为负偏差变量 $d_1^-, d_2^-, d_3^-, d_4^-$ 所对应的矩阵), 故

$$B^{-1}\Delta b = \begin{bmatrix} 1 & - & - & - \\ 0 & - & - & - \\ -1 & - & - & - \\ 0 & - & - & - \end{bmatrix} \begin{bmatrix} 20 \\ 0 \\ 0 \\ 0 \end{bmatrix} = \begin{bmatrix} 20 \\ 0 \\ -20 \\ 0 \end{bmatrix}.$$

基于此更新单纯形表 5-5 中的 b 列数值为

$$\begin{bmatrix} x_2 \\ x_1 \\ d_3^- \\ d_1^+ \end{bmatrix} = \begin{bmatrix} 20 \\ 70 \\ 25 \\ 10 \end{bmatrix} + \begin{bmatrix} 20 \\ 0 \\ -20 \\ 0 \end{bmatrix} = \begin{bmatrix} 40 \\ 70 \\ 5 \\ 10 \end{bmatrix}.$$

此时检验数的各行数值不变, 故此时的最优解为 $x_1 = 70, x_2 = 40$.

(b) 第一个约束条件右端由 80 变为 120, 其余约束条件和目标函数仍不变, 这时有

$$B^{-1}\Delta b = \begin{bmatrix} 1 & - & - & - \\ 0 & - & - & - \\ -1 & - & - & - \\ 0 & - & - & - \end{bmatrix} \begin{bmatrix} 40 \\ 0 \\ 0 \\ 0 \end{bmatrix} = \begin{bmatrix} 40 \\ 0 \\ -40 \\ 0 \end{bmatrix},$$

$$\begin{bmatrix} x_2 \\ x_1 \\ d_3^- \\ d_1^+ \end{bmatrix} = \begin{bmatrix} 20 \\ 70 \\ 25 \\ 10 \end{bmatrix} + \begin{bmatrix} 40 \\ 0 \\ -40 \\ 0 \end{bmatrix} = \begin{bmatrix} 60 \\ 70 \\ -15 \\ 10 \end{bmatrix}.$$

此时, 单纯形表 5-5 中的基已不再是最优基, 需要将表 5-5 中 d_3^- 对应的行全部乘上 -1, 并取 d_3^+ 为基变量再继续迭代求得最优解止 (表 5-7).

表 5-7

C_B	X_B	b	x_1 (0)	x_2 (0)	d_1^- (P_1)	d_1^+ (0)	d_2^- ($5P_3$)	d_2^+ ($3P_3$)	d_3^- ($3P_3$)	d_3^+ ($5P_3$)	d_4^- (0)	d_4^+ (P_2)
0	x_2	60	0	1	1	0	-1	1	0	0	1	-1
0	x_1	70	1	0	0	0	1	-1	0	0	0	0
$5P_3$	d_3^+	15	0	0	1	0	-1	1	-1	1	1	-1
0	d_1^+	10	0	0	0	1	0	0	0	0	[1]	-1
σ_j	P_1		0	0	1	0	0	0	0	0	0	0
	P_2		0	0	0	0	0	0	0	0	0	1
	P_3		0	0	-5	0	10	-2	8	0	-5	5
0	x_2	50	0	1	1	-1	-1	1	0	0	0	0
0	x_1	70	1	0	0	0	1	-1	0	0	0	0
$5P_3$	d_4^+	5	0	0	1	-1	-1	[1]	-1	1	0	0
0	d_4^-	10	0	0	0	1	0	0	0	0	1	-1
σ_j	P_1		0	0	1	0	0	0	0	0	0	0
	P_2		0	0	0	0	0	0	0	0	0	1
	P_3		0	0	-5	5	10	-2	8	0	0	0
0	x_2	45	0	1	0	0	0	0	1	-1	0	0
0	x_1	75	1	0	1	-1	0	0	-1	1	0	0
$3P_3$	d_2^+	5	0	0	1	-1	-1	1	-1	1	0	0
0	d_4^-	10	0	0	0	1	0	0	0	0	1	-1
σ_j	P_1		0	0	1	0	0	0	0	0	0	0
	P_2		0	0	0	0	0	0	0	0	0	1
	P_3		0	0	-3	3	8	0	6	2	0	0

由表 5-7 可知, 第一个约束条件右端由 80 变为 120 后, 该问题的解变为 $x_1 = 75, x_2 = 45$.

□

5.5 应 用 举 例

目标规划比线性规划灵活, 适用于多目标优化问题, 被广泛应用于交通运输、生产计划、资源分配等领域, 下面举例进行简单说明.

例 5-6 为迎接农历新年的到来, 某著名手工艺工作室准备制作两种生肖纪念品 (纪念品 A 和纪念品 B), 该工作室负责人委托王师傅和李师傅以纯手工的方式打造. 由于制作工艺复杂, 纪念品 A 需要王师傅制作 2 小时后再由李师傅制作 1 小时; 纪念品 B 则需要王师傅制作 1 小时后再由李师傅制作 3 小时; 纪念品在制作完成后还需要经过包装工序, 纪念品 A 的包装费用为 50 元, 纪念品 B 的包装费用为 30 元; 又知王师傅每月工作 120 小时, 每小时的工资为 80 元; 李师傅每月工作 150 小时, 每小时的工资为 20 元. 该工作室经过市场调研, 预计纪念品 A 的销售利润为 100 元, 纪念品 B 的销售利润为 75 元, 且预计纪念品 A 的月销量为 50 个, 纪念品 B 的月销量为 80 个.

该工作室制订的月度计划目标如下:

第一优先级, 纪念品的包装费用每月不超过 4600 元;

第二优先级, 纪念品 A 的月销量不少于 50 个;

第三优先级, 两位手工艺师傅的工作时间需要得到充分利用 (重要性的权系数按两个师傅每小时费用的比例确定);

第四优先级, 王师傅的加班时长不超过 20 小时;

第五优先级, 纪念品 B 的月销量不少于 80 个.

试问: 如何确定该工作室为达到以上目标的最优月度计划?

解　设 x_1 为每月生产纪念品 A 的个数, x_2 为每月生产纪念品 B 的个数. 根据上述条件, 列出约束如下:

(1) 王师傅、李师傅每月工时的约束

$$2x_1 + x_2 + d_1^- - d_1^+ = 120 \text{ (王师傅)},$$

$$x_1 + 3x_2 + d_2^- - d_2^+ = 150 \text{ (李师傅)};$$

(2) 纪念品包装费用的限制

$$50x_1 + 30x_2 + d_3^- - d_3^+ = 4600;$$

(3) 每月销售数量的要求

$$x_1 + d_4^- - d_4^+ = 50 \text{ (纪念品 A)};$$
$$x_2 + d_5^- - d_5^+ = 80 \text{ (纪念品 B)};$$

(4) 对王师傅加班时长的限制

$$d_1^+ + d_6^- - d_6^+ = 20.$$

因王师傅、李师傅的工资费用分别为每小时 80 元和每小时 20 元, 其权重比为 4:1. 故可得该目标规划模型为

$$\begin{cases}
\min & z = P_1 d_3^+ + P_2 d_4^- + P_3(4d_1^- + d_2^-) + P_4 d_6^+ + P_5 d_5^-, \\
\text{s.t.} & 2x_1 + x_2 + d_1^- - d_1^+ = 120, \\
& x_1 + 3x_2 + d_2^- - d_2^+ = 150, \\
& 50x_1 + 30x_2 + d_3^- - d_3^+ = 4600, \\
& x_1 + d_4^- - d_4^+ = 50, \\
& x_2 + d_5^- - d_5^+ = 80, \\
& d_1^+ + d_6^- - d_6^+ = 20, \\
& x_1, x_2, d_i^-, d_i^+ \geqslant 0, \quad i = 1, 2, \cdots, 6.
\end{cases}$$

经计算可以得出该目标规划的最优解如下

$$x_1 = 50, \quad x_2 = 40, \quad d_1^+ = 20, \quad d_2^+ = 20, \quad d_3^- = 900, \quad d_5^- = 40,$$

$$d_1^- = d_2^- = d_3^+ = d_4^- = d_4^+ = d_5^+ = d_6^- = d_6^+ = 0.$$　□

例 5-7 已知某公司分别在北京市大兴区、通州区、昌平区设置了货物储备仓库, 给 A, B, C, D 四个商场供货. 已知三个仓库的货物储备量 (千克) 和四个商场的货物需求量 (千克) 以及各仓库到商场的单位运输费用 (元) 如表 5-8 所示.

表 5-8

仓库	商场				储备量
	A(1)	B(2)	C(3)	D(4)	
大兴区 (1)	5	2	6	7	30
通州区 (2)	3	5	4	6	20
昌平区 (3)	4	5	2	3	40
需求量	20	10	45	25	

我们在第 4 章已经对上述类型的运输问题进行了详细的介绍, 使用表上作业法可以求得最优调配方案如表 5-9 所示, 总运费为 295 元.

表 5-9

仓库	商场				储备量
	A	B	C	D	
大兴区 (1)	20	10	0	0	30
通州区 (2)	0	0	20	0	20
昌平区 (3)	0	0	25	15	40
虚设地	0	0	0	10	10
需求量	20	10	45	25	

上述方案只考虑了运费最少, 没有考虑很多具体情况和条件. 该公司上级部门研究后确定了制定调配方案时要考虑的七项目标, 按照重要程度依次为:

第一目标, D 商场为该公司的 VIP 客户, 其需求量必须全部满足;

第二目标, 供应 A 商场的产品中, 昌平区仓库的产品供应量不少于 10 个单位;

第三目标, 为了维持客户关系, 每个商场需求的满足率不能低于 80%;

第四目标, 新方案总运费不能超过原方案的 10%;

第五目标, 由于城市道路限行, 从昌平区仓库到 D 商场的运输任务应尽量避开;

第六目标, A 商场和 C 商场的满足率应尽量保持平衡;

第七目标, 公司要尽一切可能降低运输费用.

根据上面的需求, 设 x_{ij} 为 i 区仓库调配给 j 商场的货物数量, 建立如下目标规划模型:

(1) 针对供应量的约束为

$$\begin{cases} x_{11} + x_{12} + x_{13} + x_{14} \leqslant 30, \\ x_{21} + x_{22} + x_{23} + x_{24} \leqslant 20, \\ x_{31} + x_{32} + x_{33} + x_{34} \leqslant 40. \end{cases}$$

针对需求量的约束为

$$\begin{cases} x_{11} + x_{21} + x_{31} + d_1^- = 20, \\ x_{12} + x_{22} + x_{32} + d_2^- = 10, \\ x_{13} + x_{23} + x_{33} + d_3^- = 45, \\ x_{14} + x_{24} + x_{34} + d_4^- = 25. \end{cases}$$

(2) A 商场需求量中昌平区仓库的产品不少于 10 单位,

$$x_{31} + d_5^- - d_5^+ = 10.$$

(3) 每个商场的供货满足率不低于 80%,

$$\begin{cases} x_{11} + x_{21} + x_{31} + d_6^- - d_6^+ = 16, \\ x_{12} + x_{22} + x_{32} + d_7^- - d_7^+ = 8, \\ x_{13} + x_{23} + x_{33} + d_8^- - d_8^+ = 36, \\ x_{14} + x_{24} + x_{34} + d_9^- - d_9^+ = 20. \end{cases}$$

(4) 运费上的限制 (原方案总运费为 295 元)

$$\sum_{i=1}^{3} \sum_{j=1}^{4} c_{ij} x_{ij} + d_{10}^- - d_{10}^+ = 324.5.$$

(5) 道路通过的限制

$$x_{34} - d_{11}^+ = 0.$$

(6) A 商场和 C 商场的供货满足率应保持平衡,

$$x_{11} + x_{21} + x_{31} - \frac{20}{45}(x_{13} + x_{23} + x_{33}) + d_{12}^- - d_{12}^+ = 0.$$

(7) 力求减少总的运费

$$\sum_{i=1}^{3} \sum_{j=1}^{4} c_{ij} x_{ij} + d_{13}^+ = 295.$$

列出目标函数如下

$$\begin{aligned} \min \quad z = {} & P_1 d_4^- + P_2 d_5^- + P_3(d_6^- + d_7^- + d_8^- + d_9^-) + P_4 d_{10}^+ \\ & + P_5 d_{11}^+ + P_6(d_{12}^- + d_{12}^+) + P_7 d_{13}^+. \end{aligned}$$

计算上述目标规划, 可以得出结果如下

$x_{12} = 10,$ $x_{14} = 20,$ $x_{21} = 9,$ $x_{23} = 11,$ $x_{31} = 10,$ $x_{33} = 25,$ $x_{34} = 5,$ 其他 $x_{ij} = 0,$

$d_1^- = 1,$ $d_3^- = 9,$ $d_6^+ = 3,$ $d_7^+ = 2,$ $d_9^+ = 5,$ $d_{10}^+ = 11.5,$ $d_{12}^+ = 3,$ $d_{13}^+ = 41,$

其余 d_i^+ 或 d_i^- 均为 0.

习　　题

5.1 若用以下表达式作为目标规划的目标函数, 其逻辑是否正确? 为什么?

(a) $\max\{d^- + d^+\}$;　　　　　　　　　　(b) $\max\{d^- - d^+\}$;

(c) $\min\{d^- + d^+\}$;　　　　　　　　　　(d) $\min\{d^- - d^+\}$.

5.2 用图解法找出下列目标规划问题的满意解.

(a)
$$\begin{cases} \min & z = p_1 \cdot d_1^+ + p_2 \cdot d_3^+ + p_3 \cdot d_2^+, \\ \text{s.t.} & -x_1 + 2x_2 + d_1^- - d_1^+ = 4, \\ & x_1 - 2x_2 + d_2^- - d_2^+ = 4, \\ & x_1 + 2x_2 + d_3^- - d_3^+ = 8, \\ & x_1, x_2 \geqslant 0; d_i^-, d_i^+ \geqslant 0, \quad i = 1, 2, 3; \end{cases}$$

(b)
$$\begin{cases} \min & z = p_1 \cdot d_3^+ + p_2 \cdot d_2^- + p_3 \cdot \left(d_1^- + d_1^+\right), \\ \text{s.t.} & 6x_1 + 2x_2 + d_1^- - d_1^+ = 24, \\ & x_1 + x_2 + d_2^- - d_2^+ = 5, \\ & 5x_2 + d_3^- - d_3^+ = 15, \\ & x_1, x_2 \geqslant 0; d_i^-, d_i^+ \geqslant 0, \quad i = 1, 2, 3; \end{cases}$$

(c)
$$\begin{cases} \min & z = p_1 + \cdot \left(d_1^- + d_1^+\right) + p_2 \cdot \left(d_2^- + d_2^+\right), \\ \text{s.t.} & x_1 + x_2 \leqslant 4, \\ & x_1 + 2x_2 \leqslant 6, \\ & 2x_1 + 3x_2 + d_1^- - d_1^+ = 18, \\ & 3x_1 + 2x_2 + d_2^- - d_2^+ = 18, \\ & x_1, x_2 \geqslant 0; d_i^-, d_i^+ \geqslant 0, \quad i = 1, 2. \end{cases}$$

5.3 用单纯形法求下列目标规划问题的满意解:

(a)
$$\begin{cases} \min & z = p_1 \cdot d_3^- + p_2 \cdot d_2^+ + p_3 \cdot \left(d_3^- + d_3^+\right), \\ \text{s.t.} & 3x_1 + x_2 + x_3 + d_1^- - d_1^+ = 60, \\ & x_1 - x_2 + 2x_3 + d_2^- - d_2^+ = 10, \\ & x_1 + x_2 - x_3 + d_3^- - d_3^+ = 20, \\ & x_i \geqslant 0; d_i^-, d_i^+ \geqslant 0, \quad i = 1, 2, 3; \end{cases}$$

(b)
$$\begin{cases} \min & z = p_1 \cdot d_1^- + p_2 \cdot d_4^+ + 5p_3 \cdot d_2^+ + 3p_3 \cdot d_3^- + p_4 \cdot d_1^+, \\ \text{s.t.} & x_1 + x_2 + d_1^- - d_1^+ = 80, \\ & x_1 + d_2^- - d_2^+ = 60, \\ & x_2 + d_3^- - d_3^+ = 45, \\ & x_1 + x_2 + d_4^- - d_4^+ = 90, \\ & x_1, x_2 \geqslant 0; d_i^-, d_i^+ \geqslant 0, \quad i = 1, 2, 3, 4. \end{cases}$$

5.4 给定目标规划问题:

$$\begin{cases} \min & z = p_1 \cdot d_1^- + p_2 \cdot d_2^+ + p_3 \cdot d_3^-, \\ \text{s.t.} & -5x_1 + 5x_2 + 4x_3 + d_1^- - d_1^+ = 100, \\ & -x_1 + x_2 + 3x_3 + d_2^- - d_2^+ = 20, \\ & 12x_1 + 4x_2 + 10x_3 + d_3^- - d_3^+ = 90, \\ & x_i \geqslant 0; d_i^-, d_i^+ \geqslant 0, \quad i = 1, 2, 3. \end{cases}$$

(a) 求该目标规划问题的满意解;

(b) 若约束右端项增加 $\Delta b = (0,0,5)^{\mathrm{T}}$, 问满意解如何变化?

(c) 若目标函数变为 $\min z = p_1 \cdot (d_1^- + d_2^+) + p_3 \cdot d_3^-$, 则满意解如何改变?

(d) 若第二个约束右端项改为 45, 则满意解如何变化?

5.5 线性规划问题:

$$
\begin{cases}
\max & z = \displaystyle\sum_{j=1}^{n} c_j x_j, \\
\text{s.t.} & \displaystyle\sum_{j=1}^{n} a_{ij} x_j \leqslant b_i, i = 1, \cdots, m, \\
& x_j \geqslant 0, \quad j = 1, \cdots, n.
\end{cases}
$$

其含义是在严格满足 m 类资源约束条件下, 确定变量 $x_j (j = 1, \cdots, n)$ 的取值, 使目标函数值极大化. 试根据上述含义, 将其改写成一个目标规划的模型.

5.6 某绿色食品公司生产特制的大米、小麦和玉米. 大米每亩可以收获 0.5t, 每吨大米的利润为 250 元; 小麦每亩可以收获 1t, 每吨小麦的利润为 400 元; 玉米每亩可以收获 0.8t, 每吨玉米的利润为 240 元. 该公司共有田地 1000 亩 (1 亩 $\approx$ 666.67 平方米). 公司在播种前进行了规划, 要求如下:

(a) 年利润不能少于 15 万元;

(b) 总产量不低于 600t;

(c) 大米产量不少于 200t;

(d) 小麦产量以 80t 为宜.

请帮该公司设计一年中各种作物的种植数量.

5.7 某彩色电视机组装工厂, 生产 A, B, C 三种规格电视机. 装配工作在同一生产线上完成, 三种产品装配时的工时消耗分别为 6, 8, 10h. 生产线每月正常工作时间为 200h; 三种规格电视机销售后, 每台可获利分别为 500, 650, 800 元. 每月销量预计为 12, 10, 6 台. 该厂经营目标如下:

p_1——利润指标定为每月 1.6×10^4 元;

p_2——充分利用生产能力;

p_3——加班时间不超过 24h;

p_4——产量以预计销量为标准.

为确定生产计划, 试建立该问题的目标规划模型.

5.8 某成品酒有三种商标 (红、黄、蓝), 都是由三种原料酒 (等级 I, II, III) 兑制而成. 三种等级的原料酒的日供应量和成本见表 5-10(a), 三种商标的成品酒的兑制要求和售价见表 5-10(b), 决策者规定: 首先是必须严格按规定比例兑制各商标的酒; 其次是获利最大; 最后是红商标的酒每天至少生产 2000kg. 试列出该问题的数学模型.

表 5-10 (a)

等级	日供应量/kg	成本/(元/kg)
I	1500	6
II	2000	4.5
III	1000	3

表 5-10 (b)

商标	兑制要求/%	售价/(元/kg)
红	III 少于 10, I 多于 50	5.5
黄	III 少于 70, I 多于 20	5.0
蓝	III 少于 50, I 多于 10	4.8

5.9 某公司下属三个小型煤矿 A_1, A_2, A_3, 每天煤炭的生产量分别为 12, 10, 10t, 供应 B_1, B_2, B_3, B_4 四个工厂, 需求量分别为 6, 8, 6, 10t. 公司调运时依次考虑的目标优先级为:

p_1——A_1 产地因库存限制, 应尽量全部调出;

p_2——因煤质要求, B_4 需求最好由 A_3 供应;

p_3——满足各销地需求;

p_4——调运总费用尽可能小.

从煤矿至各厂调运的单位运价表见表 5-11, 试建立该问题的目标规划模型.

表 5-11

煤矿	工厂			
	B_1	B_2	B_3	B_4
A_1	3	6	5	2
A_2	2	4	4	1
A_2	4	3	6	3

5.10 某企业生产产品 I 和产品 II, 均分别需经工序 (1) 和工序 (2) 依次加工. 其中设备 B_1, B_2 属相同功能, 均用于加工工序 (2), 即产品经 B_1 或 B_2 之一加工均可. 已知有关数据如表 5-12 所示.

表 5-12

		产品 I	产品 II	设备有效/(台·时)
工序 (1)	设备 A	2	1	80
工序 (2)	设备 B_1 设备 B_2	1	4	70
单位产品利润/元		80	160	

该企业经管目标如下:

p_1——力争使利润超过 4500 元;

p_2——设备 A 尽量少加班, 设备 B_1 充分利用, 设备 B_2 加班时间不超过 20h, 又设备 B_1 的重要性是设备 A 和 B_2 的 3 倍;

p_3——产品 I 和产品 II 的产量尽量保持平衡.

试建立问题的目标规划模型, 不需求解.

第 6 章 整数线性规划

1958 年, R. E. Gomory 在 "Outline of An Algorithm for Integer Solutions to Linear Programs" 一文中提出了求解整数规划问题割平面法, 此后整数规划作为一个独立的研究分支受到人们的广泛关注. 1960 年, A. H. Land 和 A. G. Doig 在 "An Automatic Method for Solving Discrete Programming Problems" 中提出了分支定界法 (branch and bound method), 大幅度提高了整数规划的求解效率. 1955 年, 美国数学家 H. Kuhn 在求解指派问题时提出了一种简便、高效的求解方法——匈牙利算法. 目前, 整数规划仍然是运筹学研究的热点, 研究者们提出了许多高效的求解方法来解决各种问题, 已经在交通运输、物流供应链、生产制造和金融等领域取得了巨大的成功.

本章重点介绍整数线性规划及分支定界法、割平面法, 0-1 型整数规划及隐枚举法, 指派问题及匈牙利算法等.

6.1 问题的提出

前几章讨论过的线性规划问题的一个共同特点是: 最优解的取值可以是分数或者小数. 然而, 在许多实际问题中, 决策者要求最优解必须是整数, 例如公交车的车辆数、员工的人数、机器的台数、产品的件数等. 那么, 我们能否将得到的非整数最优解 "舍入化整" 呢? 答案是否定的, 原因在于: ①非整数最优解化为整数后可能不再是可行解; ② 即使是可行解, 也有可能不再是其整数可行解范围内的最优解. 因此, 我们有必要单独研究那些最优解必须是整数的线性规划问题, 即整数线性规划问题.

我们先通过下面的例子来解答为什么求解整数线性规划不能 "舍入化整".

例 6-1 已知某物流公司承担了 A, B 两种货物的运输任务 (表 6-1), 其中货物 A 的重量为 50 千克, 体积为 20 立方米; 货物 B 的重量为 40 千克, 体积为 50 立方米. 已知该物流公司运输货物 A 的利润为 400 元/件, 货物 B 的利润为 200 元/件, 且运输车的最大载重为 240 千克, 最大可容纳体积为 130 立方米. 试问, 运输车分别运输多少货物 A 和货物 B 才能使公司的利润最大?

表 6-1

	体积/立方米	重量/千克	利润/(元/件)
货物 A	20	50	400
货物 B	50	40	200
车辆限制	130	240	

解 设 x_1 和 x_2 分别为 A, B 两种货物的运输数量. 由上述问题背景可知 x_1 和 x_2 都

必须是非负整数, 建立该问题的整数线性规划模型如下

$$\begin{cases} \max & z = 400x_1 + 200x_2, & ① \\ \text{s.t.} & 20x_1 + 50x_2 \leqslant 130, & ② \\ & 50x_1 + 40x_2 \leqslant 240, & ③ \\ & x_1, x_2 \geqslant 0, & ④ \\ & x_1, x_2 \text{ 为整数.} & ⑤ \end{cases} \tag{6-1}$$

可见, 式 (6-1) 和一般线性规划问题的区别是条件⑤. 在不考虑条件⑤的情况下, 称式①~④为原整数规划问题的**松弛问题** (slack problem). 利用前面所学的图解法、单纯形法等, 可以得到该松弛问题的最优解:

$$x_1 = 4.8, \quad x_2 = 0, \quad \max z = 1920.$$

此时, x_1 是运输货物 A 的件数, 但取值并不是整数, 显然不符合条件⑤的要求.

为了得到满足条件⑤的整数最优解, 我们来验证 "舍入化整" 的方法是否可行. 首先, 如果采用 "向上取整" 的方法, 可以将 $(4.8, 0)$ 化为 $(5, 0)$, 此时对于条件③来说, $50 \times 5 + 40 \times 0 = 250 > 240$, 所以 $(5, 0)$ 并不是可行解. 其次, 如果采用 "向下取整" 的方法, 可以将 $(4.8, 0)$ 化为 $(4, 0)$, 此时是可行解, 但不是最优解. 因为当 $x_1 = 4, x_2 = 0$ 时, 目标函数值 $z = 1600$, 而当 $x_1 = 4, x_2 = 1$ (该问题的一个可行解) 时, 目标函数值 $z = 1800 > 1600$.

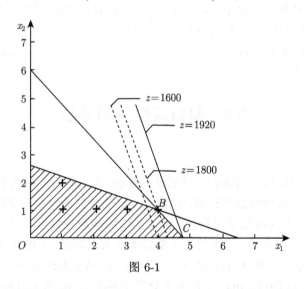

图 6-1

在图 6-1 中, 阴影部分的 "+" 号表示可行的整数解, 即整数线性规划问题的可行域是其松弛问题可行域中的整数点集. 该问题的非整数最优解在 C 点达到, "向上取整" 得到的 $(5, 0)$ 不在可行域内, 而 C 又不满足整数约束条件⑤. 为了满足要求, 目标函数 z 的等值线必须向原点 (即向可行域的内部方向) 平行移动, 直到第一次遇到带 "+" 号的 B 点为止. 此时, z 的等值线由 $z = 1920$ 变为 $z = 1800$, 差值为 $\Delta z = 1920 - 1800 = 120$, 即相比于松弛问题, 整数线性规划的利润降低了 120 元. 可见, 对松弛问题的最优解 "舍入化整" 并不能得到整数规划的最优解, 甚至得不到可行解. □

6.2　一般形式

我们将那些要求部分或全部决策变量必须取整数的规划问题称为整数规划 (integer programming, IP) 问题. 若整数规划问题的松弛问题是一个线性规划, 则称该整数规划问题为整数线性规划 (integer linear programming, ILP) 问题, 其数学模型的一般形式为

$$
\begin{cases}
\max\,(\text{或}\min) & z = \displaystyle\sum_{j=1}^{n} c_j x_j, \\
\text{s.t.} & \displaystyle\sum_{j=1}^{n} a_{ij} x_j \leqslant (=, \geqslant) b_i,\ i = 1, 2, \cdots, m, \\
& x_j \geqslant 0, \quad j = 1, 2, \cdots, n, \\
& x_1, x_2, \cdots, x_n \text{ 中部分或全部取整数.}
\end{cases}
$$

本章的讨论范围是整数线性规划. 如无特别指出, 后面提到的整数规划都是指整数线性规划. 整数线性规划问题可以分为下列几种类型:

(1) 纯整数线性规划 (all integer linear programming), 即全部决策变量都必须取整数值的整数线性规划;

(2) 混合整数线性规划 (mixed integer linear programming), 即决策变量中有一部分必须取整数而另一部分可以不取整数的整数线性规划;

(3) 0-1 整数线性规划 (zero-one integer linear programming), 即决策变量只能取值 0 或 1 的整数线性规划.

6.3　整数线性规划算法

6.3.1　分支定界法

一般来说, 如果整数规划问题的可行域是有界的, 那么其可行域内整数解的个数也是有限的, 采用枚举法对比这些整数可行解, 理论上一定能找到该整数规划问题的最优解. 这种思路对于求解规模较小的问题是可行的, 但现实中的问题规模往往比较大, 模型中整数可行解的数量也十分庞大. 此时, 采用枚举法的效率会大大降低, 不能在决策者允许的时间内求得最优解. 1960 年, A. H. Land 和 A. G. Doig 在 "An Automatic Method for Solving Discrete Programming Problems" 中提出了分支定界法 (branch and bound method), 该方法是一种隐枚举法或部分枚举法, 能够大幅度提高求解整数规划的效率. 同时, 由于该方法十分灵活且便于计算机求解, 至今仍然是求解整数规划的重要方法之一. 许多商业优化求解器 (如 CPLEX, BARON 等) 的整数规划模块都是基于分支定界法搭建起来的. 下面以最大化问题为例介绍分支定界法的求解思路.

通常情况下, 求解整数规划问题 (A) 的松弛问题 (B) 后得到的最优解并不符合整数约束, 不妨假设 $x_i = \bar{b}_i$ 为非整数, 且用 $\lfloor \bar{b}_i \rfloor$ 表示 $\bar{b}_i$ 向下取整, $\lceil \bar{b}_i \rceil$ 表示 $\bar{b}_i$ 向上取整. 此时, 我们可以构造出两个约束条件: $x_i \leqslant \lfloor \bar{b}_i \rfloor$ 和 $x_i \geqslant \lceil \bar{b}_i \rceil$. 将这两个约束条件分别并入上

述松弛问题 (B) 中, 可以得到两个分支, 即两个后继子规划问题 (B_1 和 B_2). 这样, 原松弛问题 (B) 可行域中满足 $\lfloor \bar{b}_i \rfloor < x_i < \lceil \bar{b}_i \rceil$ 的一部分解在后续求解过程中就被遗弃了, 显然遗弃部分中并不包含整数规划问题 (A) 的任何可行解. 因此, 两个后继子规划问题 (B_1 和 B_2) 的可行域中仍然包含着整数规划问题 (A) 的所有可行解. 然后, 求解后继子规划问题 (B_1 和 B_2), 其中最大的目标函数值就是整数规划问题 (A) 最优值的一个 "上界". 依照上述思路, 每个后继子规划问题都可以再产生自己的分支 (即自己的后继子规划问题, 如 B_{11}, B_{12} 和 B_{21}, B_{22}), 再次求解这些分支并得到最优目标函数值, 若得到的最优目标函数值比原 "上界" 小, 则再次更新整数规划问题 (A) 的 "上界". 可以想象, 分支过程会不断增加整数规划问题 (A) 的约束, 逐渐缩小整数规划问题 (A) 的可行域和最优目标函数值, 进而逐渐缩小整数规划问题 (A) 的 "上界".

所谓 "定界", 是指在分支的过程中, 若某个后继子规划问题恰好获得了整数规划问题的一个可行解, 那么, 这个整数可行解的目标函数值就是整数规划问题 (A) 最优值的一个 "下界", 可作为衡量处理其他分支的一个依据. 因为整数规划问题的可行域是其松弛问题可行域的一个子集, 前者的最优值不会大于后者, 所以对于那些松弛问题最优目标函数值小于等于上述 "下界" 的后继子规划问题, 在算法的后续计算过程中就不必再考虑了, 这样可以减少求解过程中的计算量. 当然, 如果在以后的分支过程中出现了更好的 "下界"(即整数可行解的目标函数值更大时), 则可以用它来取代原来的下界, 进一步提高求解的效率. 可以想象, 定界过程能够逐渐提高整数规划问题 (A) 的 "下界".

归纳地说, 松弛问题的最优值是整数规划问题最优值 z^* 的上界 $\bar{z}$, 而整数规划问题中任意一个可行解的目标函数值则是 z^* 的一个下界 $\underline{z}$. 分支定界法的核心思想是在 "分支" 的过程不断降低 $\bar{z}$, 在 "定界" 的过程不断提高 $\underline{z}$, 当上界和下界相等时 (即 $\bar{z} = \underline{z}$) 算法结束, 得到整数规划问题的最优目标函数值 $z^* = \bar{z} = \underline{z}$.

下面, 通过一个例子来解释分支定界法的基本思想和一般步骤.

例 6-2 求解以下整数规划问题

$$
\begin{cases}
\max & z = 40x_1 + 90x_2, \\
\text{s.t.} & 9x_1 + 7x_2 \leqslant 56, \\
& 7x_1 + 20x_2 \leqslant 70, \\
& x_1, x_2 \geqslant 0, \\
& x_1, x_2 \text{ 为整数.}
\end{cases}
$$

解 记所求的整数规划问题为 A, 它的松弛问题为 B. 先求解问题 B, 如图 6-2 所示. 得到问题 B 的最优解为

$$x_1 = 4.81, \quad x_2 = 1.82, \quad z_0 = 356.2.$$

即图 6-2 中的 M 点, 显然 M 点并不满足整数约束要求, 但问题 B 的最优值 $z_0 = 356.2$ 可以作为问题 A 的上界, 即 $\bar{z} = z_0 = 356.2$. 另外, 通过观察法容易得到 $x_1 = 0$ 和 $x_2 = 0$ 是问题 A 的一个可行解, 其对应的目标函数值 $z' = 0$ 可以作为问题 A 的下界, 即 $\underline{z} = z' = 0$. 因此, 问题 A 的最优值 z^* 的取值范围是 $0 \leqslant z^* \leqslant 356.2$.

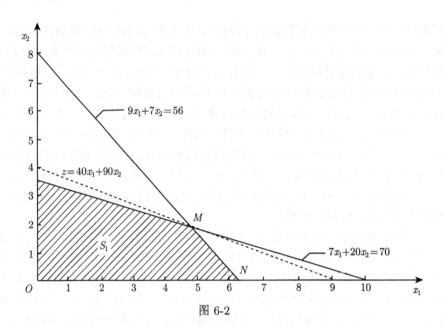

图 6-2

由于 $x_1 = 4.81$ 和 $x_2 = 1.82$ 都不满足整数约束要求, 不妨先选 $x_1 = 4.81$ 进行 "分支", 此时可以通过分别增加约束条件

$$x_1 \leqslant 4 \quad \text{和} \quad x_1 \geqslant 5.$$

将问题 B 分为两个后继子规划问题 B_1 和 B_2, 如下所示

$$B_1: \begin{cases} \max & z = 40x_1 + 90x_2, \\ \text{s.t.} & 9x_1 + 7x_2 \leqslant 56, \\ & 7x_1 + 20x_2 \leqslant 70, \\ & x_1 \leqslant 4, \\ & x_1, x_2 \geqslant 0; \end{cases} \qquad B_2: \begin{cases} \max & z = 40x_1 + 90x_2, \\ \text{s.t.} & 9x_1 + 7x_2 \leqslant 56, \\ & 7x_1 + 20x_2 \leqslant 70, \\ & x_1 \geqslant 5, \\ & x_1, x_2 \geqslant 0. \end{cases}$$

分别求解问题 B_1 和 B_2, 如图 6-3 所示, 容易得到最优解和最优目标函数值如下

$$B_1: x_1 = 4, \ x_2 = 2.10, \ z_1 = 349.$$
$$B_2: x_1 = 5, \ x_2 = 1.57, \ z_2 = 341.3.$$

可见, 此时仍然没有得到整数最优解, 因 $z_1 \geqslant z_2$, 更新上界 $\bar{z} = 349$, 再次对 B_1 和 B_2 "分支". 不妨先分解问题 $B_1(z_1 \geqslant z_2)$, 通过分别增加约束条件

$$x_2 \leqslant 2 \quad \text{和} \quad x_2 \geqslant 3.$$

将问题 B_1 分为两个后继子规划问题 B_{11} 和 B_{12}, 求解 B_{11} 和 B_{12}, 如图 6-4, 容易求得它们的最优解如下

$$B_{11}: x_1 = 4, \ x_2 = 2, \ z_{11} = 340.$$

$$B_{12} : x_1 = 1.42, \ x_2 = 3, \ z_{12} = 326.8.$$

此时 B_{11} 的解满足整数条件, 即 $x_1 = 4$ 和 $x_2 = 2$ 是一个整数可行解, 于是可以更新问题 A 的下界, 即 $\underline{z} = 340$. 又因当前三个分支 (B_{11}, B_{12} 和 B_2) 的最优目标函数值 (z_{11}, z_{12} 和 z_2) 中的最大值为 $z_2 = 341.3$, 于是可以更新问题 A 的上界为 $\bar{z} = 341$. 因此, 问题 A 的最优解一定在 $340 \leqslant z^* \leqslant 341$ 之间取得.

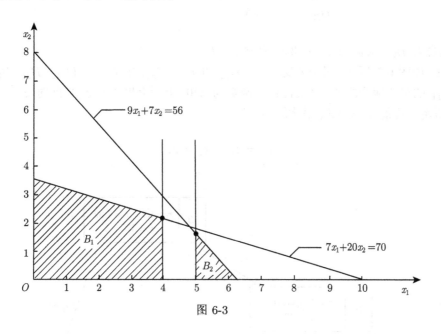

图 6-3

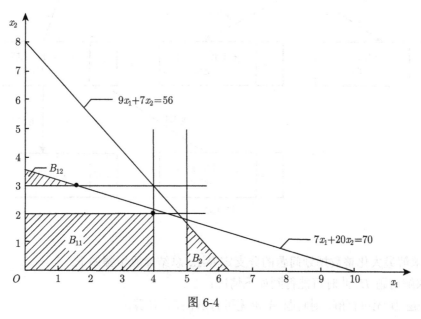

图 6-4

由于 B_{12} 的最优目标函数值 $z_{12} = 326.8 < 340$, 故舍去 B_{12}, 再对问题 B_2 分支, 可以

通过分别增加约束条件

$$x_2 \leqslant 1 \quad \text{和} \quad x_2 \geqslant 2,$$

将问题 B_2 分为两个后继子规划问题 B_{21} 和 B_{22}, 求解 B_{21} 和 B_{22}, 得到最优解分别如下

$$B_{21}: x_1 = 5.44, \ x_2 = 1, \ z_{21} = 307.6.$$
$$B_{22}: \text{无可行解}.$$

显然, 先舍去 B_{22}, 又因为 $z_{21} < 340$, 故舍去 B_{21}.

至此, 如图 6-5 所示, 四个分支 (B_{11}, B_{12} 和 B_{21}, B_{22}) 中的三个 (B_{12}, B_{21}, B_{22}) 已被舍去, B_{11} 的最优解为整数, 且最优目标函数为 340, 更新上界 $\bar{z} = 340$, 此时 $\underline{z} = \bar{z} = 340$, 故可以断定最优值 $z^* = 340$, 最优解为

$$x_1 = 4, \qquad x_2 = 2.$$

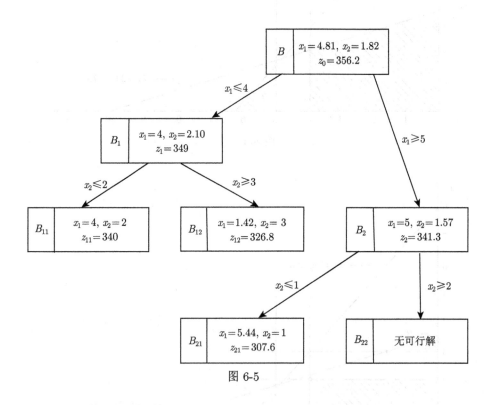

图 6-5

针对求解最大化整数规划问题的分支定界法, 总结一般步骤如下.

(1) 求解问题 B, 此时可能得到如下情况:

① 问题 B 无可行解, 则问题 A 也无可行解, 停止计算;

② 问题 B 的最优解符合问题 A 的整数约束, 则它就是问题 A 的最优解, 停止计算;

③ 问题 B 的最优解存在, 但不符合问题 A 的整数约束, 记它的最优值为上界 $\bar{z}$.

(2) 用观察法找到问题 A 的一个整数可行解, 求其目标函数值, 记为下界 $\underline{z}$, 以 z^* 表示问题 A 的最优目标函数值, 则有

$$\underline{z} \leqslant z^* \leqslant \bar{z}.$$

(3) 迭代计算.

步骤 1: 对于问题 B, 任选一个不符合整数约束的变量进行分支. 不妨选择 $x_j = \bar{b}_j$, 对问题 B 分别增加下面两个约束条件中的一个:

$$x_j \leqslant \lfloor \bar{b}_j \rfloor \quad \text{和} \quad x_j \geqslant \lceil \bar{b}_j \rceil,$$

形成两个后继子规划问题 (B_1 和 B_2), 求解这两个后继子规划问题. 以每个后继子规划问题为一个分支, 标记最优解与最优值. 在所有后继子规划问题中, 以最优值的最大者作为新上界 $\bar{z}$, 以满足整数约束的最优解所对应的最优值作为新下界 $\underline{z}$, 若无则不更新.

步骤 2: 剪掉最优值小于等于下界 $\underline{z}$ 的分支, 即在后续的计算中不再考虑. 若分支的最优值大于下界 $\underline{z}$, 且不满足整数约束条件, 则重复步骤 1, 直到 $\underline{z} = \bar{z}$ 为止, 此时对应的解为整数规划问题 A 的最优解 z^*.

实践表明, 分支定界法可以求解纯整数规划问题和混合整数规划问题, 其求解效率远高于穷举法, 但当问题规模过大时, 分支定界法的计算量也相当大.

6.3.2 割平面法

与分支定界法类似, 割平面法也是将求解整数线性规划的问题化为一系列线性规划问题求解, 具体求解思路为: 不考虑整数约束, 求解对应的线性规划问题, 若得到非整数最优解, 则增加能切割掉非整数解的线性约束条件 (即割平面), 将可行域中的非整数解割去. 现举例说明.

例 6-3 求解如下整数规划问题

$$\begin{cases} \max & z = x_1 + x_2, & \text{①} \\ \text{s.t.} & -x_1 + x_2 \leqslant 1, & \text{②} \\ & 3x_1 + x_2 \leqslant 4, & \text{③} \\ & x_1, x_2 \geqslant 0, & \text{④} \\ & x_1, x_2 \text{ 为整数.} & \text{⑤} \end{cases}$$

若不考虑整数约束条件⑤, 可以求出其对应的松弛问题的最优解为

$$x_1 = \frac{3}{4}, \quad x_2 = \frac{7}{4}, \quad \max z = \frac{5}{2}.$$

在图 6-6 中为点 A, 但不符合整数约束条件.

容易想到, 如果能找到如图 6-7 中类似 CD 的直线对可行域 R 进行切割, 割掉三角形 ACD, 那么整数可行解 C 点将成为新的可行域的一个顶点. 若求解松弛问题后得到的最优解恰好在点 C 上, 则得到原问题的最优解. 因此, 割平面法的关键点在于如何构造类似于 CD 的 "割平面". 下面以本例说明.

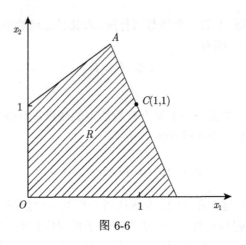

图 6-6

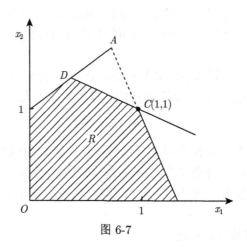

图 6-7

在原问题的约束条件①和②中增加非负松弛变量 x_3 和 x_4, 使其变成等式约束

$$\begin{cases} -x_1 + x_2 + x_3 = 1, & ⑥ \\ 3x_1 + x_2 + x_4 = 4. & ⑦ \end{cases}$$

不考虑整数约束条件⑤的情况下, 用单纯形法求解, 见表 6-2.

表 6-2

	c_j			1	1	0	0
	C_B	X_B	b	x_1	x_2	x_3	x_4
初始表	0	x_3	1	−1	1	1	0
	0	x_4	4	3	1	0	1
	σ_j		0	1	1	0	0
最终表	1	x_3	3/4	1	0	−1/4	1/4
	1	x_4	7/4	0	1	3/4	1/4
	σ_j		−5/2	0	0	−1/2	−1/2

得到非整数最优解为

$$x_1 = \frac{3}{4}, \quad x_2 = \frac{7}{4}, \quad x_3 = x_4 = 0, \quad \max z = \frac{5}{2}.$$

此时并不满足整数约束要求, 考虑其中的非整数变量, 可以从最终表中得到如下关系:

$$\begin{cases} x_1 - \dfrac{1}{4}x_3 + \dfrac{1}{4}x_4 = \dfrac{3}{4}, \\ x_2 + \dfrac{3}{4}x_3 + \dfrac{1}{4}x_4 = \dfrac{7}{4}. \end{cases}$$

将上式的系数和常数项分解成整数和非负真分数 (小于 1 的分数) 两部分之和, 如下

$$\begin{cases} (1+0)x_1 + \left(-1 + \dfrac{3}{4}\right)x_3 + \dfrac{1}{4}x_4 = 0 + \dfrac{3}{4}, \\ x_2 + \dfrac{3}{4}x_3 + \dfrac{1}{4}x_4 = 1 + \dfrac{3}{4}. \end{cases}$$

然后将整数部分移至等式左边, 将分数部分移至等式右边, 得到

$$\begin{cases} x_1 - x_3 = \dfrac{3}{4} - \left(\dfrac{3}{4}x_3 + \dfrac{1}{4}x_4\right), \\ x_2 - 1 = \dfrac{3}{4} - \left(\dfrac{3}{4}x_3 + \dfrac{1}{4}x_4\right). \end{cases}$$

现考虑整数条件⑤, 要求 x_1 和 x_2 都是非负整数, 于是由条件⑥和⑦可知 x_3 和 x_4 也都是非负整数. 在上式中, 从等式左边看是整数, 因此从等式右边看也应该是整数. 然而, 等式右边括号内是正数且常数项是真分数, 所以等式右边必是非正数. 以第一个方程为例, 有

$$\frac{3}{4} - \left(\frac{3}{4}x_3 + \frac{1}{4}x_4\right) \leqslant 0.$$

该式等价于

$$-3x_3 - x_4 \leqslant -3. \quad ⑧$$

至此已经得到了一个切割方程 (又称切割约束条件), 可将它作为新增加的约束条件. 首先, 引入松弛变量 x_5, 得到等式

$$-3x_3 - x_4 + x_5 = -3.$$

再将此约束方程增加到表 6-1 的最终表中, 得到表 6-3 如下.

表 6-3

C_B	X_B	b	c_j				
			1	1	0	0	0
			x_1	x_2	x_3	x_4	x_5
1	x_1	3/4	1	0	−1/4	1/4	0
1	x_2	7/4	0	1	3/4	1/4	0
0	x_5	−3	0	0	−3	−1	1
$c_j - z_j$		−5/2	0	0	−1/2	−1/2	0

根据对偶单纯形法, 将 x_5 作为换出变量、x_3 作为换入变量进行迭代, 得到表 6-4 如下.

表 6-4

C_B	X_B	b	x_1	x_2	x_3	x_4	x_5
	c_j		1	1	0	0	0
1	x_1	1	1	0	0	1/3	$-1/12$
1	x_2	1	0	1	0	0	1/4
0	x_3	1	0	0	1	1/3	$-1/3$
	$c_j - z_j$	-2	0	0	0	$-1/3$	$-1/6$

由于此时的 x_1 和 x_2 都是整数, 故解题结束.   □

值得注意的是: 对于新得到的约束条件 $-3x_3 - x_4 \leqslant -3$, 如用 x_1 和 x_2 表示, 由式⑥和⑦可得 $3(1 + x_1 - x_2) + (4 - 3x_1 - x_2) \geqslant 3$, 即 $x_2 \leqslant 1$, 这相当于在平面内增加一个割平面.

找出一个切割方程的步骤总结如下:

(1) 令 x_i 是松弛问题最优解中取分数值的一个基变量, 由单纯形表的最终表得到

$$x_i + \sum_{k \in K} a_{ik} x_k = b_i, \tag{6-2}$$

其中 K 是非基变量角标的集合.

(2) 将 b_i 和 a_{ik} 都分解成整数部分 N 和非负真分数 f 之和, 即

$$b_i = N_i + f_i, \quad 其中 0 \leqslant f_i < 1,$$

$$a_{ik} = N_{ik} + f_{ik}, \quad 其中 0 \leqslant f_{ik} < 1,$$

而 N 表示不超过 b 的最大整数. 例如, 若 $b = 2.59$, 则 $N = 2$, $f = 0.59$; 若 $b = -0.59$, 则 $N = -1$, $f = 0.41$. 代入式 (6-2), 可得

$$x_i + \sum_k N_{ik} x_k - N_i = f_i - \sum_k f_{ik} x_k. \tag{6-3}$$

(3) 根据整数约束条件, 式 (6-3) 中等式左边是整数. 因为 $0 \leqslant f_i < 1$, 此时就得到了一个切割方程

$$f_i - \sum_k f_{ik} x_k \leqslant 0. \tag{6-4}$$

由式 (6-2)—(6-4) 可知: 切割方程 (6-4) 真正进行了切割, 至少把非整数最优解这一点切割走了; 没有切割掉任何整数解, 这是因为任意整数解都满足式 (6-4).

以上便是割平面法, 该方法自 Gomory 于 1958 年提出后, 引起人们的广泛关注, 至今还在不断发展和改进. 另外, 在用割平面法解整数规划时, 常会遇到收敛很慢的情形. 在实际使用时, 人们经常将割平面法和分支定界法配合使用.

6.4　0-1 型整数规划

0-1 型整数规划是整数规划中的特殊情形, 它的变量仅取值 0 或 1, 称为 0-1 变量或称二进制变量. 如果将 x_i 取值为 0 或 1 这个条件表示为

$$x_i \leqslant 1, \quad x_i \geqslant 0, \quad x_i \text{ 为整数},$$

则 0-1 型整数规划问题退化为一般整数规划问题. 本节先介绍需要引入 0-1 变量的实际问题, 再介绍 0-1 型整数规划问题的特殊解法.

例 6-4　某共享汽车公司拟在城市的东、西、南三区建立营业点. 假设有 7 个备选位置 A_i, $i = 1, 2, \cdots, 7$ 可供选择, 要求如下: ① 在东区 A_1, A_2, A_3 三个点中至多选两个; ② 在西区 A_4, A_5 两个点中至少选一个; ③ 在南区 A_6, A_7 两个点中至少选一个. 如选用营业点 A_i, 投资费用为 b_i 元, 每年可获利润为 c_i 元. 如果投资总额不能超过 B 元, 问应该选择哪些营业点可使年利润最大?

解　引入 0-1 变量 x_i, $i = 1, 2, \cdots, 7$, 定义

$$x_i = \begin{cases} 1, & A_i \text{ 营业点被选用}, \\ 0, & A_i \text{ 营业点未被选用}, \end{cases}$$

则该问题可表示为如下 0-1 型整数规划模型

$$\begin{cases} \max \quad z = \sum_{i=1}^{7} c_i x_i, \\ \text{s.t.} \quad \sum_{i=1}^{7} b_i x_i \leqslant B, \\ \qquad x_1 + x_2 + x_3 \leqslant 2, \\ \qquad x_4 + x_5 \geqslant 1, \\ \qquad x_6 + x_7 \geqslant 1, \\ \qquad x_i \in \{0, 1\}, \quad i = 1, 2, \cdots, 7. \end{cases} \tag{6-5}$$

例 6-5　在例 6-1 中, 关于体积的限制为

$$20x_1 + 50x_2 \leqslant 130. \tag{6-6}$$

假如运输过程分为公路和水路两种方式, 上面的条件是公路运输时的限制条件, 而船运过程中关于体积的限制条件为

$$20x_1 + 50x_2 \leqslant 450. \tag{6-7}$$

引入 0-1 变量 y, 令

$$y = \begin{cases} 0, & \text{采取公路运输方式}, \\ 1, & \text{采取水路运输方式}. \end{cases}$$

于是式 (6-6) 和式 (6-7) 可由下述条件来代替

$$20x_1 + 50x_2 \leqslant 130 + yM, \tag{6-8}$$

$$20x_1 + 50x_2 \leqslant 450 + (1-y)M, \tag{6-9}$$

其中, M 是充分大的正数. 可以验证, 当 $y=0$ 时, 式 (6-8) 退化成式 (6-6), 而式 (6-9) 显然成立. 当 $y=1$ 时, 式 (6-9) 退化成式 (6-7), 而式 (6-8) 显然成立. 引入的 0-1 变量 y 未出现在目标函数内, 可认为在目标函数中 y 的系数为 0.

注 6-1　假设有 m 个互相排斥的约束条件 $a_{i1}x_1 + a_{i2}x_2 + \cdots + a_{in}x_n \leqslant b_i, i = 1, 2, \cdots, m$. 为了保证这 m 个约束条件只有一个起作用, 可引入 m 个 0-1 变量 y_i, $i = 1, 2, \cdots, m$ 和 $m+1$ 个约束条件

$$a_{i1}x_1 + a_{i2}x_2 + \cdots + a_{in}x_n \leqslant b_i + y_iM, \quad i = 1, 2, \cdots, m, \tag{6-10}$$

$$y_1 + y_2 + \cdots + y_m = m - 1. \tag{6-11}$$

根据式 (6-11), $y_1, y_2, \cdots, y_m$ 中只有一个取值为 0. 不妨设 $y_1 = 0$, 代入式 (6-10), 则只有约束条件 $a_{11}x_1 + a_{12}x_2 + \cdots + a_{1n}x_n \leqslant b_1$ 起作用, 其他约束条件都显然成立.

与整数规划问题一样, 求解 0-1 型整数规划最容易想到的方法是穷举法, 即针对 n 个决策变量的每一种 0 或 1 的取值组合 (共 2^n 个组合), 检验其可行性并计算目标函数值, 以求得最优解. 当决策变量个数 n 较大时, 穷举法的计算效率很低, 因此需要设计一些方法, 只要检查决策变量取值的部分组合就能得到最优解, 这样的方法称为隐枚举法 (implicit enumeration method). 下面举例介绍一种求解 0-1 型整数规划的隐枚举法.

例 6-6　求解下列 0-1 型整数规划问题

$$\begin{cases} \max & z = 3x_1 - 2x_2 + 5x_3, \\ \text{s.t.} & x_1 + 2x_2 - x_3 \leqslant 2, & ① \\ & x_1 + 4x_2 + x_3 \leqslant 4, & ② \\ & x_1 + x_2 \leqslant 3, & ③ \\ & 4x_1 + x_3 \leqslant 6, & ④ \\ & x_1, x_2, x_3 = 0 \text{ 或 } 1. \end{cases} \tag{6-12}$$

解题时先通过试探的方法找一个可行解, 容易看出 $(x_1, x_2, x_3) = (1, 0, 0)$ 就是符合于条件①~④的, 算出相应的目标函数值 $z = 3$. 对于极大化问题, 当然希望 $z \geqslant 3$, 于是在式①之前增加一个约束条件

$$3x_1 - 2x_2 + 5x_3 \geqslant 3. \quad ⊚$$

增加的这个约束条件称为过滤条件. 这样, 原问题的线性约束条件就变成 5 个. 用全部枚举的方法, 3 个变量共有 $2^3 = 8$ 个解, 原来 4 个约束条件, 共需 32 次运算. 现在增加了过滤条件 ⊚, 如按下述方法进行, 可减少运算次数. 将 5 个约束条件按 ⊚、①~④ 的顺序排好 (表 6-5), 对每个解, 依次代入约束条件左侧, 求出数值, 看是否适合不等式条件, 如某一条

件不适合, 该行以下各条件就不必再检查, 因而减少了运算次数. 本例计算过程如表 6-5 所示, 实际只作 24 次运算.

于是求得最优解 $(x_1, x_2, x_3) = (1, 0, 1), \max z = 8$.

表 6-5

点	条件					是否可行?	目标函数值
	◎	①	②	③	④	是 ($\sqrt{}$) 否 ($\times$)	
(0, 0, 0)	0					$\times$	
(0, 0, 1)	5	-1	1	0	1	$\sqrt{}$	5
(0, 1, 0)	-2					$\times$	
(0, 1, 1)	3	1	5			$\times$	
(1, 0, 0)	3	1	1	1	0	$\sqrt{}$	3
(1, 0, 1)	8	0	2	1	1	$\sqrt{}$	8
(1, 1, 0)	1					$\times$	
(1, 1, 1)	6	2	6			$\times$	

注 6-2 在计算过程中, 过滤条件应该不断调整, 以减少计算量. 例如当检查解 $(0, 0, 1)$ 时, 因目标函数值 $z = 5 \ (> 3)$, 所以应将过滤条件换成

$$3x_1 - 2x_2 + 5x_3 \geqslant 5.$$

注 6-3 在执行隐枚举法过程中, 通常重新排列 x_i 的顺序使目标函数中 x_i 的系数是递增的. 在例 6-6 中, 改写 $z = -2x_2 + 3x_1 + 5x_3$, 对变量 (x_2, x_1, x_3) 按下述顺序取值: $(0, 0, 0), (0, 0, 1), (0, 1, 0), (0, 1, 1), (1, 0, 0), (1, 0, 1), (1, 1, 0), (1, 1, 1)$, 这样最大值容易比较早地被发现, 通过改进过滤条件就可以进一步降低计算量, 在例 6-6 中,

$$\begin{cases} \max & z = -2x_2 + 3x_1 + 5x_3, \\ \text{s.t.} & -2x_2 + 3x_1 + 5x_3 \geqslant 3, \quad ◎ \\ & 2x_2 + x_1 - x_3 \leqslant 2, \quad ① \\ & 4x_2 + x_1 + x_3 \leqslant 4, \quad ② \\ & x_2 + x_1 \leqslant 3, \quad ③ \\ & 4x_1 + x_3 \leqslant 6. \quad ④ \end{cases} \tag{6-13}$$

解题时按下述步骤进行 (表 6-6).

表 6-6 (a)

点 (x_2, x_1, x_3)	条件					是否满足条件	z 值
	◎	①	②	③	④		
(0, 0, 0)	0					$\times$	
(0, 0, 1)	5	-1	1	0	1	$\sqrt{}$	5

表 6-6 (b)

点 (x_2, x_1, x_3)	条件					是否满足条件	z 值
	◎′	①	②	③	④		
(0, 1, 0)	3					$\times$	
(0, 1, 1)	8	0	2	1	1	$\sqrt{}$	8

改进过滤条件, 用

$$-2x_2 + 3x_1 + 5x_3 \geqslant 5 \tag{◎$'$}$$

代替式 ◎, 继续进行. 再改进过滤条件, 用

$$-2x_2 + 3x_1 + 5x_3 \geqslant 8 \tag{◎$''$}$$

代替式 ◎$'$, 再继续进行. 至此, z 值已不能改进, 即得到最优解, 解答如前, 但计算过程已简化.

表 6-6 (c)

点 (x_2, x_1, x_3)	条件					是否满足条件	z 值
	◎$''$	①	②	③	④		
(1, 0, 0)	−2					×	
(1, 0, 1)	3					×	
(1, 1, 0)	1					×	
(1, 1, 1)	6					×	

6.5　指　派　问　题

6.5.1　指派问题模型

在现实生活中, 有各种形式的指派问题 (assignment problem). 例如, 若干项运输任务需要分配给多家运输公司来完成, 若干项合同需要选择多家投标公司来承包, 若干班级需要安排在多间教室里上课等. 诸如此类问题, 基本需求是在满足特定指派要求下, 使指派方案的总体效果最佳.

指派问题的标准形式是: 已知第 i 个员工做第 j 件任务的成本为 c_{ij}, $i, j = 1, 2, \cdots, n$, 要求确定员工和任务之间一一对应的指派方案, 使完成这 n 件任务的总成本最低. 一般称矩阵 $C = (c_{ij})_{n \times n}$ 为指派问题的系数矩阵. 在系数矩阵 C 中, 第 i 行各元素表示第 i 个员工完成各任务的成本, 第 j 列各元素表示第 j 件任务由各员工完成所需的成本.

为了建立标准指派问题的数学模型, 引入 n^2 个 0-1 变量:

$$x_{ij} = \begin{cases} 1, & \text{指派第 } i \text{ 个员工做第 } j \text{ 件任务}, \\ 0, & \text{不指派第 } i \text{ 个员工做第 } j \text{ 件任务}, \end{cases} \quad i, j = 1, 2, \cdots, n.$$

这样, 指派问题的数学模型可写成

$$\begin{cases} \min \quad z = \sum_{i=1}^{n} \sum_{j=1}^{n} c_{ij} x_{ij}, & \text{(6-14a)} \\[2mm] \text{s.t.} \quad \sum_{i=1}^{n} x_{ij} = 1, \quad j = 1, 2, \cdots, n, & \text{(6-14b)} \\[2mm] \quad \sum_{j=1}^{n} x_{ij} = 1, \quad i = 1, 2, \cdots, n, & \text{(6-14c)} \\[2mm] \quad x_{ij} \in \{0, 1\}, \quad i, j = 1, 2, \cdots, n. & \text{(6-14d)} \end{cases}$$

该模型中, 约束条件 (6-14b) 表示每件任务必有且只有一个人去完成, 约束条件 (6-14c) 表示每个员工必做且只做一件任务.

对于指派问题的每一个可行解, 可用解矩阵 $X = (x_{ij})_{n \times n}$ 来表示. 其中, 矩阵每列都有且只有一个元素取值为 1, 其他取值为 0, 以满足约束条件 (6-14b); 矩阵每行都有且只有一个元素取值为 1, 其他取值为 0, 以满足约束条件 (6-14c). 指派问题共有 $n!$ 个可行解.

例 6-7 某公司提出 5 项运输需求, 收到 5 家物流企业的报价. 已知物流企业 A_i, $i = 1, 2, \cdots, 5$ 对需求 B_j, $j = 1, 2, \cdots, 5$ 的运费报价为 c_{ij} 万元, 见表 6-7. 如仅考虑费用, 该公司应当如何分配运输任务才能使总运费最低?

表 6-7

	B_1	B_2	B_3	B_4	B_5
A_1	3	8	7	6	13
A_2	7	10	15	13	11
A_3	5	10	12	8	7
A_4	6	7	13	6	11
A_5	7	9	12	10	6

解 这是一个标准的指派问题. 设 0-1 变量

$$x_{ij} = \begin{cases} 1, & A_i \text{ 承担运输需求 } B_j, \\ 0, & A_i \text{ 不承担运输需求 } B_j, \end{cases} \quad i, j = 1, 2, \cdots, 5,$$

则该问题的数学模型为

$$\begin{cases} \min & z = 3x_{11} + 8x_{12} + \cdots + 10x_{54} + 6x_{55}, \\ \text{s.t.} & \sum_{i=1}^{5} x_{ij} = 1, \quad j = 1, 2, \cdots, 5, \\ & \sum_{j=1}^{5} x_{ij} = 1, \quad i = 1, 2, \cdots, 5, \\ & x_{ij} \in \{0, 1\}, \quad i, j = 1, 2, \cdots, 5. \end{cases}$$

6.5.2 匈牙利算法

指派问题既是一类特殊的整数规划问题, 又是一类特殊的 0-1 型整数规划问题, 存在多种求解算法. 1955 年, 库恩 (W. W. Kuhn) 利用匈牙利数学家康尼格 (D. Konig) 证明的关于矩阵中独立零元素的定理, 提出了求解指派问题的一种有效算法, 称为匈牙利算法.

匈牙利算法利用了指派问题最优解的以下性质: 若从指派问题系数矩阵 $C = (c_{ij})_{n \times n}$ 的某行 (或某列) 各元素分别减去一个常数 k, 得到一个新的矩阵 $C' = (c'_{ij})_{n \times n}$, 则以 C' 和 C 为系数矩阵的两个指派问题具有相同的最优解. 事实上, 系数矩阵的这种变化并不影响约束条件, 只使目标函数值减少了常数 k, 所以最优解无变化.

下面结合例 6-7 具体讲述匈牙利算法的计算步骤.

步骤 1: 变换系数矩阵. 先对各行元素分别减去本行中的最小元素得矩阵 C', 再对 C' 的各列元素分别减去本列中最小元素得 C''. 这样, 系数矩阵 C'' 中每行及每列至少有 1 个零元素, 同时不出现负元素. 转步骤 2.

例 6-7 指派问题的系数矩阵为

$$C = \begin{bmatrix} 3 & 8 & 7 & 6 & 13 \\ 7 & 10 & 15 & 13 & 11 \\ 5 & 10 & 12 & 8 & 7 \\ 6 & 7 & 13 & 6 & 11 \\ 7 & 9 & 12 & 10 & 6 \end{bmatrix},$$

先对各行元素分别减去本行的最小元素, 然后对各列也如此, 即

$$C' = \begin{bmatrix} 0 & 5 & 4 & 3 & 10 \\ 0 & 3 & 8 & 6 & 4 \\ 0 & 5 & 7 & 3 & 2 \\ 0 & 1 & 7 & 0 & 5 \\ 1 & 3 & 6 & 4 & 0 \end{bmatrix}, \quad C'' = \begin{bmatrix} 0 & 4 & 0 & 3 & 10 \\ 0 & 2 & 4 & 6 & 4 \\ 0 & 4 & 3 & 3 & 2 \\ 0 & 0 & 3 & 0 & 5 \\ 1 & 2 & 2 & 4 & 0 \end{bmatrix}.$$

此时, C'' 中各行和各列都已出现零元素.

步骤 2: 在变换后的系数矩阵中确定独立零元素. 若独立零元素等于 n 个, 则已得到最优解, 理由是对于系数矩阵非负的指派问题来说, 若能在系数矩阵中找到 n 个位于不同行和不同列的零元素, 则对应的指派方案总费用为零, 从而一定是最优的. 在选择零元素时, 当同一行或列上有多个零元素时, 如选择其一, 则其余的零元素就不能再被选择. 所以, 关键并不在于有多少个零元素, 而要看它们是否恰当地分布在不同行和不同列上.

为了确定独立零元素, 可以在只有一个零元素的行 (或列) 中加圈 (标记为 ○), 因为这表示此人只能做该任务 (或该任务只能由此人来做). 每圈一个 "○", 同时把位于同列 (或同行) 的其他零元素划去 (标记为 ∅), 这表示此任务已不能再由其他人来做 (或此人已不能做其他任务). 如此反复进行, 直至系数矩阵中所有零元素都被圈去或划去为止. 在此过程中, 如遇到在所有的行和列中, 零元素都不止一个时, 可任选其中一个零元素加圈, 同时划去同行和同列中其他零元素. 当过程结束时, 被画圈的零元素即独立零元素.

如独立零元素有 n 个, 表示已得到最优指派方案, 令解矩阵中独立零元素位置上的变量取 1, 其他变量取 0, 即得最优解. 然而, 如果独立零元素个数少于 n, 则表示还不能确定最优指派方案, 按以下方法进行:

(1) 对没有 ○ 的行打 "√";

(2) 在已打 "√" 的行中, 对 ∅ 所在列打 "√";

(3) 在已打 "√" 的列中, 对 ○ 所在行打 "√";

(4) 重复 (2) 和 (3), 直到再也不能找到可以打 "√" 的行或列为止;

(5) 对没有打 "√" 的行画一横线, 对打 "√" 的列画一垂线, 这样就得到了覆盖所有零

元素的最少直线集合.

$$C'' = \begin{bmatrix} \emptyset & 4 & ⓪ & 3 & 10 \\ ⓪ & 2 & 4 & 6 & 4 \\ \emptyset & 4 & 3 & 3 & 2 \\ \emptyset & ⓪ & 3 & \emptyset & 5 \\ 1 & 2 & 2 & 4 & ⓪ \end{bmatrix}.$$

为了确定 C'' 中的独立零元素个数, 对 C'' 中的零元素加圈, 即有

由于只有 4 个独立零元素, 少于系数矩阵阶数 $n=5$, 故需要确定能覆盖所有零元素的最少直线数目的直线集合. 采用上述 (1)—(5) 的步骤的方法, 如上所示.

步骤 3: 继续变换系数矩阵. 在未被直线覆盖的元素中找出一个最小元素. 对未被直线覆盖的元素所在行或列中各元素都减去这一最小元素. 这样, 在未被直线覆盖的元素中势必会出现零元素, 但同时却又使已被直线覆盖的元素中出现负元素. 为了消除负元素, 对它们所在列或行中各元素都加上这一最小元素. 返回步骤 2.

$$C'' = \begin{bmatrix} \emptyset & 4 & ⓪ & 3 & 10 \\ ⓪ & 2 & 4 & 6 & 4 \\ \emptyset & 4 & 3 & 3 & 2 \\ \emptyset & ⓪ & 3 & \emptyset & 5 \\ 1 & 2 & 2 & 4 & ⓪ \end{bmatrix} \begin{matrix} \\ \checkmark \\ \checkmark \\ \\ \end{matrix} .$$

为了使 C' 中未被直线覆盖的元素中出现零元素, 将第二行和第三行中各元素都减去未被直线覆盖的元素中的最小元素 1. 但这样一来, 第一列中出现了负元素. 为了消除负元素, 再对第一列各元素分别加上 1, 即

$$C' \to \begin{bmatrix} 0 & 4 & 0 & 3 & 10 \\ -1 & 0 & 2 & 4 & 2 \\ -1 & 2 & 1 & 1 & 0 \\ 0 & 0 & 3 & 0 & 5 \\ 1 & 2 & 2 & 4 & 0 \end{bmatrix} \to \begin{bmatrix} 1 & 4 & 0 & 3 & 10 \\ 0 & 0 & 2 & 4 & 2 \\ 0 & 2 & 1 & 1 & 0 \\ 1 & 0 & 3 & 0 & 5 \\ 2 & 2 & 2 & 4 & 0 \end{bmatrix} = C',$$

回到步骤 2, 对 C'' 加圈,

$$C'' = \begin{bmatrix} 1 & 4 & ⓪ & 3 & 10 \\ \emptyset & ⓪ & 2 & 4 & 2 \\ ⓪ & 2 & 1 & 1 & \emptyset \\ 1 & \emptyset & 3 & ⓪ & 5 \\ 2 & 2 & 2 & 4 & ⓪ \end{bmatrix}.$$

C'' 中已有 5 个独立零元素, 故可确定例 6-7 指派问题的最优指派方案为

$$X^* = \begin{bmatrix} 0 & 0 & 1 & 0 & 0 \\ 0 & 1 & 0 & 0 & 0 \\ 1 & 0 & 0 & 0 & 0 \\ 0 & 0 & 0 & 1 & 0 \\ 0 & 0 & 0 & 0 & 1 \end{bmatrix},$$

即让 A_1 运输 B_3 的物品, A_2 运输 B_2 的物品, A_3 运输 B_1 的物品, A_4 运输 B_4 的物品, A_5 运输 B_5 的物品, 这样安排能使总的运输费用最少, 为 $7 + 10 + 5 + 6 + 6 = 34$ (万元).　□

6.5.3　非标准形式的指派问题

在实践中, 经常会遇到各种非标准形式的指派问题, 需要先将它们转化为标准形式, 然后再用匈牙利算法求解.

(1) 最大化指派问题: 设系数矩阵 C 的最大元素为 m. 令矩阵 $B = m - C$, 则以 B 为系数矩阵的最小化指派问题和以 C 为系数矩阵的原最大化指派问题有相同最优解.

(2) 人员数和任务数不等的指派问题: 如果人员数少于任务数, 则添加一些虚拟的人员, 这些虚拟人员做各任务的费用系数取为 0, 是因为这些费用实际上不会发生; 如果人员数多于任务数, 则添上一些虚拟的任务, 各人员做这些虚拟任务的费用系数同样也取 0.

(3) 一个人可以做几件任务的指派问题: 若某些人员可以做几件任务, 则可将该人员转化作相同的几个 "人员" 来接受指派, 这几个 "人员" 做同一件任务的费用系数都一样.

(4) 某任务一定不能由某人员来做的指派问题: 若某任务一定不能由某个人员来做, 则可将相应的费用系数取作足够大的数 M.

例 6-8　在例 6-7 中, 为了保证运输质量, 经研究决定, 舍弃物流企业 A_4 和 A_5, 而让技术力量较强的 A_1, A_2 和 A_3 来运输. 根据实际情况, 允许每家物流企业承担一个或两个运输需求. 求总费用最少的指派方案.

解　运输费用系数矩阵为

$$\begin{array}{ccccc} B_1 & B_2 & B_3 & B_4 & B_5 \end{array}$$
$$\begin{bmatrix} 3 & 8 & 7 & 16 & 13 \\ 7 & 10 & 15 & 13 & 11 \\ 5 & 10 & 12 & 8 & 7 \end{bmatrix} \begin{array}{c} A_1 \\ A_2 \\ A_3 \end{array} \cdot$$

由于每家物流企业最多可以承担两个运输需求, 因此把每家物流企业转化为相同的两家企业 A_i 和 $A'_i, i = 1, 2, 3$, 这样系数矩阵变为

$$\begin{array}{ccccc} B_1 & B_2 & B_3 & B_4 & B_5 \end{array}$$
$$\begin{bmatrix} 3 & 8 & 7 & 16 & 13 \\ 3 & 8 & 7 & 16 & 13 \\ 7 & 10 & 15 & 13 & 11 \\ 7 & 10 & 15 & 13 & 11 \\ 5 & 10 & 12 & 8 & 7 \\ 5 & 10 & 12 & 8 & 7 \end{bmatrix} \begin{array}{c} A_1 \\ A'_1 \\ A_2 \\ A'_2 \\ A_3 \\ A'_3 \end{array}$$

上面的系数矩阵有 6 行 5 列, 为了使 "人员" 和 "任务" 数目相同, 引入一件虚拟任务 B_6, 使之成为标准指派问题, 系数矩阵为

$$
\begin{array}{cccccc}
B_1 & B_2 & B_3 & B_4 & B_5 & B_6 \\
\end{array}
$$
$$
\left[
\begin{array}{cccccc}
3 & 8 & 7 & 16 & 13 & 0 \\
3 & 8 & 7 & 16 & 13 & 0 \\
7 & 10 & 15 & 13 & 11 & 0 \\
7 & 10 & 15 & 13 & 11 & 0 \\
5 & 10 & 12 & 8 & 7 & 0 \\
5 & 10 & 12 & 8 & 7 & 0 \\
\end{array}
\right]
\begin{array}{l}
A_1 \\ A_1' \\ A_2 \\ A_2' \\ A_3 \\ A_3'
\end{array}.
$$

利用匈牙利算法求解该指派问题, 得最优指派方案为 A_1 满足运输需求 B_1 和 B_3, A_2 满足运输需求 B_2, A_3 满足运输需求 B_4 和 B_5, 总运输费用为 $3+7+10+8+7=35$ (万元). □

习 题

6.1 下列线性规划问题:

$$
\begin{cases}
\max & z = 20x_1 + 10x_2 + 10x_3, \\
\text{s.t.} & 2x_1 + 20x_2 + 4x_3 \leqslant 15, \\
& 6x_1 + 20x_2 + 4x_3 = 20, \\
& x_1, x_2, x_3 \geqslant 0, \text{ 且取整数值.}
\end{cases}
$$

说明能否用先求解相应的线性规划问题然后凑整的方法求得该整数规划的一个可行解.

6.2 将下述非线性规划问题改写成 0-1 型整数规划问题:

$$
\begin{cases}
\max & z = 2x_1 x_2 x_3^2 + x_1^2 x_2, \\
\text{s.t.} & 5x_1 + 9x_2^2 x_3 \leqslant 15, \\
& x_1, x_2, x_3 = 0 \text{ 或 } 1.
\end{cases}
$$

6.3 某钻井队要从以下 10 个可供选择的井位中确定 5 个钻井探油, 使总的钻探费用为最少. 若 10 个井位的代号为 $s_1, s_2, \cdots, s_{10}$, 相应的钻探费用为 $c_1, c_2, \cdots, c_{10}$, 并且井位选择方面要满足下列限制条件:

(a) 或选择 s_1 和 s_7, 或选择钻探 s_8;

(b) 选择了 s_3 或 s_4 就不能选 s_5, 或反过来也一样;

(c) 在 s_5, s_6, s_7, s_8 中最多只能选两个, 试建立这个问题的整数规划模型.

6.4 用分支定界法求解下列整数规划问题:

(a) $\begin{cases}
\max & z = x_1 + x_2, \\
\text{s.t.} & x_1 + \dfrac{9}{14}x_2 \leqslant \dfrac{51}{14}, \\
& -2x_1 + x_2 \leqslant \dfrac{1}{3}, \\
& x_1, x_2 \geqslant 0 \text{ 且为整数;}
\end{cases}$
(b) $\begin{cases}
\max & z = 2x_1 + 3x_2, \\
\text{s.t.} & 5x_1 + 7x_2 \leqslant 35, \\
& 4x_1 + 9x_2 \leqslant 36, \\
& x_1, x_2 \geqslant 0 \text{ 且为整数.}
\end{cases}$

6.5 用割平面法求解下列整数规划问题:

(a) $\begin{cases} \max & z = 7x_1 + 9x_2, \\ \text{s.t.} & -x_1 + 3x_2 \leqslant 6, \\ & 7x_1 + x_2 \leqslant 35, \\ & x_1, x_2 \geqslant 0 \text{ 且为整数}; \end{cases}$
(b) $\begin{cases} \min & z = 4x_1 + 5x_2, \\ \text{s.t.} & 3x_1 + 2x_2 \geqslant 7, \\ & x_1 + 4x_2 \geqslant 5, \\ & 3x_1 + x_2 \geqslant 2, \\ & x_1, x_2 \geqslant 0 \text{ 且为整数}. \end{cases}$

6.6 用隐枚举法求解下列 0-1 型整数规划问题:

(a) $\begin{cases} \max & z = 3x_1 + 2x_2 - 5x_3 - 2x_4 + 3x_5, \\ \text{s.t.} & x_1 + x_2 + x_3 + 2x_4 + x_5 \leqslant 4, \\ & 7x_1 + 3x_3 - 4x_4 + 3x_5 \leqslant 8, \\ & 11x_1 - 6x_2 + 3x_4 - 3x_5 \geqslant 3, \\ & x_j = 0 \text{ 或 } 1, \quad j = 1, \cdots, 5; \end{cases}$

(b) $\begin{cases} \min & z = 2x_1 - x_2 + 5x_3 - 3x_4 + 4x_5, \\ \text{s.t.} & 3x_1 - 2x_2 + 7x_3 - 5x_4 + 4x_5 \leqslant 6, \\ & x_1 - x_2 + 2x_3 - 4x_4 + 2x_5 \leqslant 0, \\ & x_j = 0 \text{ 或 } 1, \quad j = 1, \cdots, 5; \end{cases}$

(c) $\begin{cases} \max & z = 8x_1 + 2x_2 - 4x_3 - 7x_4 - 5x_5, \\ \text{s.t.} & 3x_1 + 3x_2 + x_3 + 2x_4 + 3x_5 \leqslant 4, \\ & 5x_1 + 3x_2 - 2x_3 - x_4 + x_5 \leqslant 4, \\ & x_j = 0 \text{ 或 } 1, \quad j = 1, \cdots, 5. \end{cases}$

6.7 用匈牙利算法求解下述指派问题, 已知效率矩阵分别如下

(a) $\begin{bmatrix} 7 & 9 & 10 & 12 \\ 13 & 12 & 16 & 17 \\ 15 & 16 & 14 & 15 \\ 11 & 12 & 15 & 16 \end{bmatrix}$;
(b) $\begin{bmatrix} 3 & 8 & 2 & 10 & 3 \\ 8 & 7 & 2 & 9 & 7 \\ 6 & 4 & 2 & 7 & 5 \\ 8 & 4 & 2 & 3 & 5 \\ 9 & 10 & 6 & 9 & 10 \end{bmatrix}$.

6.8 已知下列五名运动员各种姿势的游泳成绩 (各为 50m) 如表 6-8 所示. 试问: 如何从中选拔一个参加 200m 混合泳的接力队, 使预期比赛成绩为最好?

表 6-8

游泳姿势	赵	钱	张	王	周
仰泳	37.7	32.9	33.8	37.0	35.4
蛙泳	43.4	33.1	42.2	34.7	41.8
蝶泳	33.3	28.5	39.8	30.4	33.6
自由泳	29.2	26.4	29.6	28.5	31.1

6.9 有甲、乙、丙、丁四人和 A, B, C, D, E 五项任务. 每人完成各项任务时间如表 6-9 所示. 由于任务数多于人数, 故规定 (1) 其中有一人可兼完成两项任务, 其余三人每人完成一项; (2) 甲或丙之中有一人完成两项任务, 乙、丁各完成一项; (3) 每人完成一项任务, 其中 A 和 B 必须完成, C, D, E 中可以有一项不完成. 试分别确定总花费时间为最少的指派方案.

表 6-9

人	任务				
	A	B	C	D	E
甲	25	29	31	42	37
乙	39	38	26	20	33
丙	34	27	28	40	32
丁	24	42	36	23	45

　　6.10 设有 m 个某种物资的生产点, 其中第 i 个点 $(i = 1, \cdots, m)$ 的产量为 a_i. 该种物资销往 n 个需求点, 其中第 j 个需求点所需量为 $b_j (j = 1, \cdots, n)$. 已知 $\sum_i a_i \geqslant \sum_j b_j$. 又知从各生产点往需求点发运时, 均需经过 p 个中间编组站之一转运, 若启用第 k 个中间编组站, 不管转运量多少, 均发生固定费用 f_k, 而第 k 个中间编组站转运最大容量限制为 $q_k (k = 1, \cdots, p)$. 用 c_{ik} 和 c_{kj} 分别表示从 i 到 k 和从 k 到 j 的单位物资的运输费用, 试确定一个是总费用为最小的该种物资的调运方案.

第 7 章　动 态 规 划

20 世纪 50 年代初, 美国数学家 R. Bellman 等在解决多阶段决策优化问题时提出了一种高效的求解方法——动态规划 (dynamic programming). 该方法基于多阶段决策优化问题的特点, 把多阶段问题转换为一系列互相联系的单阶段问题, 然后逐一解决, 成功解决了交通运输、生产管理、工程技术、军事决策等领域的许多实际问题. 同时由于该方法具有独特的解题思路, 在处理某些优化问题, 尤其是在路径优化、资源分配、生产调度、库存管理、投资组合等问题时, 比线性规划方法更高效. 1957 年, R. Bellman 发表了该领域的第一本专著《动态规划》. 动态规划是现代企业管理中的一种重要决策方法, 其决策模型可以分为离散确定型、离散随机型、连续确定型和连续随机型四种, 其中离散确定型是最基本的一种类型.

本章主要针对离散确定型的问题介绍动态规划的基本概念、基本思想、基本原理和方法, 然后通过几个典型的动态规划模型来介绍它的具体应用.

7.1　多阶段决策问题

多阶段决策是指这样一类特殊的决策过程, 它可以按时间顺序分解成若干相互联系的时段或阶段, 决策者需要在每一个时段做出相应的决策, 最终所有时段的决策形成一个全过程的决策序列, 以便达到整个决策过程的全局最优. 由于各时段的决策间存在有机的联系, 某一时段的决策执行将影响到下一时段的决策制定, 以至于最终影响全局的优化效果, 所以在做每个时段的决策时, 决策者不仅需要考虑本时段内的效果最优, 还应该考虑该决策对最终优化目标的影响, 从而做出能够达到全局最优的决策序列. 动态规划就是符合上述要求的一种多阶段决策优化方法.

广义来说, 动态规划不仅可以处理多阶段决策问题, 还可以处理单阶段决策问题, 通过人为地引入 "阶段" 这一因素, 将单阶段决策优化问题转换成多阶段决策优化问题, 后面我们将详细介绍这种处理方法. 人们在日常生产与管理过程中会遇到大量多阶段决策优化问题, 为了便于读者理解, 我们先举出以下几个例子.

例 7-1　最短路问题　某著名物流公司承担一项重要的货物运输任务, 需要派出一辆卡车将货物从 A 城市运送至 E 城市, 该卡车在运输途中可经过的城市以及各城市之间的道路连接情况如图 7-1 所示, 图中的节点表示城市, 各城市间连线上的数字表示车辆在城市间行驶的距离. 试问: 为了使车辆的总行驶距离最短, 应该选择什么样的运输路线? 这是一个典型的多阶段决策优化问题.

例 7-2　投资决策问题　北京市某共享单车企业计划在三个区域内新增投放 10 万辆共享单车, 假设区域 i $(i=1,2,3)$ 的投放数量为 x_i 时, 其收益分别为 $g_1(x_1)=4x_1, g_2(x_2)=9x_2, g_3(x_3)=2x_3^2$. 试问该企业分别给这三个区域各投放多少共享单车, 才能使此次投放共享单车的总收益最大？简单来看，上述问题与时间并无明显的关系，我们不妨设这三个区域的投放数量分别为 x_1, x_2, x_3，然后就可以很容易地列出该问题的静态优化模型如下

$$\begin{cases} \max & z = 4x_1 + 9x_2 + 2x_3^2, \\ \text{s.t.} & x_1 + x_2 + x_3 = 10, \\ & x_i \geqslant 0, \quad i = 1, 2, 3. \end{cases}$$

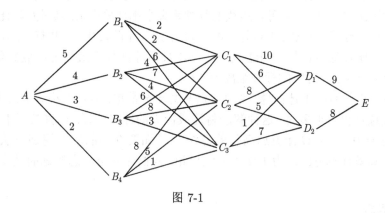

图 7-1

尽管本例看似是一个静态最优化问题，我们可以人为地赋予其"时段"的概念，将其转化成一个三阶段的决策优化问题，并应用动态规划方法进行求解，本章后面将详细介绍这类问题的求解方法.

例 7-3　设备更新与维护问题　深圳市某第三方物流企业的数据分析部门有一台高性能计算设备，主要负责存储和分析该公司积累的海量运营数据，公司的设备管理部门每年都要考虑这台计算设备的更新与维护. 已知该设备越陈旧维修保养所需的费用就越多，但购买新的计算设备需要一次性支出一笔巨额费用. 现设备管理部门需要决定这台计算设备未来 8 年的更新与维护计划，已知 K_j 为第 j 年更新设备的费用，G_j 为该设备连续使用 j 年后的残值，C_j 为该设备连续使用 $j-1$ 年后，在第 j 年的维修费用，其中 $j = 1, 2, \cdots, 8$. 试问：该公司应该在什么时间更新设备、什么时候维护设备，才能使公司支出的总费用最少？显然，上述问题是一个 8 阶段的决策优化问题，需要在每年的年初做出决策，可以选择购买新设备或者继续使用旧设备，这类问题也可以利用动态规划方法进行高效求解.

7.2　基本概念和基本方程

在例 7-1 中，决策者需要找出从 A 到 E 的最短路径，这是一类十分典型和直观的动态规划问题. 在本节中，我们通过求解这个最短路问题，来解释动态规划方法的基本思想，并阐述与其相关的基本概念.

由图 7-1 可知，从 A 到 E 可以分为 4 个阶段，即从 A 到 B 为第一阶段，从 B 到 C 为第二阶段，从 C 到 D 为第三阶段，从 D 到 E 为第四阶段. 在第一阶段，A 为起点，终点有 B_1, B_2, B_3, B_4 四个选择，若此时的决策为从 A 到 B_2，则 B_2 就是第一阶段的决策结果，它

既是第一阶段路线的终点, 又是第二阶段路线的始点. 在第二阶段, 车辆将从 B_2 出发, 终点有 C_1, C_2, C_3 三个选择, 若此时的决策为从 B_2 到 C_2, 则 C_2 就是第二阶段的终点, 同时也是第三阶段的始点, 同理递推下去. 可见, 每个阶段做出的决策不同, 车辆的行驶路线就不同. 另外, 当某个阶段的始点确定后, 它将只影响它后面各阶段的行驶路线以及整个行驶路线的距离, 而后面各阶段行驶路线的发展并不会受到这个点以前各阶段路线的影响.

综上, 例 7-1 的要求就是在每个阶段选择一个合适的决策, 使由这些决策所组成的决策序列所确定的车辆行驶路线的距离最短. 如何解决这个问题呢? 我们可以很容易想到采用穷举法, 即把由 A 到 E 的所有可行路线的行驶距离全都计算出来, 通过互相比较就能够找到车辆的最短行驶路线. 由图 7-1 可知, 由 A 到 E 的 4 个阶段中, 一共有 $4 \times 3 \times 2 \times 1 = 24$ 条不同的路线, 比较这 24 条不同路线的行驶距离后才能找出最短的行驶路线, 即 $A \rightarrow B_4 \rightarrow C_3 \rightarrow D_1 \rightarrow E$, 其对应的行驶距离为 13.

尽管穷举法能够解决上述问题, 并且求解思想十分简单, 但是当决策阶段不断增加, 且各阶段的决策选项也有很多时, 这种解法将造成巨大的计算消耗, 计算效率十分低. 因此, 为了提升计算能力, 需要设计更加高效的算法. 下面要介绍的动态规划方法就是求解上述问题的一类高效计算方法. 为了便于后续讨论, 我们先介绍动态规划的基本概念及相关符号.

7.2.1　基本概念

1. 阶段

使用动态规划方法时, 首先需要把全局决策过程恰当地分为若干个相互关联的决策阶段, 以便能够依次求解. 描述决策阶段的变量称为阶段变量, 用 k 表示. 一般情况下, 决策阶段需要根据优化问题在时间或空间上的自然特征来划分. 在例 7-1 中, 最短路问题可以分为 4 个阶段, 即 $k = 1, 2, 3, 4$.

2. 状态

在动态规划中, 状态是指每个阶段决策开始时, 决策者所面临的自然状态或客观条件. 在例 7-1 中, 状态就是某个阶段车辆的出发位置, 它既是该阶段行驶线路的起点, 又是前一阶段行驶线路的终点. 通常情况下, 每个阶段会有若干个状态, 在例 7-1 中, 第一阶段有一个状态 A, 第二阶段有四个状态 B_1, B_2, B_3, B_4, 第三阶段有三个状态 C_1, C_2, C_3, 第四阶段有两个状态 D_1, D_2.

另外, 动态规划中的状态变量是指描述决策过程状态的变量, 它可以用一个数、一组数或一个向量来描述. 一般情况下, 我们用 S_k 表示第 k 阶段的状态变量. 如例 7-1 中, 第三阶段有三个状态, 则状态变量 S_k 可取 C_1, C_2, C_3 三个值. 此时, 集合 $\{C_1, C_2, C_3\}$ 就称为第三阶段的**可达状态集合**, 记为 $S_3 = \{C_1, C_2, C_3\}$. 在实际使用时, 习惯用 S_k 表示第 k 阶段的可达状态集合.

此外, 上述状态还应具有如下特殊的性质, 即在给定某个决策阶段的状态后, 该阶段以后决策过程的发展不会受到该阶段以前各阶段状态的影响. 换句话说, 就是在动态规划的决策过程中, 决策者只能通过利用当前的状态去影响未来的发展, 这个性质称为**无后效性** (即马尔可夫性). 在使用动态规划方法构造决策模型时, 需要充分考虑是否满足无后效性.

例如, 研究小球在外力作用下的空间运动轨迹问题. 从描述轨迹这一点出发, 我们可以只选坐标位置 (x_k, y_k, z_k) 作为状态变量, 但这样不满足无后效性, 因为即使知道了外力的大小和方向, 仍无法确定物体受力后的运动方向和轨迹, 只有把位置 (x_k, y_k, z_k) 和速度 $(\dot{x}_k, \dot{y}_k, \dot{z}_k)$ 都作为状态变量, 才能确定物体运动的下一步方向和轨迹, 达到无后效性的要求. 因此, 合理定义状态变量是成功使用动态规划方法的关键.

3. 决策

决策是指当优化过程处于某一阶段的某个状态时, 决策者能够做出的不同选择. 能够描述这种决策的变量, 称为决策变量, 它可用一个数、一组数或一个向量来描述. 人们习惯上用 $u_k(s_k)$ 表示第 k 阶段处于 s_k 状态时的决策变量, 它是状态变量的函数. 在实际问题中, 决策变量的取值往往会被限制在某一范围内, 该范围称为**允许决策集合**. 一般用 $D_k(s_k)$ 表示第 k 阶段从状态 s_k 出发的允许决策集合, 此时 $u_k(s_k) \in D_k(s_k)$. 在例 7-1 中, 若第二阶段从状态 B_1 出发, 则可以做出三种不同的决策, 允许决策集合为 $D_2(B_1) = \{C_1, C_2, C_3\}$. 若选取点 C_2, 则 C_2 是状态 B_1 在决策 $u_2(B_1)$ 作用下的一个新状态, 记作 $u_2(B_1) = C_2$.

4. 策略

策略是指按照一定顺序排列的决策所构成的集合. 从第 k 阶段开始到终止状态的过程称为后部子过程 (或 k 子过程), 此时每个阶段的决策按顺序排列组成的决策函数序列 $\{u_k(s_k), u_{k+1}(s_{k+1}), \cdots, u_n(s_n)\}$ 称为 k 子过程策略, 简称**子策略**, 记为 $p_{k,n}(s_k)$, 即

$$p_{k,n}(s_k) = \{u_k(s_k), u_{k+1}(s_{k+1}), \cdots, u_n(s_n)\}.$$

当 $k = 1$ 时, 此决策函数序列称为全过程的一个策略, 简称**策略**, 记为 $p_{1,n}(s_1)$, 即

$$p_{1,n}(s_1) = \{u_1(s_1), u_2(s_2), \cdots, u_n(s_n)\}.$$

在实际问题中, 可供选择的策略会限制在一定的范围内, 此范围称为**允许策略集合**, 用 P 表示. **最优策略**是指从允许策略集合中找出的能够达到全局最优的策略.

5. 状态转移方程

状态转移方程是指优化过程从一个状态到另一个状态的演变形式. 假设给定第 k 阶段的状态变量 s_k, 当该阶段的决策变量 u_k 确定后, 第 $k+1$ 阶段的状态变量 s_{k+1} 也随之确定, 这种确定的对应关系就是动态规划的状态转移方程, 记为

$$s_{k+1} = T_k(s_k, u_k).$$

该式描述了由第 k 阶段到第 $k+1$ 阶段的状态转移规律, 其中 T_k 称为状态转移函数. 在例 7-1 中, 状态转移方程可表示为 $s_{k+1} = u_k(s_k)$.

6. 指标函数和最优值函数

指标函数是用来衡量过程优劣的一种数量指标, 是定义在全过程和后部子过程上的函数, 常用 $V_{k,n}$ 表示, 即

$$V_{k,n} = V_{k,n}(s_k, u_k, s_{k+1}, \cdots, s_{n+1}), \quad k = 1, 2, \cdots, n.$$

动态规划中的指标函数应具有可分离性, 并满足递推关系, 即 $V_{k,n}$ 可以表示为 $s_k, u_k, V_{k+1,n}$ 的函数, 记为

$$V_{k,n}(s_k, u_k, s_{k+1}, \cdots, s_{n+1}) = \varphi_k\left(s_k, u_k, V_{k+1,n}(s_{k+1}, u_{k+1}, \cdots, s_{n+1})\right).$$

我们列出常见的指标函数形式如下.

(1) 全过程或后部子过程指标是它所包含的各阶段指标的求和, 即

$$V_{k,n}(s_k, u_k, \cdots, s_{n+1}) = \sum_{j=k}^{n} v_j(s_j, u_j).$$

上式也可写成

$$V_{k,n}(s_k, u_k, \cdots, s_{n+1}) = v_k(s_k, u_k) + V_{k+1,n}(s_{k+1}, u_{k+1}, \cdots, s_{n+1}),$$

其中, $v_j(s_j, u_j)$ 为第 j 阶段的阶段指标.

(2) 全过程或后部子过程指标是它所包含的各阶段指标的乘积, 即

$$V_{k,n}(s_k, u_k, \cdots, s_{n+1}) = \prod_{j=k}^{n} v_j(s_j, u_j).$$

上式也可写成

$$V_{k,n}(s_k, u_k, \cdots, s_{n+1}) = v_k(s_k, u_k) \cdot V_{k+1,n}(s_{k+1}, u_{k+1}, \cdots, s_{n+1}).$$

指标函数的最优值称为**最优值函数**, 记为 $f_k(s_k)$, 它表示从第 k 阶段的状态 s_k 开始到第 n 阶段的终止状态的决策过程, 在采取了最优策略后得到的指标函数值, 即

$$f_k(s_k) = \operatorname*{opt}_{\{u_k, \cdots, u_n\}} V_{k,n}(s_k, u_k, \cdots, s_{n+1}),$$

其中 "opt" 是最优化 (optimization) 的缩写, 可根据题意更换为 min 或 max.

在最短路问题中, 指标函数 $V_{k,n}$ 表示在第 k 阶段从 s_k 到终点 E 的行驶距离. 我们用 $d_k(s_k, u_k) = v_k(s_k, u_k)$ 表示在第 k 阶段从 s_k 到 $s_{k+1} = u_k(s_k)$ 的距离, 如 $d_3(C_1, D_1) = 10$, 就表示在第 3 阶段中由 C_1 到 D_1 的行驶距离为 10; 用 $f_k(s_k)$ 表示从第 k 阶段的 s_k 到终点 E 的最短距离, 如 $f_3(C_1)$ 就表示从第 3 阶段的 C_1 到终点 E 的最短距离.

7.2.2   基本方程

下面仍以最短路问题为例来介绍动态规划方法的基本思想. 不难发现, 最短路问题中存在着一个共同的特点, 即如果 $A \to M \to N \to E$ 是起点 A 到终点 E 的一条最短路径, 那么 $M \to N \to E$ 必然也是从点 M 到终点 E 的最短路径. 如果不是这样, 则从点 M 到 E 必然存在另一条距离更短的路径 $M \to N' \to E$, 把它和 $A \to M$ 连接起来, 就可以得到一条由 A 到 E 的新路径 $A \to M \to N' \to E$, 它比原路径的行驶距离更短, 这与假设矛盾.

根据最短路问题的这一特点, 可以从最后一段开始, 采用由后向前逐步递推的方式, 求出各点到 E 点的最短路径, 直至最后求得由 A 到 E 的最短路径为止. 所以, 动态规划是从终点逐段向始点方向寻找最短路线的一种方法, 如图 7-2 所示.

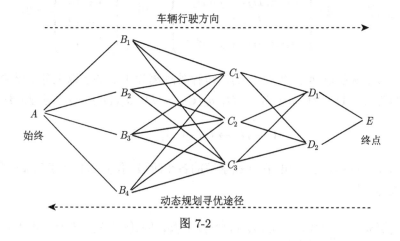

图 7-2

下面采用动态规划方法求解例 7-1 中的最短路问题, 首先从最后一个阶段开始计算, 然后从后向前逐步推移至 A 点.

当 $k = 4$ 时, 由状态 D_1 到 E 只有一条路线, 故 $f_4(D_1) = 9$; 同理可得, $f_4(D_2) = 8$.

当 $k = 3$ 时, 可达状态集合包括 C_1, C_2, C_3 三个点. 若从 C_1 出发, 则有两个选择: 到达 D_1 或到达 D_2, 此时

$$f_3(C_1) = \min \left\{ \begin{array}{l} d_3(C_1, D_1) + f_4(D_1) \\ d_3(C_1, D_2) + f_4(D_2) \end{array} \right\} = \min \left\{ \begin{array}{l} 10 + 9 \\ 6 + 8 \end{array} \right\} = 14,$$

相应的决策为 $u_3(C_1) = D_2$. 这说明, 由 C_1 到终点 E 的最短路径距离是 14, 相应的最短路径是 $C_1 \to D_2 \to E$. 同理, 从状态 C_2 出发, 可得

$$f_3(C_2) = \min \left\{ \begin{array}{l} d_3(C_2, D_1) + f_4(D_1) \\ d_3(C_2, D_2) + f_4(D_2) \end{array} \right\} = \min \left\{ \begin{array}{l} 8 + 9 \\ 5 + 8 \end{array} \right\} = 13,$$

相应的决策为 $u_3(C_2) = D_2$; 从状态 C_3 出发, 可得

$$f_3(C_3) = \min \left\{ \begin{array}{l} d_3(C_3, D_1) + f_4(D_1) \\ d_3(C_3, D_2) + f_4(D_2) \end{array} \right\} = \min \left\{ \begin{array}{l} 1 + 9 \\ 7 + 8 \end{array} \right\} = 10,$$

相应的决策为 $u_3(C_3) = D_1$.

当 $k = 2$ 时, 按照上述方法可得

$$f_2(B_1) = 15, \ u_2(B_1) = C_2; \quad f_2(B_2) = 14, \ u_2(B_2) = C_3;$$
$$f_2(B_3) = 13, \ u_2(B_3) = C_3; \quad f_2(B_4) = 11, \ u_2(B_4) = C_3.$$

当 $k=1$ 时, 出发点只有一个 A 点, 则

$$f_1(A) = \min \left\{ \begin{array}{l} d_1(A,B_1) + f_2(B_1) \\ d_1(A,B_2) + f_2(B_2) \\ d_1(A,B_3) + f_2(B_3) \\ d_1(A,B_4) + f_2(B_4) \end{array} \right\} = \min \left\{ \begin{array}{l} 5+15 \\ 4+14 \\ 3+13 \\ 2+11 \end{array} \right\} = 13.$$

此时 $u_1(A) = B_4$, 从起点 A 到终点 E 的最短行驶距离为 13. 基于以上分析结果, 求得该问题的最优策略为 $u_1(A) = B_4, u_2(B_4) = C_3, u_3(C_3) = D_1, u_4(D_1) = E$, 对应的最短路线为

$$A \to B_4 \to C_3 \to D_1 \to E.$$

从上面的计算过程可以看出, 在问题求解的各个阶段, 我们都利用了第 k 阶段与第 $k+1$ 阶段的递推关系, 即

$$\left\{ \begin{array}{l} f_k(s_k) = \min\limits_{u_k \in D_k(s_k)} \{d_k(s_k, u_k(s_k)) + f_{k+1}(u_k(s_k))\}, \quad k = 4,3,2,1. \\ f_5(s_5) = 0. \end{array} \right.$$

一般情况, 第 k 阶段与第 $k+1$ 阶段的递推关系式可写为

$$f_k(s_k) = \mathop{\mathrm{opt}}\limits_{u_k \in D_k(s_k)} \{v_k(s_k, u_k(s_k)) + f_{k+1}(u_k(s_k))\}, \quad k = n, n-1, \cdots, 1, \qquad (7\text{-}1)$$

其中边界条件为 $f_{n+1}(s_{n+1}) = 0$. 我们称递推关系式 (7-1) 为 **动态规划基本方程**.

现在把动态规划方法的基本思想归纳如下: 将优化问题的整个过程分成几个相互联系的阶段, 恰当地选取状态变量与决策变量, 并定义最优值函数, 把一个多阶段决策优化问题转换成一组同类型的单阶段决策优化问题, 然后逐个求解. 在求解时, 先从已知的边界条件开始, 逐阶段递推寻优, 在求解每一个单阶段问题的时候, 都需要充分利用之前阶段的最优化结果, 以此类推.

我们通过例 7-1 来总结动态规划方法相比于穷举法的优点.

(1) 计算消耗大幅减少. 若用穷举法, 求解例 7-1 要对 $4 \times 3 \times 2 \times 1 = 24$ 条路线进行对比, 计算机要进行 23 次比较运算, 同时在计算各条路线的行驶距离时, 使用逐段累加的方法要进行 60 次加法运算 (注: A 至 B 阶段共 4 条可选线路, 不需要加法运算; B 至 C 阶段共 $4 \times 3 = 12$ 条可选线路, 需要 12 次加法运算; C 至 D 阶段共 $12 \times 2 = 24$ 条可选线路, 需要 24 次加法运算; D 至 E 阶段共 $24 \times 1 = 24$ 条可选线路, 需要 24 次加法运算. 因此一共需要 $12 + 24 + 24 = 60$ 次加法运算). 若用动态规划方法计算, 则仅需要 3+8+3=14 次比较运算以及 22 次加法运算. 可见, 动态规划方法相比于穷举法大幅度降低了计算机的计算消耗, 且随着阶段数量的增加, 计算消耗的降低将十分明显.

(2) 计算结果更加丰富. 动态规划方法得到的不仅是由 A 到 E 的最短路径及相应的最短距离, 而且得到了从所有中间节点出发到 E 的最短路径及相应的最短距离. 也就是说, 动态规划方法求出的不是一个最优策略, 而是一组最优策略集合. 这对许多实际问题来讲

是十分有用的, 决策者可以根据这组丰富的计算结果综合分析问题并灵活应对外部环境的变化.

在学习了动态规划的基本概念和基本思想之后, 这里需要指出, 当用动态规划方法求解某个实际问题时, 必须做到下面五点要求:

(1) 将全局优化过程恰当地划分成若干个相互关联的阶段;

(2) 正确选择状态变量 s_k, 既能描述过程演变, 又能满足无后效性要求;

(3) 确定决策变量 u_k 及每个阶段的允许决策集合 $D_k(s_k)$;

(4) 正确写出状态转移方程;

(5) 正确写出指标函数 $V_{k,n}$ 的关系, 且满足下面三个性质,

① 指标函数是定义在全过程和所有后部子过程上的数量函数;

② 指标函数要有可分离性且满足递推关系, 即

$$V_{k,n}(s_k, u_k, \cdots, s_{n+1}) = \varphi_k(s_k, u_k, V_{k+1,n}(s_{k+1}, u_{k+1}, \cdots, s_{n+1})).$$

③ 函数 $\varphi_k(s_k, u_k, V_{k+1,n})$ 对于 $V_{k+1,n}$ 要严格单调.

7.3 动态规划解法

动态规划的求解方法分为 "逆推法" 和 "顺推法" 两种, 下面我们逐一讲解.

7.3.1 逆推法

不妨假设动态规划中指标函数是各阶段指标的乘积形式, 即

$$V_{k,n} = \sum_{j=k}^{n} v_j(s_j, u_j) = v_k(s_k, u_k) \times V_{k+1,n}(s_{k+1}, u_{k+1}, \cdots, s_{n+1}),$$

其中, $v_j(s_j, u_j)$ 表示第 j 阶段的指标. 指标函数就是初始状态和策略的函数, 可记为 $V_{k,n}(s_k, p_{k,n}(s_k))$, 故上述递推关系又可写成

$$V_{k,n}(s_k, p_{k,n}(s_k)) = v_k(s_k, u_k(s_k)) \times V_{k+1,n}(s_{k+1}, p_{k+1,n}(s_{k+1})).$$

如果用 $p_{k,n}^*(s_k)$ 表示初始状态为 s_k 的最优子策略, 则最优值函数可表示为

$$f_k(s_k) = V_{k,n}(s_k, p_{k,n}^*(s_k)) = \underset{p_{k,n}}{\mathrm{opt}} \{V_{k,n}(s_k, p_{k,n}(s_k))\}.$$

由于

$$\underset{p_{k,n}}{\mathrm{opt}} \{V_{k,n}(s_k, p_{k,n}(s_k))\} = \underset{\{u_k, p_{k+1,n}\}}{\mathrm{opt}} \{v_k(s_k, u_k(s_k)) \times V_{k+1,n}(s_{k+1}, p_{k+1,n}(s_{k+1}))\}$$

$$= \underset{u_k}{\mathrm{opt}} \{v_k(s_k, u_k(s_k)) \times \underset{p_{k+1,n}}{\mathrm{opt}} \{V_{k+1,n}(s_{k+1}, p_{k+1,n}(s_{k+1}))\}\},$$

· 136 ·

第 7 章 动态规划

并且
$$f_{k+1}(s_{k+1}) = \operatorname*{opt}_{p_{k+1,n}} \{V_{k+1,n}(s_{k+1}, p_{k+1,n}(s_{k+1}))\},$$

所以
$$f_k(s_k) = \operatorname*{opt}_{u_k} \{(v_k(s_k, u_k) \times f_{k+1}(s_{k+1}))\}, \quad k = n, n-1, \cdots, 1.$$

此时边界条件为 $f_{n+1}(s_{n+1}) = 0$, 且递推方程为 $s_{k+1} = T_k(s_k, u_k)$. 根据边界条件, 逆推法的求解过程从 $k = n$ 开始由后向前逆推, 逐步求得各阶段的最优决策和相应的最优值, 当求到 $f_1(s_1)$ 时, 就得到了整个问题的全局最优决策和最优值.

例 7-4 设 $c > 0$, 用逆推法求解下面问题
$$\begin{cases} \max & z = x_1 x_2^2 x_3, \\ \text{s.t.} & x_1 + x_2 + x_3 = c, \\ & x_i \geqslant 0, \quad i = 1, 2, 3. \end{cases}$$

解 将该问题转化成一个三阶段决策问题, 分别用来确定决策变量 x_1, x_2, x_3 的取值. 设状态变量 s_k 表示第 k 阶段决策变量 x_k 所能取得的最大值, 则 $s_3 = s_2 - x_2, s_2 = s_1 - x_1, s_1 = c$. 定义 $f_3(s_3) = x_3, f_2(s_2) = x_2^2 x_3, f_1(s_1) = x_1 x_2^2 x_3$. 基于逆推法, 从后向前依次确定各阶段的最优策略与最优值函数.

第三阶段: 最优值函数为
$$f_3(s_3) = \max_{x_3 \leqslant s_3} \{x_3\} = s_3,$$

最优策略为 $x_3^* = s_3$.

第二阶段: 最优值函数为
$$f_2(s_2) = \max_{0 \leqslant x_2 \leqslant s_2} \{x_2^2 \times f_3(s_3)\} = \max_{0 \leqslant x_2 \leqslant s_2} \{x_2^2(s_2 - x_2)\} = \frac{4}{27} s_2^3,$$

最优策略为 $x_2^* = \frac{2}{3} s_2$.

第一阶段: 最优值函数为
$$f_1(s_1) = \max_{0 \leqslant x_1 \leqslant s_1} \{x_1 \times f_2(s_2)\} = \max_{0 \leqslant x_1 \leqslant s_1} \left\{x_1 \times \frac{4}{27}(s_1 - x_1)^3\right\} = \frac{1}{64} s_1^4,$$

最优策略为 $x_1^* = \frac{1}{4} s_1$.

因为 $s_1 = c$, 所以按上述计算的顺序反推后可得各阶段的最优决策为
$$x_1^* = \frac{1}{4}c, \quad x_2^* = \frac{1}{2}c, \quad x_3^* = \frac{1}{4}c,$$

最大值为 $f_1(c) = \frac{1}{64}c^4$. □

7.3.2 顺推法

使用顺推法时, 状态变量 s_k 表示第 $k-1$ 阶段末的状态或者第 k 阶段初的状态, 并假设终止状态 s_{n+1} 已知, 基于递推方程 $s_k = T_k(s_{k+1}, x_k)$ 从前向后顺推. 当 $k = 1$ 时, 有

$$f_1(s_2) = \max_{x_1 \in D_1(s_2)} \{v_1(s_2, x_1)\},$$

求出最优解 $x_1 = x_1(s_2)$ 和最优值 $f_1(s_2)$. 当 $k = 2$ 时, 有

$$f_2(s_3) = \max_{x_2 \in D_2(s_3)} \{v_2(s_3, x_2) \times f_1(s_2)\},$$

求出最优解 $x_2 = x_2(s_3)$ 和最优值 $f_2(s_3)$. 依次类推, 当 $k = n$ 时, 有

$$f_n(s_{n+1}) = \max_{x_n \in D_n(s_{n+1})} \{v_n(s_{n+1}, x_n) \times f_{n-1}(s_n)\},$$

求出最优解 $x_n = x_n(s_{n+1})$ 和最优值 $f_n(s_{n+1})$. 因为终止状态 s_{n+1} 已知, 故 $x_n = x_n(s_{n+1})$ 和 $f_n(s_{n+1})$ 是确定的, 再按上述计算过程的相反顺序推算回去, 就能够逐步确定每个阶段的最优决策.

例 7-5 用顺推法求解例 7-4.

解 将该问题转化成一个三阶段决策问题, 分别用来确定决策变量 x_1, x_2, x_3 的取值. 设状态变量 s_k 表示 $\sum_{i=1}^{k-1} x_i$ 的取值, 则 $s_1 = 0, s_2 = s_1 + x_1, s_3 = s_2 + x_2, s_4 = s_3 + x_3 = c$. 定义 $f_1(s_2) = x_1$, $f_2(s_3) = x_1 x_2^2$, $f_3(s_4) = x_1 x_2^2 x_3$. 基于顺推法从前向后依次确定各阶段的最优策略与最优值函数.

第一阶段: 最优值函数为

$$f_1(s_2) = \max_{x_1 = s_2} \{x_1\} = s_2,$$

最优决策为 $x_1^* = s_2$.

第二阶段: 最优值函数为

$$f_2(s_3) = \max_{0 \leqslant x_2 \leqslant s_3} \{x_2^2 \times f_1(s_2)\} = \max_{0 \leqslant x_2 \leqslant s_3} \{x_2^2(s_3 - x_2)\} = \frac{4}{27}s_3^3,$$

最优决策为 $x_2^* = \frac{2}{3}s_3$.

第三阶段: 最优值函数为

$$f_3(s_4) = \max_{0 \leqslant x_3 \leqslant s_4} \{x_3 \times f_2(s_3)\} = \max_{0 \leqslant x_3 \leqslant s_4} \left\{x_3 \times \frac{4}{27}(s_4 - x_3)^3\right\} = \frac{1}{64}s_4^4,$$

最优决策为 $x_3^* = \frac{1}{4}s_4$.

因为 $s_4 = c$, 所以按上述计算的顺序反推后可得每个阶段的最优决策

$$x_3^* = \frac{1}{4}c, \quad x_2^* = \frac{1}{2}c, \quad x_1^* = \frac{1}{4}c,$$

最大值为 $f_1(s_2) = \frac{1}{64}c^4.$ □

习　　题

7.1 计算如图 7-3 所示的从 A 到 E 的最短路线及其长度.
(a) 用逆推法; (b) 用标号法 (见第 8 章).

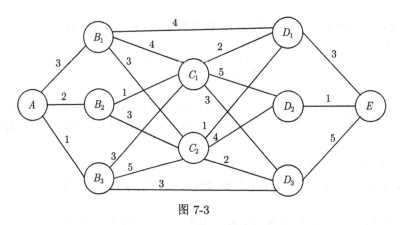

图 7-3

7.2 用动态规划法求解下列问题:

(a)
$$\begin{cases} \max & z = x_1^2 x_2 x_3^2, \\ \text{s.t.} & x_1 + x_2 + x_3 \leqslant 6, \\ & x_j \geqslant 0, j = 1, 2, 3; \end{cases}$$

(b)
$$\begin{cases} \max & z = 7x_1^2 + 6x_1 + 5x_2^2, \\ \text{s.t.} & x_1 + 2x_2 \leqslant 10, \\ & x_1 - 3x_2 \leqslant 9, \\ & x_1, x_2 \geqslant 0; \end{cases}$$

(c)
$$\begin{cases} \max & z = 8x_1^2 + 4x_2^2 + x_3^2, \\ \text{s.t.} & 2x_1 + x_2 + 10x_3 = b, \\ & x_j \geqslant 0, j = 1, 2, 3, \\ & b \text{ 为正数}; \end{cases}$$

(d)
$$\begin{cases} \max & z = 2x_1^2 + 2x_2 + 4x_3 - x_4^2, \\ \text{s.t.} & 2x_1 + x_2 + x_3 \leqslant 4, \\ & x_j \geqslant 0, j = 1, 2, 3. \end{cases}$$

7.3 已知某指派问题的有关数据 (每人完成各项工作的时间) 如表 7-1 所示, 试对此问题用动态规划方法求解. 要求:
(a) 列出动态规划的基本方程;
(b) 用逆推法求解.

表 7-1

人	工作			
	1	2	3	4
1	15	18	21	24
2	19	23	22	18
3	26	18	16	19
4	19	21	23	17

7.4 某工厂生产三种产品, 各产品的重量及利润如表 7-2 所示, 现将此三种产品运往市场出售, 运输的总重量不超过 6 吨, 问如何安排运输才能使总利润最大?

表 7-2

种类	产品		
	1	2	3
重量	2	3	4
利润	80	130	180

7.5 某公司打算在三个不同的地区设置 4 个销售点, 根据市场预测部门估计, 在不同的地区设置不同数量的销售点, 每月可得到的利润如表 7-3 所示. 试问在各个地区应如何设置销售点, 才能使每月获得的总利润最大? 其值是多少?

表 7-3

地区	销售点				
	0	1	2	3	4
1	0	16	25	30	32
2	0	12	17	21	22
3	0	10	14	16	17

7.6 某厂准备连续 3 个月生产 A 种产品, 每月初开始生产. A 的生产成本费为 x^2, 其中 x 是 A 产品当月的生产数量. 仓库存货成本费是每月每单位为 1 元. 估计 3 个月的需求量分别为 $d_1 = 100, d_2 = 110, d_3 = 120$, 现设开始时第一个月月初存货 $s_0 = 0$, 第三个月的月末存货 $s_3 = 0$. 试问: 每月的生产数量应是多少才使总的生产和存货费用为最小?

7.7 某商店在未来的 4 个月里, 准备利用商店里一个仓库来专门经销某种商品, 该仓库最多能储存这种商品 1000 单位. 假定商店每月只能卖出其仓库现有的货. 当商店决定在某个月购货时, 只有在该月的下个月开始才能得到该货. 据估计, 未来 4 个月这种商品买卖价格如表 7-4 所示. 假定商店在 1 月开始经销时, 仓库已储存商品 500 单位. 试问: 如何制订这 4 个月的订购和销售计划, 使获得利润最大? (不考虑仓库的存储费用)

表 7-4

月份 (k)	买价 (c_k)	卖家 (p_k)
1	10	12
2	9	9
3	11	13
4	15	17

7.8 某工厂有 100 台机器, 拟分 4 个周期使用, 在每一个周期内有两种生产任务. 基于经验, 如果把机器投入第一种生产任务, 在一个周期内将有六分之一的机器报废; 如果把机器投入第二种生产任务, 在一个周期内将有十分之一的机器报废. 投入第一种生产任务, 每台机器可收益 1 万元; 投入第二种生产任务, 每台机器可收益 0.5 万元. 问在 4 个周期内, 怎样分配机器的使用才能使总收益最大?

7.9 某厂设计一种电子设备, 由三种元件 D_1, D_2, D_3 串联组成. 已知这三种元件的价格和可靠性如表 7-5 所示. 当每种元件增加并联的备用件时, 可使系统可靠性提高, 要求在设计中所使用元件的费用不超过 105 元, 试问: 应如何设计才能使设备的可靠性达到最大? (不考虑重量的限制)

表 7-5

元件	单价/元	可靠性
D_1	30	0.9
D_2	15	0.8
D_3	20	0.5

7.10 某旅行团从 A 城出发, 中间经过三个城市, 而且经过每个城市仅一次, 最后返回 A 城, 城市间的距离如表 7-6 所示, 问按怎样的路线走, 才能使总的行程最短?

表 7-6

起点	终点			
	A	B	C	D
A	0	8	5	6
B	6	0	8	5
C	7	9	0	5
D	9	7	8	0

第 8 章　图与网络分析

18 世纪初, 普鲁士的哥尼斯堡有一条名叫 Pregel 的河流, 河上有七座桥连接着河的两岸以及河中的两座小岛, 如图 8-1. 当地人提出了著名的 "哥尼斯堡七桥问题", 即一个人怎样才能不重复、不遗漏地一次性走完河上的七座桥, 并且最后回到出发点. 当地居民对这个问题产生了极大的兴趣. 经分析发现, 如果每座桥走一次, 那么这七座桥的走法一共有 $7! = 5040$ (种). 这么多种情况如果逐一进行试验将产生巨大的工作量, 因此人们在很长一段时间内都没找到有效的解决办法.

1735 年, 有几名大学生给正在俄罗斯彼得堡科学院任职的数学家 L. Euler 写信, 请他来帮忙解决 "哥尼斯堡七桥问题". 经过实地考察, L. Euler 开始认真寻找七桥问题的解决办法, 但始终没能成功, 于是他怀疑这个问题可能无解. 经过一年的研究, L. Euler 向彼得堡科学院提交了《哥尼斯堡七桥》的论文, 圆满地解决了这个问题. 在论文中, L. Euler 将哥尼斯堡七桥问题抽象成由点和线构成的图, 把每一块陆地看作一个点, 每一座连接两块陆地的桥看作一条线. 这样七桥问题就转变成如图 8-2 所示的一笔画问题, 即能否从 A, B, C, D 中的任意一点开始, 不重复地一笔画出这个图形, 最后回到出发点. L. Euler 证明了这样的画法是不存在的, 简单地说是因为图 8-2 中的每一个点都只与奇数条线相连, 不可能将这个图不重复地一笔画成. 从此, L. Euler 对七桥问题的研究开创了一个新的数学分支——图论.

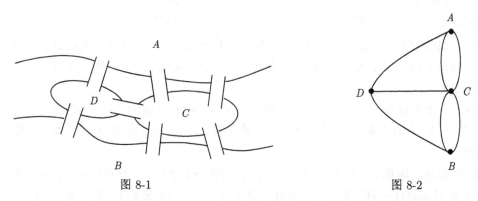

图 8-1　　　　　　　　　　　　图 8-2

1936 年, 匈牙利数学家 O. Konig 出版了图论领域的第一本专著《有限图与无限图的理论》, 与 L. Euler 在 1736 年发表的论文间隔长达 200 年之久, 这说明图论在诞生之后 200 年的发展一直十分缓慢. 但是, 20 世纪 50 年代后, 电子计算机技术飞速发展, 使得图论这种离散数学分析工具的效率得到大幅提升. 目前, 图论已成为运筹学中一个十分活跃的分支, 被广泛应用于管理科学、计算机科学、信息论、控制论等各个领域, 取得了丰硕的成果.

本章重点介绍图与网络的基础知识、最小支撑树问题、最短路问题、最大流问题、最小费用最大流问题及中国邮递员问题.

8.1　基 础 知 识

人们日常生产与活动中存在着大量可用图来描述的关系. 例如, 图 8-3 反映了某城市中五个公交场站之间的联系, 其中点表示公交场站, 点与点之间的连线表示公交场站之间是否开通了公交线路, 连线旁边的数字表示开通公交线路的条数; 图 8-4 反映了危险品运输车辆和危险品运输任务之间的联系, 其中左侧的点表示危险品运输车辆, 右侧的点表示危险品的运输任务, 连线表示危险品运输车辆所能承担的危险品运输任务.

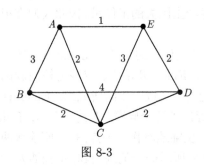

图 8-3

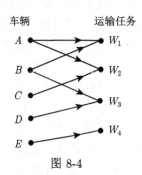

图 8-4

与平面几何中的图不同, 运筹学研究的图主要具有以下特征:

(1) 用点表示研究对象, 用边 (有方向或无方向) 表示对象之间的某种关系;

(2) 重点强调点与点之间的关系, 不关注图的大小与形状;

(3) 图中每条边有一个权重, 可以表示两点之间的距离、费用等各种实际含义;

(4) 构建图以后, 重点关注图上的极值问题, 如行驶距离最小等.

综上, 本章要讲的图主要是一种反映对象之间关系的分析工具, 通过对比人们日常活动中的实际问题与抽象出的网络图, 找到研究问题的规律、性质与解决方法, 然后再将方法应用到实际问题中去.

定义 8-1　由顶点集合 $V = \{v_i\}$ 和边集合 $E = \{(v_i, v_j)\}$ 构成的二元组称为图, 记为 $G = (V, E)$. 其中, V 中的元素 v_i 称为顶点, E 中的元素 $e = (v_i, v_j)$ 称为边, 顶点 v_i, v_j 称为边 e 的端点.

若 V 和 E 都是有限集合, 则称 G 为有限图, 否则称为无限图, 本章只讨论有限图. 图 G 中顶点的个数用 $m(G) = |V|$ 来表示, 边的条数用 $n(G) = |E|$ 来表示, 简记为 m 和 n. 设 $v_i, v_j \in V$, 若 $(v_i, v_j) \in E$, 则称顶点 v_i 和 v_j 相邻; 设 $e_k, e_l \in E$, 若它们共用一个端点 v, 则称边 e_k 和 e_l 相邻, 称 e_k 和 e_l 为点 v 的关联边. 如果图中边 (v_i, v_j) 的端点无序, 称这条边为无向边, 此时对应的图称为**无向图**, 如图 8-3 所示; 如果图中边 (v_i, v_j) 的端点有序, 称这条边为以 v_i 为始点、v_j 为终点的有向边 (弧), 此时对应的图称为**有向图**, 如图 8-4 所示.

在无向图 8-5 中, 我们有 $V = \{v_1, v_2, v_3, v_4, v_5\}$, $E = \{e_1, e_2, e_3, e_4, e_5, e_6\}$, 其中 $e_1 = (v_1, v_1)$, $e_2 = (v_1, v_2)$, $e_3 = (v_1, v_3)$, $e_4 = (v_2, v_3)$, $e_5 = (v_2, v_3)$, $e_6 = (v_3, v_4)$.

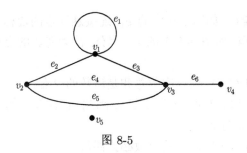

图 8-5

若一条边的两个端点相同, 称此边为**环**, 如图 8-5 中的 e_1; 若两个点之间存在多条边, 称为**多重边**, 如图 8-5 中的 e_4, e_5.

定义 8-2 不含环和多重边的图称为**简单图**, 含有多重边的图称为**多重图**.

需要指出的是, 若有向图中两点之间存在两条方向相反的边, 则不是多重边. 例如, 在图 8-6 中, (a), (b) 都是简单图, (c), (d) 都是多重图. 本章只讨论简单图.

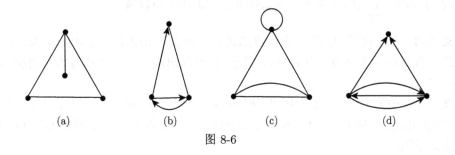

图 8-6

定义 8-3 每一对顶点间都有边相连的无向简单图称为**完全图**; 每一对顶点间有且仅有一条有向边相连的简单图称为**有向完全图**.

定义 8-4 设图 $G = (V, E)$ 中的点集 V 可以分为两个非空子集 X, Y, 满足 $X \cup Y = V$ 且 $X \cap Y = \varnothing$, 同时每条边的两个端点必有一个端点属于 X, 另一个端点属于 Y, 则称 G 为**偶图**, 记为 $G = (X, Y, E)$.

例如, 图 8-7 为偶图, 其中 $X = \{v_1, v_3, v_5\}$, $Y = \{v_2, v_4, v_6\}$.

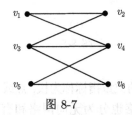

图 8-7

定义 8-5 在图 G 中, 以顶点 v 为端点的边的条数称为 v 的次, 记为 $d(v)$.

在图 8-5 中, 点 v_1 的次 $d(v_1) = 4$ (边 e_1 计算两次), 点 v_2 的次 $d(v_2) = 3$, 点 v_3 的次 $d(v_3) = 4$, 点 v_4 的次 $d(v_4) = 1$.

次为 1 的点称为**悬挂点**, 如图 8-5 中的 v_4; 连接悬挂点的边称为**悬挂边**, 如图 8-5 中的 e_6; 次为零的点称为**孤立点**, 如图 8-5 中的 v_5; 另外, 次为奇数的点称为**奇点**, 次为偶数的点称为**偶点**.

定理 8-1 在任何图 G 中, 顶点次数总和是边数的 2 倍.

证 由于图中的每条边必与两个顶点关联, 因此, 在计算点的次时, 每条边都被计算两次, 即顶点次数总和是边数的 2 倍. □

定理 8-2 在任何图 G 中, 奇点的个数必为偶数.

证 设 V_1 和 V_2 分别为图 G 中奇点与偶点的集合, 满足 $V = V_1 \cup V_2$. 由定理 8-1 可知

$$\sum_{w \in V_1} d(w) + \sum_{u \in V_2} d(u) = \sum_{v \in V} d(v) = 2n,$$

其中 n 为边数. 由于 $2n$ 是偶数, 且 $\sum_{u \in V_2} d(u)$ 也是偶数 (若干偶数的和), 所以 $\sum_{w \in V_1} d(w)$ 也必为偶数, 又因为 $\sum_{w \in V_1} d(w)$ 是若干奇数的和, 所以 $|V_1|$ 为偶数. □

定义 8-6 在有向图中, 以 v 为始点的边数称为点 v 的出次, 用 $d^+(v)$ 表示; 以 v 为终点的边数称为点 v 的入次, 用 $d^-(v)$ 表示; v 点的出次与入次之和为该点的次, $d(v) = d^+(v) + d^-(v)$.

定义 8-7 在图 $G = (V, E)$ 中, 若 E' 和 V' 分别是 E 和 V 的子集, 且 E' 中的边只与 V' 中的点相连, 则称 $G' = (V', E')$ 是 G 的一个子图; 若 $V' = V$, 则称 G' 为 G 的生成子图或支撑子图.

例如, 在图 8-8 中, (b) 与 (c) 都是 (a) 的子图, (c) 为 (a) 的生成子图.

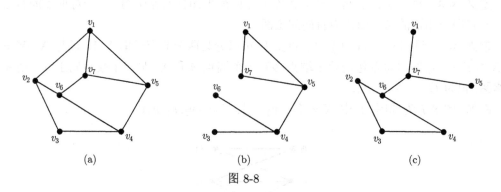

(a)   (b)   (c)

图 8-8

定义 8-8 图中与点或边有关的数量指标称为**权**, 点或边带有权的图称为**网络或赋权图**.

与无向图和有向图相对应, 网络也分为无向网络和有向网络, 例如, 图 8-9(a) 是无向网络, 可用来表示城市道路网络, 边上的权表示两点之间的距离; 图 8-9(b) 是有向网络, 可用来表示城市自来水管道铺设网络, 边上的权表示自来水管道的最大输送能力.

定义 8-9 在无向图 G 中, 若某些点与边的交替序列可以排列成 $\{v_{i_0}, e_{i_1}, v_{i_1}, e_{i_2}, \cdots, v_{i_{k-1}}, e_{i_k}, v_{i_k}\}$ 的形式, 其中 $e_{i_t} = (v_{i_{t-1}}, v_{i_t})$, $t = 1, 2, \cdots, k$, 则称这个点边序列为连接 v_{i_0}

与 v_{i_k} 的一条长度为 k 的**链**, 其中 $v_{i_2}, v_{i_3}, \cdots, v_{i_{k-1}}$ 为链的**中间点**; 若该点边序列中没有重复点, 称为**初等链**; 若链中所含的边均不相同, 称为**简单链**.

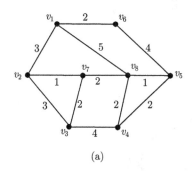 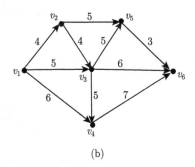

(a)   (b)

图 8-9

在图 8-10(a) 中, $S_1 = \{v_1, e_2, v_3, e_5, v_4, e_6, v_3, e_5, v_4, e_9, v_6\}$ 为一条连接 v_1 和 v_6 且长度为 5 的链; $S_2 = \{v_1, e_1, v_2, e_4, v_5, e_8, v_6\}$ 为一条连接 v_1 和 v_6 的初等链.

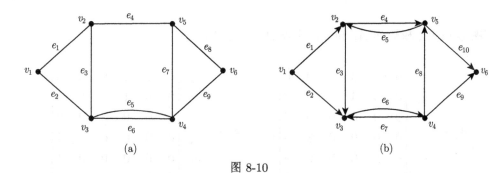

(a)   (b)

图 8-10

定义 8-10 在无向图 G 中, 如果一条链的两个端点是同一个点, 则称此链为**圈**; 若圈中的点 $v_{i_1}, v_{i_2}, \cdots, v_{i_{k-1}}$ 均不相同, 则称此圈为**初等圈**; 若圈中所含的边均不相同, 称为**简单圈**.

在图 8-10(a) 中, $S_3 = \{v_1, e_2, v_3, e_5, v_4, e_6, v_3, e_3, v_2, e_1, v_1\}$ 为一个圈.

另外, 在不考虑边的方向的情况下, 有向图中链和圈的定义与无向图一致, 而若链 (圈) 上边的方向相同, 则称为**道路 (回路)**. 在图 8-10(b) 中, $S_4 = \{v_1, e_1, v_2, e_3, v_3, e_6, v_4, e_9, v_6\}$ 为一条道路, $S_5 = \{v_2, e_3, v_3, e_6, v_4, e_8, v_5, e_5, v_2\}$ 为一条回路.

定义 8-11 如果一个图中任意两点间至少有一条链相连, 则称此图为**连通图**.

任何一个不连通的图都可以分为若干个连通子图, 每一个连通子图称为原图的一个**分图**.

定义 8-12 在图 $G = (V, E)$ 中, 记边 (v_i, v_j) 的权为 ω_{ij}, 构造矩阵 $A = (a_{ij})_{n \times n}$, 其中

$$a_{ij} = \begin{cases} \omega_{ij}, & (v_i, v_j) \in E, \\ 0, & \text{其他}, \end{cases}$$

则称矩阵 A 为图 G 的**权矩阵**.

定义 8-13 对于图 $G = (V, E)$, 构造一个矩阵 $A = (a_{ij})_{n \times n}$, 其中

$$a_{ij} = \begin{cases} 1, & (v_i, v_j) \in E, \\ 0, & \text{其他}, \end{cases}$$

则称矩阵 A 为图 G 的邻接矩阵.

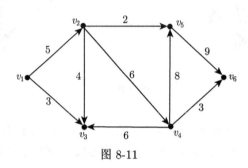

图 8-11

在图 8-11 中, 权矩阵 A_1 和邻接矩阵 A_2 分别如下

$$A_1 = \begin{matrix} v_1 \\ v_2 \\ v_3 \\ v_4 \\ v_5 \\ v_6 \end{matrix} \begin{bmatrix} 0 & 5 & 3 & 0 & 0 & 0 \\ 0 & 0 & 4 & 6 & 2 & 0 \\ 0 & 0 & 0 & 0 & 0 & 0 \\ 0 & 0 & 0 & 0 & 8 & 3 \\ 0 & 0 & 0 & 0 & 0 & 9 \\ 0 & 0 & 0 & 0 & 0 & 0 \end{bmatrix}, \qquad A_2 = \begin{matrix} v_1 \\ v_2 \\ v_3 \\ v_4 \\ v_5 \\ v_6 \end{matrix} \begin{bmatrix} 0 & 1 & 1 & 0 & 0 & 0 \\ 0 & 0 & 1 & 1 & 1 & 0 \\ 0 & 0 & 0 & 0 & 0 & 0 \\ 0 & 0 & 0 & 0 & 1 & 1 \\ 0 & 0 & 0 & 0 & 0 & 1 \\ 0 & 0 & 0 & 0 & 0 & 0 \end{bmatrix}.$$

$$\qquad\qquad v_1 \ v_2 \ v_3 \ v_4 \ v_5 \ v_6 \qquad\qquad\qquad\qquad v_1 \ v_2 \ v_3 \ v_4 \ v_5 \ v_6$$

需要指出的是, 当 G 为无向图时, 邻接矩阵为对称矩阵.

8.2 树

8.2.1 树的概念

一个无圈并且连通的无向图称为**树**. 图 8-13 是图 8-12 的一个子图, 其特征是任意两点之间都有唯一的一条链连通起来, 因此也是一棵树. 此外, 树的边数等于顶点数量减 1; 在树的任意两顶点之间添加一条边就形成圈; 在树中去掉任意一条边后, 该图将不再是连通图.

在一个连通图 G 中, 如果可以取一部分边来连接图 G 中的所有顶点, 并组成一棵树, 则称此树为图 G 的**支撑树**, 例如, 图 8-13 是图 8-12 的支撑树; 图 8-14 中的 3 个图都不是图 8-12 的支撑树, 原因是图 8-14(a) 中 $\{v_1, v_2, v_4, v_3, v_1\}$ 构成了一个圈, 图 8-14(b) 中 $\{v_1, v_3, v_4, v_2\}$ 与 $\{v_5, v_6\}$ 不连通, 图 8-14(c) 中并不包含顶点 v_1 和 v_2.

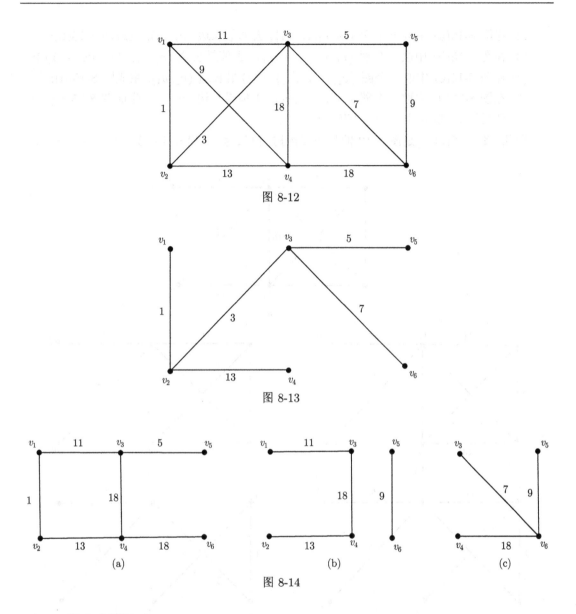

图 8-12

图 8-13

(a)　　　　　　　(b)　　　　　　　(c)

图 8-14

8.2.2 最小支撑树

考虑网络图 G 中边上的权, 图 G 的支撑树 T 中每条边的长度之和称为树长, 记为 $C(T)$; 图 G 的所有支撑树中长度最小的称为**最小支撑树**, 或最小树. 如果一个连通图 G 本身不是一棵树, 那么图 G 的支撑树可能并不唯一, 最小支撑树问题就是在图 G 的所有支撑树中寻找树长最短的支撑树. 最小支撑树问题可以直接用作图的方法求解, 分为破圈法和避圈法.

破圈法　找到图中的一个圈, 去掉该圈中最长的边, 反复进行此步骤, 直到图中无圈.

例 8-1　用破圈法求图 8-12 的最小树.

解　破圈法的步骤如下:

(1) 在图 8-12 中取一个圈 $\{v_3, v_5, v_6, v_3\}$, 去掉最长边 (v_5, v_6), 生成图 8-15(a);

(2) 在图 8-15(a) 中取一个圈 $\{v_3, v_4, v_6, v_3\}$, 去掉最长边 (v_4, v_6), 生成图 8-15(b);

(3) 在图 8-15(b) 中取一个圈 $\{v_1, v_2, v_4, v_3, v_1\}$, 去掉最长边 (v_3, v_4), 生成图 8-15(c);

(4) 在图 8-15(c) 中取一个圈 $\{v_1, v_2, v_4, v_1\}$, 去掉最长边 (v_2, v_4), 生成图 8-15(d);

(5) 在图 8-15(d) 中取一个圈 $\{v_1, v_2, v_3, v_1\}$, 去掉最长边 (v_1, v_3), 生成图 8-15(e);

(6) 此时图 8-15(e) 中已经没有圈, 计算停止.

因此, 图 8-15(e) 就是图 8-12 的最小支撑树, 树长为 $C(T) = 1 + 3 + 9 + 5 + 7 = 25$.

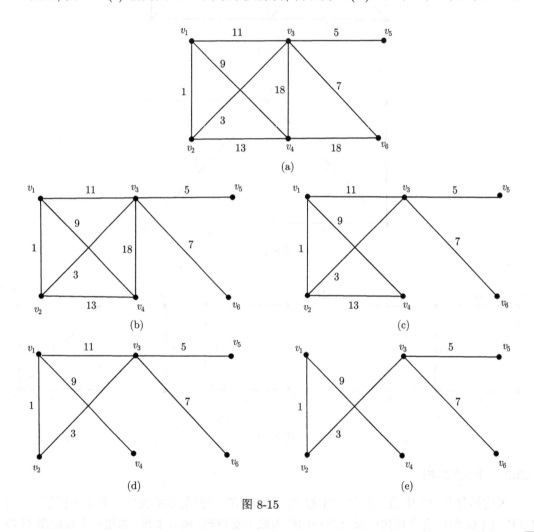

图 8-15

需要指出的是, 在使用破圈法时, 若一个圈中有多个长度相同的最长边, 任意选择其中一条去掉即可; 另外, 一个图的最小支撑树有可能不唯一, 但最小支撑树的长度必然相同.

避圈法 取图中所有顶点 $V = \{v_1, v_2, \cdots, v_n\}$, 按照边的长度从小到大逐步添加, 在添加过程中避免形成圈, 直到所有的顶点 V 连通, 此时有 $n - 1$ 条边.

例 8-2 用避圈法求图 8-12 的最小树.

解 去掉图 8-12 中所有的边得到图 8-16(a). 首先添加图 8-12 中最短边 (v_1, v_2), 得到

图 8-16(b); 再添加次短边 (v_2, v_3), 得到图 8-16(c), 反复进行下去, 如图 8-16, 直到所有顶点都连通起来, 此时得到最小树, 如图 8-16(f), 长度为 25.

需要指出的是, 在进行至图 8-16(e) 时, 下一步需要添加的边中, (v_5, v_6) 和 (v_1, v_4) 的长度均为 9, 但是若添加边 (v_5, v_6) 将会形成一个圈 $\{v_3, v_5, v_6, v_3\}$, 因此需要避开, 选择另外一条最短边 (v_1, v_4).

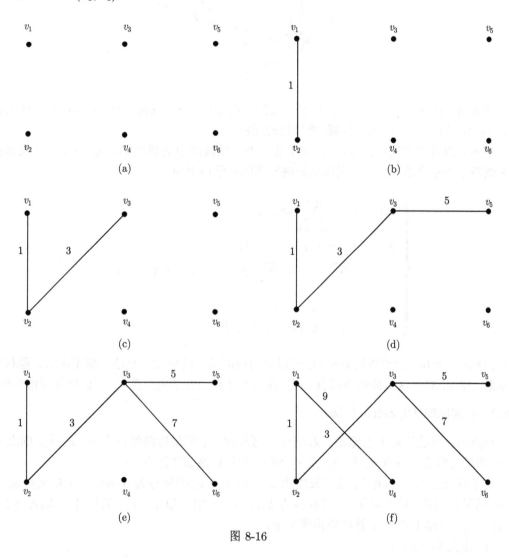

图 8-16

8.3 最短路问题

8.3.1 网络模型

设 $G = (V, E)$ 是连通的有向图, 边 (v_i, v_j) 上的权为 ω_{ij}, v_s 和 v_e 为图 G 中的任意两点, 从点 v_s 出发到点 v_e 终止的所有道路中边权的总和最小的道路称为从 v_s 到 v_e 的**最短路**.

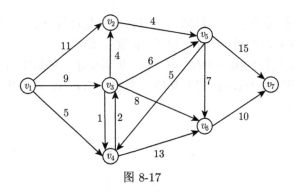

图 8-17

例 8-3 图 8-17 中的权 ω_{ij} 表示 v_i 到 v_j 的旅行距离, 现需要从 v_1 运送一批救灾物资至 v_7, 试寻找从 v_1 到 v_7 运输距离最短的线路.

按如下方式定义决策变量: $x_{ij} = 1$ 表示在运输线路中选择边 (v_i, v_j); $x_{ij} = 0$ 表示在运输线路中不选择边 (v_i, v_j), 则该最短路问题的数学模型为

$$
\begin{cases}
\min \quad Z = \sum_{(i,j) \in E} \omega_{ij} x_{ij}, \\
\text{s.t.} \quad x_{12} + x_{13} + x_{14} = 1, \\
\quad\quad \sum_{(k,i) \in E} x_{ki} - \sum_{(i,j) \in E} x_{ij} = 0, \ i = 2, 3, \cdots, 6, \\
\quad\quad x_{57} + x_{67} = 1, \\
\quad\quad x_{ij} \in \{0, 1\}, \ (i, j) \in E.
\end{cases}
$$

显然, 这是一个 0-1 型整数规划模型, 可以采用前面学过的分支定界法、割平面法、隐枚举法求解. 然而, 对于这类最短路问题来说, 在图上计算的方法更为简单, 下面展开详细介绍.

8.3.2 有向图的 Dijkstra 算法

Dijkstra 算法的基本思想是: 若起点 v_s 到终点 v_t 的最短路经过点 v_1, v_2, v_3, 则点 v_1 到 v_t 的最短路必经过点 v_2 和 v_3; 点 v_2 到 v_t 的最短路必经过点 v_3.

对于任意边 $(v_i, v_j) \in E$, 设其长度为 ω_{ij}. 定义点 v_i 的标号为 $b(v_i)$, 表示从起点 v_s 到点 v_i 的最短距离, 其中起点 v_s 的标号为 $b(v_s) = 0$; 定义边 (v_i, v_j) 的标号为 $k(v_i, v_j) = b(v_i) + \omega_{ij}$; 总结 Dijkstra 算法的步骤如下:

(1) 定义 $b(v_s) = 0$;

(2) 找出所有起点 v_i 已标号而终点 v_j 未标号的边所构成的集合, 记作 $B = \{(v_i, v_j) | v_i$ 已标号, v_j 未标号$\}$, 若 B 为空集, 说明终点 v_t 已标号, 算法结束;

(3) 计算集合 B 中各边的标号, 公式为 $k(v_i, v_j) = b(v_i) + \omega_{ij}$;

(4) 令 $k(v_f, v_g) = \min\{k(v_i, v_j) | (v_i, v_j) \in B\}$, 记点 v_g 的标号为 $b(v_g) = k(v_f, v_g)$, 返回步骤 (1).

在该算法中, 完成步骤 (2)~(4) 为一轮计算, 每一轮计算至少增加一个标号点, 采用 Dijkstra 算法最多计算 n (图中顶点的数量) 轮就可得到最短路.

例 8-4 使用 Dijkstra 算法求图 8-17 中 v_1 到 v_7 的最短路及最短路长.

解 首先, 给起点 v_1 标号, $b(v_1) = 0$.

第一轮, 起点已标号而终点未标号的边的集合为 $B = \{(v_1, v_2), (v_1, v_3), (v_1, v_4)\}$, 计算 $k(v_1, v_2) = b(v_1) + \omega_{12} = 0 + 11 = 11$, $k(v_1, v_3) = 0 + 9 = 9$, $k(v_1, v_4) = 0 + 5 = 5$, 并将标号用圆括号形式填在边上, 由于

$$\min\{k(v_1, v_2), k(v_1, v_3), k(v_1, v_4)\} = \min\{11, 9, 5\} = 5,$$

可知 $k(v_1, v_4) = 5$ 最小, 故在边 (v_1, v_4) 的终点 v_4 处标号 $\boxed{5}$, 见图 8-18(a).

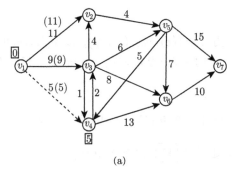 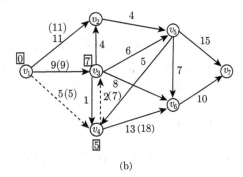

      (a)   (b)

图 8-18

第二轮, 起点已标号而终点未标号的边的集合为 $B = \{(v_1, v_2), (v_1, v_3), (v_4, v_3), (v_4, v_6)\}$, 其中 $k(v_1, v_2)$ 和 $k(v_1, v_3)$ 已在第一轮中算过, 而 $k(v_4, v_3) = 5 + 2 = 7$, $k(v_4, v_6) = 5 + 13 = 18$, 然后对边 (v_4, v_3) 和 (v_4, v_6) 进行标号, 由于

$$\min\{k(v_1, v_2), k(v_1, v_3), k(v_4, v_3), k(v_4, v_6)\} = \min\{11, 9, 7, 18\} = 7,$$

可知 $k(v_4, v_3) = 7$ 最小, 在边 (v_4, v_3) 的终点 v_3 处标号 $\boxed{7}$, 见图 8-18(b).

第三轮, 起点已标号而终点未标号的边的集合为 $B = \{(v_1, v_2), (v_4, v_6), (v_3, v_2), (v_3, v_5), (v_3, v_6)\}$, 其中 $k(v_1, v_2)$ 和 $k(v_4, v_6)$ 已计算, 而 $k(v_3, v_2) = 7 + 4 = 11$, $k(v_3, v_5) = 7 + 6 = 13$, $k(v_3, v_6) = 7 + 8 = 15$, 然后分别对边 $(v_3, v_2), (v_3, v_5)$ 和 (v_3, v_6) 进行标号, 由于

$$\min\{k(v_1, v_2), k(v_4, v_6), k(v_3, v_2), k(v_3, v_5), k(v_3, v_6)\} = \min\{11, 18, 11, 13, 15\} = 11,$$

可知 $k(v_1, v_2) = k(v_3, v_2) = 11$ 最小, 在边 (v_1, v_2) 的终点 v_2 处标号 $\boxed{11}$, 见图 8-19(a).

第四轮, 起点已标号而终点未标号的边的集合为 $B = \{(v_2, v_5), (v_3, v_5), (v_3, v_6), (v_4, v_6)\}$, 其中 $k(v_3, v_5), k(v_3, v_6)$ 和 $k(v_4, v_6)$ 已计算过, 而 $k(v_2, v_5) = 11 + 4 = 15$, 然后对 (v_2, v_5) 标号, 由于

$$\min\{k(v_4, v_6), k(v_3, v_5), k(v_3, v_6), k(v_2, v_5)\} = \min\{18, 13, 15, 15\} = 13,$$

可知 $k(v_3, v_5) = 13$ 最小, 在边 (v_3, v_5) 的终点 v_5 处标号 $\boxed{13}$, 见图 8-19(b).

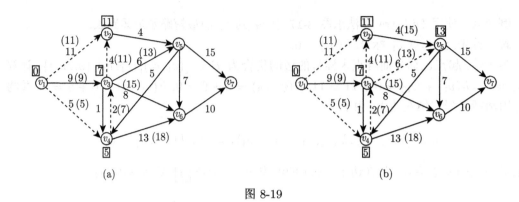

图 8-19

第五轮, 起点已标号而终点未标号的边的集合为 $B = \{(v_3, v_6), (v_4, v_6), (v_5, v_6), (v_5, v_7)\}$, 其中 $k(v_3, v_6)$ 和 $k(v_4, v_6)$ 已计算过, 而 $k(v_5, v_6) = 13 + 7 = 20$, $k(v_5, v_7) = 13 + 15 = 28$, 对边 (v_5, v_6) 和 (v_5, v_7) 标号, 由于

$$\min \{k(v_4, v_6), k(v_3, v_6), k(v_5, v_6), k(v_5, v_7)\} = \min \{18, 15, 20, 28\} = 15,$$

可知 $k(v_3, v_6) = 15$ 最小, 在边 (v_3, v_6) 的终点 v_6 处标号 $\boxed{15}$, 见图 8-20(a).

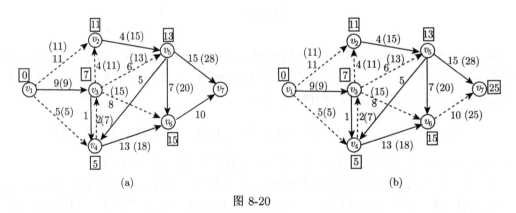

图 8-20

第六轮, 起点已标号而终点未标号的边的集合为 $B = \{(v_5, v_7), (v_6, v_7)\}$, 其中 $k(v_5, v_7)$ 已计算过, 而 $k(v_6, v_7) = 15 + 10 = 25$, 对边 (v_6, v_7) 标号, 由于

$$\min \{k(v_5, v_7), k(v_6, v_7)\} = \min \{28, 25\} = 25,$$

可知 $k(v_6, v_7) = 25$ 最小, 在边 (v_6, v_7) 的终点 v_7 处标号 $\boxed{25}$, 见图 8-20(b).

至此, 终点 v_7 已标号, 说明已得到 v_1 到 v_7 的最短路, 算法结束. 然后, 从终点 v_7 沿着虚线的箭头逆向追踪, 得到点 v_1 到 v_7 的最短路为 $v_1 \to v_4 \to v_3 \to v_6 \to v_7$, 最短路长为 25. □

Dijkstra 算法的条件是边长 (权) 非负, 用于求解两顶点之间的最短路, 无法解决求 "最长路" 的问题, 从上述计算过程可以看出:

(1) Dijkstra 算法可以求出某点 v_i 到任意一点 v_j 的最短路, 只要将 v_j 看作路线的终点, 并使 v_j 得到标号即可; 如果 v_j 不能得到标号, 说明在图中 v_i 与 v_j 不连通; 图 8-20(b) 的每个顶点都得到了标号, 说明 v_1 到其他各顶点的最短路都已找到, 例如 v_1 到 v_6 的最短路是 $v_1 \rightarrow v_4 \rightarrow v_3 \rightarrow v_6$, 最短路长为 $L_{16} = 15$;

(2) 两个顶点间的最短路线可能并不唯一, 但最短路的长度必相等.

8.3.3 无向图的 Dijkstra 算法

在图 G 中, 如果 v_i 与 v_j 之间存在一条无方向的边相关联, 说明 v_i 与 v_j 两点之间可以互达; 当 v_i 与 v_j 之间至少有两条边相连时, 可以保留其中长度最短的一条, 然后将其他的边去掉. 无向图的最短路问题, 也可以用 Dijkstra 算法求解, 其标号方法与有向图的方法类似, 先在路线的起点标号为 $\boxed{0}$, 然后将标号法的第一步修改为: 找出所有一端为 v_i 已标号而另一端 v_j 未标号的边, 其集合记作 $B = \{(v_i, v_j) | v_i \text{ 已标号}; v_j \text{ 未标号}\}$, 若这样的边不存在或终点 v_t 已标号, 则算法结束; 其余的算法步骤保持不变.

例 8-5 用 Dijkstra 算法求图 8-21 所示的图中点 v_1 到其他各点的最短路.

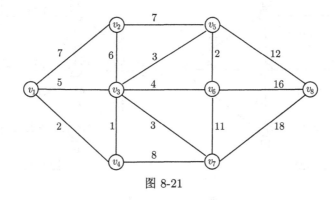

图 8-21

解 首先, 给起点 v_1 标号 $\boxed{0}$, $b(v_1) = 0$.

第一轮, 一端已标号另一端未标号的边集合 $B = \{(v_1, v_2), (v_1, v_3), (v_1, v_4)\}$, 计算 $k(v_1, v_2) = b(v_1) + \omega_{12} = 0 + 7 = 7$, $k(v_1, v_3) = 0 + 5 = 5$, $k(v_1, v_4) = 0 + 2 = 2$, 将边的标号用圆括号填在边上, 由于

$$\min\{k(v_1, v_2), k(v_1, v_3), k(v_1, v_4)\} = \min\{7, 5, 2\} = 2,$$

可知 $k(v_1, v_4) = 2$ 最小, 给点 v_4 标号 $\boxed{2}$, 见图 8-22(a).

第二轮, 一端已标号另一端未标号的边集合 $B = \{(v_1, v_2), (v_1, v_3), (v_4, v_3), (v_4, v_7)\}$, 其中 $k(v_1, v_2)$ 和 $k(v_1, v_3)$ 已在第一轮中算过, $k(v_4, v_3) = 2 + 1 = 3$, $k(v_4, v_7) = 2 + 8 = 10$, 然后对边 (v_4, v_3) 和 (v_4, v_7) 进行标号, 由于

$$\min\{k(v_1, v_2), k(v_1, v_3), k(v_4, v_3), k(v_4, v_7)\} = \min\{7, 5, 3, 10\} = 3,$$

可知 $k(v_4, v_3) = 3$ 最小, 给点 v_3 标号 $\boxed{3}$, 见图 8-22(b).

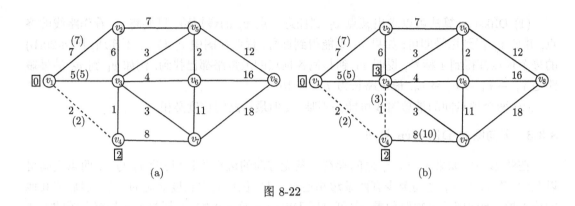

图 8-22

按照上述方法继续标号, 第三轮得到两个点 v_5 与 v_7 的标号, 见图 8-23; 第四轮得到两个点 v_2 与 v_6 的标号, 见图 8-24; 第五轮得到点 v_8 的标号, 见图 8-25. 至此, 所有顶点都得到标号, 计算结束.

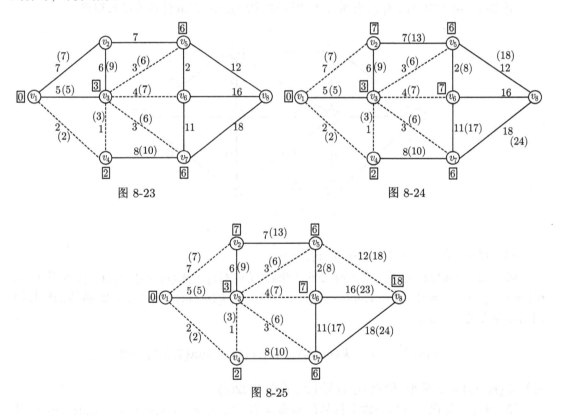

图 8-23   图 8-24

图 8-25

根据图 8-25 所示, 点 v_1 到 $v_2, v_3, \cdots, v_8$ 的最短路分别是: $p_{12} = v_1 \to v_2$, $p_{13} = v_1 \to v_4 \to v_3$, $p_{14} = v_1 \to v_4$, $p_{15} = v_1 \to v_4 \to v_3 \to v_5$, $p_{16} = v_1 \to v_4 \to v_3 \to v_6$, $p_{17} = v_1 \to v_4 \to v_3 \to v_7$, $p_{18} = v_1 \to v_4 \to v_3 \to v_5 \to v_8$. 对应的最短路长度分别为: $L_{12} = 7, L_{13} = 3, L_{14} = 2, L_{15} = 6, L_{16} = 7, L_{17} = 6, L_{18} = 18$.   □

8.3.4 Floyd 算法

求最短路的另一种方法是 Floyd 算法, 该算法是一种矩阵 (表格) 迭代方法, 对于求任意两点间的最短路问题十分有效.

Floyd 算法的基本步骤总结如下:

(1) 初始化最短距离矩阵 $L_0 = (L_{ij}^0)$, 若点 v_i 与 v_j 之间没有边关联, 则 $L_{ij}^0 = +\infty$; 否则, L_{ij}^0 等于边 (v_i, v_j) 的长度.

(2) 第 1 次迭代, 设点 v_i 经过中间点 v_q 到达 v_j, 则点 v_i 到 v_j 的最短距离可表示为

$$L_{ij}^1 = \min_{1 \leqslant q \leqslant n} \left\{ L_{iq}^0 + L_{qj}^0 \right\}, \tag{8-1}$$

此时最短距离矩阵记为 $L_1 = (L_{ij}^1)$.

(3) 第 k 次迭代, 点 v_i 到 v_j 的最短距离可表示为

$$L_{ij}^k = \min_{1 \leqslant q \leqslant n} \left\{ L_{iq}^{k-1} + L_{qj}^{k-1} \right\}, \tag{8-2}$$

此时最短距离矩阵记为 $L_k = (L_{ij}^k)$.

(4) 比较矩阵 L_k 与 L_{k-1}, 当 $L_k = L_{k-1}$ 时得到最短距离矩阵 L_k.

例 8-6 北京市某物流公司在市内建立了 8 所快递配送站, 图 8-26 表示这 8 个快递站之间的线路与距离, 现该物流公司需要制作一张快递站间的距离表, 求任意两个快递站之间的最短路.

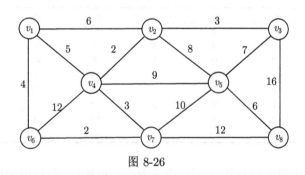

图 8-26

解 (1) 观察图 8-26, 可以很容易写出初始最短距离矩阵 L_0, 见表 8-1.

表 8-1

L_0	v_1	v_2	v_3	v_4	v_5	v_6	v_7	v_8
v_1	0	6	∞	5	∞	4	∞	∞
v_2	6	0	3	2	8	∞	∞	∞
v_3	∞	3	0	∞	7	∞	∞	16
v_4	5	2	∞	0	9	12	3	∞
v_5	∞	8	7	9	0	∞	10	6
v_6	4	∞	∞	12	∞	0	2	∞
v_7	∞	∞	∞	3	10	2	0	12
v_8	∞	∞	16	∞	6	∞	12	0

(2) 由式 (8-1) 可得经过 1 次迭代的最短距离矩阵 L_1, 见表 8-2.

表 8-2

L_1	v_1	v_2	v_3	v_4	v_5	v_6	v_7	v_8
v_1	0	6	9	5	14	4	6	∞
v_2	6	0	3	2	8	10	5	14
v_3	9	3	0	5	7	∞	17	13
v_4	5	2	5	0	9	5	3	15
v_5	14	8	7	9	0	12	10	6
v_6	4	10	∞	5	12	0	2	14
v_7	6	5	17	3	10	2	0	12
v_8	∞	14	13	15	6	14	12	0

需要指出的是, L_{ij}^1 等于表 8-1 中第 i 行与第 j 列所对应的元素分别相加后, 再取其中的最小值. 例如, 点 v_4 经过中间点到达 v_3 的最短距离是

$$L_{43}^1 = \min\{L_{41}^0 + L_{13}^0, L_{42}^0 + L_{23}^0, L_{43}^0 + L_{33}^0, L_{44}^0 + L_{43}^0, L_{45}^0 + L_{53}^0, L_{46}^0 + L_{63}^0,$$

$$L_{47}^0 + L_{73}^0, L_{48}^0 + L_{83}^0\}$$

$$= \min\{5 + \infty, 2 + 3, \infty + 0, 0 + \infty, 9 + 7, 12 + \infty, 3 + \infty, \infty + 16\} = 5.$$

(3) 由式 (8-2) 得到矩阵 L_2, 见表 8-3.

表 8-3

L_2	v_1	v_2	v_3	v_4	v_5	v_6	v_7	v_8
v_1	0	6	9	5	14	4	6	18
v_2	6	0	3	2	8	7	5	14
v_3	9	3	0	5	7	10	8	13
v_4	5	2	5	0	9	5	3	15
v_5	14	8	7	9	0	12	10	6
v_6	4	7	10	5	12	0	2	14
v_7	6	5	8	3	10	2	0	12
v_8	18	14	13	15	6	14	12	0

L_{ij}^2 等于表 8-2 中第 i 行与第 j 列对应元素分别相加后, 取其中的最小值, 同样给出表 8-3 的一个计算示例. 例如, 点 v_3 经过中间点到达点 v_6 的最短距离是

$$L_{36}^2 = \min\{L_{31}^1 + L_{16}^1, L_{32}^1 + L_{26}^1, L_{33}^1 + L_{36}^1, L_{34}^1 + L_{46}^1, L_{35}^1 + L_{56}^1, L_{36}^1 + L_{66}^1,$$

$$L_{37}^1 + L_{76}^1, L_{38}^1 + L_{86}^1\}$$

$$= \min\{9 + 4, 3 + 10, 0 + \infty, 5 + 5, 7 + 12, \infty + 0, 17 + 2, 13 + 14\} = 10.$$

由表 8-2 及表 8-1 可知, 最短距离由 4 条边长之和构成

$$L_{34}^1 + L_{46}^1 = \left(L_{32}^0 + L_{24}^0\right) + \left(L_{47}^0 + L_{76}^0\right) = 3 + 2 + 3 + 2 = 10.$$

因此, 点 v_3 到 v_6 的最短路是 $v_3 \rightarrow v_2 \rightarrow v_4 \rightarrow v_7 \rightarrow v_6$.

(4) 由式 (8-2) 再次迭代, 得 $L_3 = L_2$, 因此表 8-3 就是该问题的最短距离矩阵, 即任意两点间的最短距离. □

需要指出的是, Floyd 算法可以用来求解那些含有负权的最短路问题.

8.4 最大流问题

8.4.1 网络模型

如图 8-27 所示的网络图中有一个发点 v_1 和一个收点 v_7, 其余的点 v_2, v_3, v_4, v_5, v_6 为中间点; 图中边上的权表示该边在单位时间内的最大通过能力. 需要指出的是, 如果某个网络图中有多个发点或收点, 可以通过虚设一个发点或一个收点的方法将其转化成只有一个发点和一个收点的网络图. 本节要讲的最大流问题是指, 从发点沿着网络图中弧的方向运送货物到收点, 找出其中单位时间内运输量最大的运输路线.

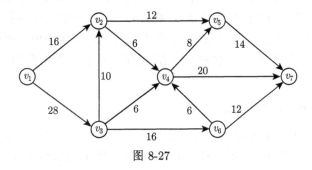

图 8-27

最大流问题在生产与管理实践中十分常见, 如人流、物流、水流、气流、电流及信息流等. 在一定的环境中, 这些流在单位时间内的通过量是有限的, 如长江武汉段的水流量最大通过能力为 $65000\mathrm{m}^3/\mathrm{s}$, 某大桥每小时最多只能通过 4000 辆汽车等. 在这类网络中, 边 (v_i, v_j) 在单位时间内的最大通过能力称为**容量**, 记为 c_{ij}; 边 (v_i, v_j) 在单位时间内的实际通过量称为**流量**, 记为 f_{ij}, 流量的集合 $f = \{f_{ij}\}$ 称为网络的流; 从发点到收点的总流量称为网络的流量, 记为 $r = \mathrm{val}(f)$.

最大流问题可以建立对应的线性规划模型, 例如, 图 8-27 所示的最大流问题的线性规划模型为

$$\begin{cases} \max & r = f_{12} + f_{13}, \\ \text{s.t.} & f_{12} + f_{13} - f_{57} - f_{47} - f_{67} = 0, \\ & \sum_i f_{im} - \sum_j f_{mj} = 0, \ \forall \text{ 中间点 } v_m, \\ & 0 \leqslant f_{ij} \leqslant c_{ij}, \quad \forall \text{ 边 } (v_i, v_j). \end{cases} \tag{8-3}$$

由线性规划的相关知识可知, 满足式 (8-3) 约束条件的解 $\{f_{ij}\}$ 称为可行解, 在最大流问题中称为**可行流**.

总的来说, 可行流需要满足以下三个条件:

(1) 对于网络图中所有边 (v_i, v_j), 都要满足 $0 \leqslant f_{ij} \leqslant c_{ij}$;

(2) 对于网络图中所有中间点 v_m, 都要满足 $\sum_i f_{im} - \sum_j f_{mj} = 0$;

(3) 发点 v_s 流出的总流量要与收点 v_t 流入的总流量相等, 即 $\sum_j f_{sj} = \sum_i f_{it} = r$.

上述条件 (2) 和 (3) 称为**流量守恒约束**.

在网络图中, 从发点 v_s 到收点 v_t 的一条路称为**链**, 规定从发点 v_s 到收点 v_t 的方向为**链的方向**. 需要指出的是, 一条链上的弧的方向并不要求完全一致, 与链的方向相同的弧称为**前向弧**; 与链的方向相反的弧称为**后向弧**.

设 f^0 是一个可行流, 如果存在一条从发点 v_s 到收点 v_t 的链 μ, 满足①所有前向弧的流量 $0 \leqslant f_{ij} < c_{ij}$, ② 所有后向弧的流量 $0 < f_{ij} \leqslant c_{ij}$, 则称该链为**增广链**, 其中前向弧集合记为 μ^+, 后向弧集合记为 μ^-.

一般地, 若网络中的点集 V 可分割成 V_1 和 $\overline{V}_1$ 两部分, 且满足 $V = V_1 \cup \overline{V}_1$, $V_1 \cap \overline{V}_1 = \varnothing$, 其中发点 $v_s \in V_1$, 收点 $v_t \in \overline{V}_1$, 则称起点和终点分别在 V_1 和 $\overline{V}_1$ 中的弧的集合为网络的**截集**, 记为 $(V_1, \overline{V}_1)$; 简单来说, 截集就是分割网络发点 v_s 与收点 v_t 的一组弧的集合, 去掉这组弧后网络就会断开, 发点 v_s 与收点 v_t 就不再连通. 截集中所有弧的容量之和称为这个截集的**截量**, 记为 $C(V_1, \overline{V}_1)$; 网络中不同的截集对应着不同的截量, 其中截量最小的截集称为**最小截集**.

8.4.2　Ford-Fulkerson 标号算法

Ford-Fulkerson 标号算法是一种在网络上进行迭代计算的方法, 该算法首先给出一个初始可行流, 通过标号找出一条增广链, 然后调整增广链上的流量逐步扩充网络的流量, 具体步骤如下.

第一步, 利用观察法找出一个初始可行流 f^0, 例如令所有弧的流量 $f_{ij} = 0$.

第二步, 对顶点进行标号, 找到一条增广链:

(1) 先对发点 v_s 标号$\boxed{\infty}$;

(2) 选取一端点 v_i 已标号且另一端点 v_j 未标号的弧, 若起点已标号且 $f_{ij} < c_{ij}$, 则对点 v_j 标号 $\theta_j = c_{ij} - f_{ij}$; 若终点已标号且 $f_{ji} > 0$, 则对点 v_j 标号 $\theta_j = f_{ji}$. 重复该过程, 若收点 v_t 能够得到标号, 则说明找到一条增广链 u; 否则, 说明并不存在增广链, 算法结束.

第三步, 调整网络中的流量:

(1) 找出增广链 u 中所有点标号的最小值, 得到流量的调整量为 $\theta = \min_j \{\theta_j\}$;

(2) 根据式 (8-4) 调整增广链 u 上的流量, 得到新的可行流 f^1, 其中

$$f^1 = \begin{cases} f_{ij}, & (i,j) \notin \mu, \\ f_{ij} + \theta, & (i,j) \in \mu^+, \\ f_{ij} - \theta, & (i,j) \in \mu^-, \end{cases} \tag{8-4}$$

去掉所有标号, 返回第二步, 从发点 v_s 重新标号寻找增广链, 直到收点 v_t 不能再被标号为止.

定理 8-3　可行流 f 是网络图中的最大流, 当且仅当不存在关于 f 的增广链.

证 若 f 是网络图中的最大流, 设存在关于 f 的增广链 μ, 令

$$\theta = \min\left\{\min_{\mu^+}\left(c_{ij} - f_{ij}\right), \min_{\mu^-} f_{ij}\right\},$$

由增广链的定义可知 $\theta > 0$, 令

$$f_{ij}^* = \begin{cases} f_{ij}, & (i,j) \notin \mu, \\ f_{ij} + \theta, & (i,j) \in \mu^+, \\ f_{ij} - \theta, & (i,j) \in \mu^-. \end{cases}$$

不难验证 $\{f_{ij}^*\}$ 也是一个可行流, 且 $r(f^*) = r(f) + \theta > r(f)$, 这与 f 是最大流的假设相矛盾.

现在假设网络图中不存在关于 f 的增广链, 证明 f 是最大流.

我们先用下面的方法定义 V_1: 令 $v_s \in V_1$, 若 $v_i \in V_1$, 且 $f_{ij} < c_{ij}$, 则令 $v_j \in V_1$; 若 $v_i \in V_1$, 且 $f_{ji} > 0$, 则令 $v_j \in V_1$. 因为不存在关于 f 的增广链, 故 $v_t \notin V_1$.

记 $\overline{V_1} = V \backslash V_1$, 于是得到一个截集 $(V_1, \overline{V_1})$, 必有

$$f_{ij} = \begin{cases} c_{ij}, & (v_i, v_j) \in (V_1, \overline{V_1}), \\ 0, & (v_i, v_j) \in (\overline{V_1}, V_1). \end{cases}$$

所以 $r(f) = C(V_1, \overline{V_1})$, 于是 f 是最大流. □

因此, 若 f 是最大流, 则网络图中必存在一个截集 $(V_1, \overline{V_1})$, 使得

$$r(f) = C(V_1, \overline{V_1}).$$

于是有下面的重要结论:

最大流最小截量定理 网络中的最大流量必然等于它的最小截量.

可见, 网络最大流量取决于最小割集中弧的容量. 因此, 如果想扩大网络的总流量, 应先扩大最小割集中弧的容量.

例 8-7 在图 8-27 中, 求从发点 v_1 到收点 v_7 的最大流及最大流量.

解 (1) 给出一个初始可行流, 弧的流量放在括号内, 如图 8-28 所示.

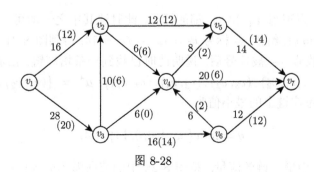

图 8-28

(2) 从发点 v_1 开始对各顶点进行标号, 寻找一条增广链, 过程如下.

先给发点 v_1 标号 $\boxed{\infty}$. 点 v_1 标号后, 与点 v_1 相邻的两个点 v_2 和 v_3 都没有标号, 任选其一, 如 v_2. 点 v_2 能否得到标号要看是否满足 Ford-Fulkerson 标号算法第二步 (2) 中的条件. 因为弧 (v_1, v_2) 是前向弧, 且 $f_{12} = 12 < c_{12} = 16$, 所以可以给点 v_2 标号, 此时 $\theta_2 = c_{12} - f_{12} = 16 - 12 = 4$, 如图 8-29.

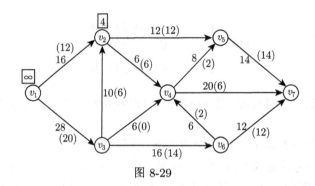

图 8-29

然后选择已标号的点 v_2, 与点 v_2 相邻且没有标号的点为 v_3, v_4 和 v_5, 任选其中一个点, 如果该点能标号就接着进行下一步, 不需要把所有相邻的点都标号; 如果该点不能标号, 再检查其余相邻的点. 因为弧 (v_2, v_4) 和 (v_2, v_5) 是前向弧, 且流量等于容量, 不满足标号算法第二步 (2) 中的条件, 所以点 v_4 和 v_5 不能标号. 再检查后向弧 (v_2, v_3), 此时 $f_{32} = 6 > 0$ 满足条件, 给点 v_3 标号 $\theta_3 = f_{32} = 6$, 如图 8-30.

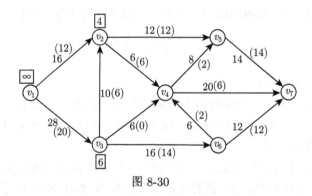

图 8-30

重复上述步骤, 发现点 v_4 和 v_6 都能标号, 此时选其中之一即可, 不妨选点 v_4 标号 $\theta_4 = c_{34} - f_{34} = 6$; 最后, 给点 v_7 标号 $\theta_7 = c_{47} - f_{47} = 14$, 得到图 8-31.

如图 8-31, 当收点 v_7 被标号后, 说明此时已找到一条增广链, 沿着上述标号的路线得到增广链为 $\mu = \{(v_1, v_2), (v_3, v_2), (v_3, v_4), (v_4, v_7)\}$, $\mu^+ = \{(v_1, v_2), (v_3, v_4), (v_4, v_7)\}$, $\mu^- = \{(v_3, v_2)\}$; 该增广链上的最小值为

$$\theta = \min\{\infty, 4, 6, 6, 14\} = 4.$$

(3) 调整上一步中增广链的流量. 将图 8-28 中的前向弧 $(v_1, v_2), (v_3, v_4)$ 和 (v_4, v_7) 上

的流量分别加 4, 后向弧 (v_3, v_2) 上的流量减 4, 得到图 8-32.

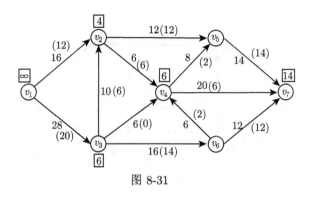

图 8-31

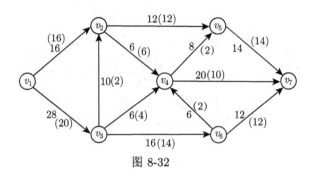

图 8-32

(4) 再对图 8-32 进行标号. 先将 v_1 标号 $\boxed{\infty}$, 点 v_2 不能标号, 点 v_3 标号 $\theta_3 = c_{13} - f_{13} = 8$. 然后, 点 v_2, v_4 和 v_6 都可标号, 若选择点 v_2 标号 $\theta_2 = c_{32} - f_{32} = 8$, 此后的点 v_4 和 v_5 都不能标号, 但这并不能说明此时不存在增广链, 应再回过来选点 v_4 或 v_6 标号. 不妨选点 v_4 标号 $\theta_4 = c_{34} - f_{34} = 2$, 然后再选点 v_7 标号 $\theta_7 = c_{47} - f_{47} = 10$, 得到一条增广链 $\mu = \{(v_1, v_3), (v_3, v_4), (v_4, v_7)\}$, 如图 8-33.

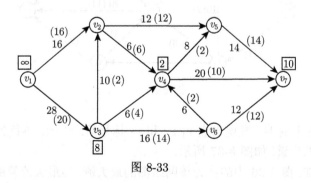

图 8-33

对图 8-33 中的流量进行调整, 计算出增广链的调整量为 $\theta = \min\{\infty, 8, 2, 10\} = 2$. 由于增广链上的弧全为正向弧, 所以给该链上弧的流量加 2, 其余弧的流量不变, 得到图 8-34.

(5) 再对图 8-34 标号, 按上述方法可以得到一条增广链为 $\mu = \{(v_1, v_3), (v_3, v_6), (v_6, v_4), (v_4, v_7)\}$, 如图 8-35.

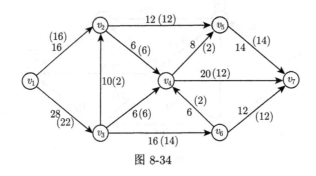

图 8-34

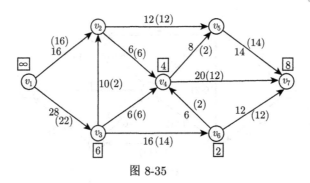

图 8-35

对图 8-35 中的流量进行调整, 计算出增广链的调整量为 $\theta = \min\{\infty, 6, 2, 4, 8\} = 2$. 由于增广链上的弧全为正向弧, 所以给该链上弧的流量加 2, 其余弧的流量不变, 得到图 8-36.

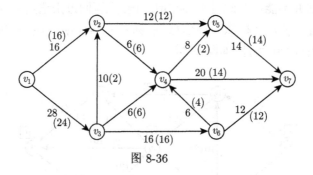

图 8-36

(6) 对图 8-36 进行标号. 发现当点 v_1, v_3 和 v_2 标号后, 已无法再找到可以标号的点, 说明网络图中不存在增广链, 如图 8-37 所示.

由定理 8-3 可知, 图 8-36 中的流为该网络图的最大流, 该最大流量的值为

$$r = f_{12} + f_{13} = 16 + 24 = 40.$$

至此, Ford-Fulkerson 标号算法求解例 8-6 的全部过程结束.

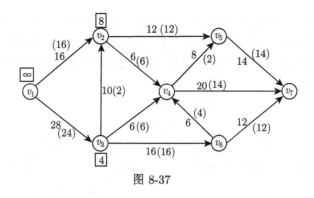

图 8-37

8.5 最小费用最大流问题

在某些实际问题中, 网络图中的弧不仅有容量限制, 还会有单位流量费用, 在这类网络图中寻找流量达到某定值时总费用最小的可行流方案, 称为最小费用流问题; 若寻找流量达到最大时总费用最小的可行流方案, 称为最小费用最大流问题.

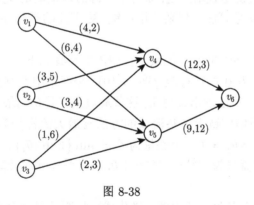

图 8-38

设弧 (v_i, v_j) 的容量为 $c_{ij} \geqslant 0$, 单位流量费用为 $\omega_{ij} \geqslant 0$. 图 8-38 表示某物流网络, 其中生产商 v_1, v_2, v_3 生产的产品需要途径 v_4 和 v_5 中转站运送至 v_6 工厂进行组装, 弧上数字的含义为 (c_{ij}, ω_{ij}), 要求:

(1) 给出总运量等于 15 且总运费最小的运输方案;

(2) 给出总运量最大且总运费最小的运输方案.

图 8-38 中有三个发点, 可虚设一个发点 v_0 将图转化为只有一个发点的形式, 与发点 v_0 相连的弧的费用等于零, 容量等于以该弧的终点为起点的弧的容量之和, 如图 8-39.

设可行流 f 的一条增广链为 μ, 称 $d(\mu) = \sum_{\mu^+} \omega_{ij} - \sum_{\mu^-} \omega_{ij}$ 为增广链 μ 的费用, 等式右边第一个求和项是增广链中前向弧的费用和, 第二个求和项是增广链中后向弧的费用和. 当 $d(\mu)$ 取到最小值时对应的增广链, 称为最小费用增广链.

寻找最小费用流的过程也可采用在图上标号的形式进行, 基本思路是: 给定一个初始可

行流 $f^{(0)}$ 并计算流量 $r^{(0)}$, 例如, 初始流 $f^{(0)} = \{0\}$ 的流量为 0; 利用 Ford-Fulkerson 标号算法寻找一条从发点到收点的最小费用增广链, 得到调整量为 θ, 调整后的流量为 $r^{(0)} + \theta$; 继续寻找最小费用增广链并对流量进行调整, 直到流量等于要求的流量为止.

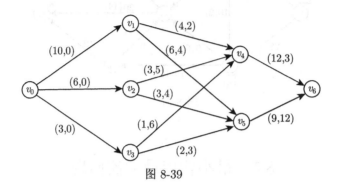

图 8-39

可以证明, 流量为 $r^{(k-1)}$ 的可行流 $f^{(k-1)}$, 若其最小费用增广链的调整量为 θ, 则调整后的可行流 $f^{(k)}$ 是流量为 $r^{(k)} = r^{(k-1)} + \theta$ 的最小费用流.

最大流标号算法的关键是找增广链, 而对增广链的调整量是多少没有什么要求, 更不用考虑费用. 最小费用流标号算法不仅要找增广链, 更重要的是要寻找所有增广链中费用最小的那条增广链.

利用标号算法求解网络流量为 v 的最小费用流的步骤如下.

第一步, 取初始流量为 0 的可行流 $f^{(0)} = \{0\}$, 令网络中所有弧的权等于 ω_{ij}, 得到一个赋权图 W, 用 Dijkstra 算法求出最短路, 这条最短路就是初始最小费用增广链 μ.

第二步, 在最小费用增广链上调整流量的方法与最大流标号算法相同, 即前向弧上令 $\theta_j = c_{ij} - f_{ij}$, 后向弧上令 $\theta_j = f_{ij}$, 调整量为 $\theta = \min\{\min\{\theta_j\}, r - r^{(k-1)}\}$. 调整后得到最小费用流 $f^{(k)}$, 对应的流量为 $r^{(k)} = r^{(k-1)} + \theta$, 当 $r^{(k)} = r$ 时计算结束, 否则转第三步继续计算.

第三步, 基于网络图及其最小费用增广链生成赋权图并寻找最小费用增广链.

(1) 最小费用流 $f^{(k-1)}$ 的流量 $r^{(k-1)} < r$ 时, 对于增广链上的弧依次执行如下操作: 当弧 (v_i, v_j) 上的流量 $f_{ij} < c_{ij}$ 时, 保留弧 (v_i, v_j) 并保持权 ω_{ij} 不变, 同时添加反向弧 (v_j, v_i) 并赋权 $-\omega_{ij}$; 当弧 (v_i, v_j) 上的流量 $f_{ij} = c_{ij}$ 时, 删除弧 (v_i, v_j), 同时添加反向弧 (v_j, v_i) 并赋权 $-\omega_{ij}$.

(2) 求赋权图从发点到收点的最短路, 如果最短路存在, 则这条最短路就是 $f^{(k-1)}$ 的最小费用增广链, 转第二步. 需要指出的是, 当赋权图 W 的所有权值非负时, 可用 Dijkstra 算法求最短路; 若赋权图 W 中存在负权时, 用 Floyd 算法求最短路.

(3) 如果赋权图 W 不存在从发点到收点的最短路, 说明 $r^{(k-1)}$ 已是最大流量, 不存在流量等于 r 的流, 算法结束.

例 8-8 分析图 8-39, 给出以下两种情况的运输方案:

(1) 运量 $r = 15$ 时的最小运费运输方案;

(2) 运量最大的最小运费运输方案.

解 (1) 首先求解运量 $r = 15$ 时的最小运费运输方案:

① 令网络图中所有弧的流量等于零, 得到初始可行流 $f^{(0)} = \{0\}$, 此时流量 $r^{(0)} = 0$, 总运费 $d(f^{(0)}) = 0$.

② 因为 $f^{(0)} = \{0\}$, 赋权图如图 8-40(a) 所示, 图中弧的权等于费用 ω_{ij}; 计算最短路, 得最小费用增广链 $\mu_1 = \{(v_0, v_1), (v_1, v_4), (v_4, v_6)\}$, 如图 8-40(a) 虚线所示, 调整量为 $\theta_1 = 4$; 对 $f^{(0)} = \{0\}$ 进行调整, 得到 $f^{(1)}$, 如图 8-40(b), 弧上方括号内的数字为调整后的流量, 此时网络图的流量为 $r^{(1)} = 4$, 总运费为 $d(f^{(1)}) = 0 \times 4 + 2 \times 4 + 3 \times 4 = 20$.

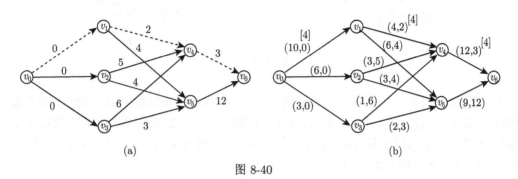

图 8-40

③ 由于 $r^{(1)} = 4 < 15$, 未满足流量要求, 基于图 8-40(b) 生成一张新的赋权图: 在增广链 $\mu_1 = \{(v_0, v_1), (v_1, v_4), (v_4, v_6)\}$ 上, 由于弧 (v_0, v_1) 和 (v_4, v_6) 满足条件 $f_{ij} < c_{ij}$, 保留弧 (v_0, v_1) 和 (v_4, v_6) 及权 0 和 3, 同时添加反向弧 (v_1, v_0) 和 (v_6, v_4) 并赋权 0 和 -3, 其中反向弧 (v_1, v_0) 的权为 0, 故删掉; 由于弧 (v_1, v_4) 满足 $f_{ij} = c_{ij}$, 删掉弧 (v_1, v_4), 同时添加反向弧 (v_4, v_1) 并赋权 -2. 新的赋权图如图 8-41(a) 所示. 利用 Floyd 算法计算最小费用增广链 $\mu_2 = \{(v_0, v_2), (v_2, v_4), (v_4, v_6)\}$ 及调整量 $\theta_2 = 3$, 调整后得最小费用流 $f^{(2)}$ (图 8-41(b)), 此时网络图流量为 $r^{(2)} = 7$, 总运费为 $d(f^{(2)}) = 2 \times 4 + 3 \times 7 + 5 \times 3 = 44$.

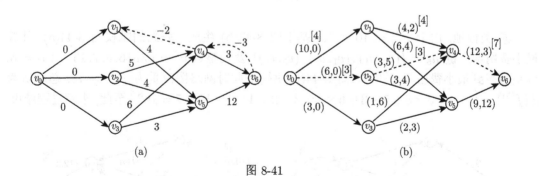

图 8-41

④ 由于 $r^{(2)} = 7 < 15$, 未满足流量要求, 基于图 8-41(b) 生成一张新的赋权图: 在增广链 $\mu_2 = \{(v_0, v_2), (v_2, v_4), (v_4, v_6)\}$ 上, 由于弧 (v_0, v_2) 和 (v_4, v_6) 满足条件 $f_{ij} < c_{ij}$, 保留弧 (v_0, v_2) 和 (v_4, v_6) 及权 0 和 3, 同时添加反向弧 (v_2, v_0) 和 (v_6, v_4) 并赋权 0 和 -3, 其中弧 (v_2, v_0) 的权为 0, 故删掉; 由于弧 (v_2, v_4) 满足 $f_{ij} = c_{ij}$, 删掉弧 (v_2, v_4), 同时添加反向弧 (v_4, v_2) 并赋权 -5. 新的赋权图如图 8-42(a) 所示. 利用 Floyd 算法计算最小费用

增广链 $\mu_3 = \{(v_0, v_3), (v_3, v_4), (v_4, v_6)\}$ 及调整量 $\theta_3 = 1$, 调整后得到最小费用流 $f^{(3)}$, 如图 8-42(b) 所示, 此时网络图流量为 $r^{(3)} = 8$, 总运费为 $d\left(f^{(3)}\right) = 2 \times 4 + 3 \times 8 + 5 \times 3 + 6 \times 1 = 53$.

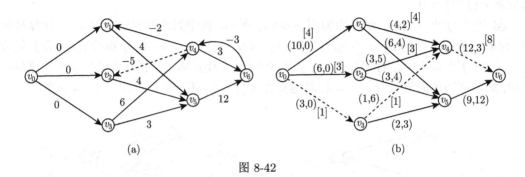

图 8-42

⑤ 类似地, 由于 $r^{(3)} = 8 < 15$, 基于图 8-42(b) 生成一张新的赋权图 8-43(a), 计算最小费用增广链 $\mu_4 = \{(v_0, v_3), (v_3, v_5), (v_5, v_6)\}$ 及调整量 $\theta_4 = 2$, 调整后得到最小费用流 $f^{(4)}$, 如图 8-43(b) 所示, 此时网络图流量为 $r^{(4)} = 10$, 总运费为 $d\left(f^{(4)}\right) = 2 \times 4 + 3 \times 8 + 5 \times 3 + 6 \times 1 + 3 \times 2 + 12 \times 2 = 83$.

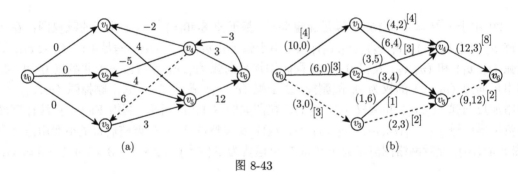

图 8-43

⑥ 类似地, 由于 $r^{(4)} = 10 < 15$, 基于图 8-43(b) 生成一张新的赋权图 8-44(a), 计算最小费用增广链 $\mu_5 = \{(v_0, v_1), (v_1, v_5), (v_5, v_6)\}$ 及调整量 $\theta_5 = \min\{6, 6, 7, 15 - 10\} = 5$. 调整后得到最小费用流 $f^{(5)}$, 如图 8-44(b) 所示, 此时网络图流量为 $r^{(5)} = 15$, 总运费为 $d\left(f^{(5)}\right) = 2 \times 4 + 3 \times 8 + 5 \times 3 + 6 \times 1 + 3 \times 2 + 4 \times 5 + 12 \times 7 = 163$. 至此, 求解过程结束.

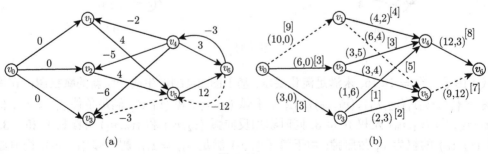

图 8-44

(2) 求解运量最大的最小运费运输方案:

⑦ 基于赋权图 8-44(a), 计算最小费用增广链 $\mu_6 = \{(v_0, v_1), (v_1, v_5), (v_5, v_6)\}$ 及调整量 $\theta_6 = \min\{6, 6, 7\} = 6$. 调整后得到最小费用流 $f^{(6)}$, 如图 8-45(a) 所示, 此时网络图流量为 $r^{(6)} = 16$, 总运费为 $d\left(f^{(6)}\right) = 2 \times 4 + 3 \times 8 + 5 \times 3 + 6 \times 1 + 3 \times 2 + 4 \times 6 + 12 \times 8 = 179$.

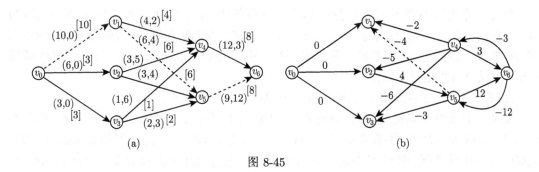

图 8-45

⑧ 基于网络图 8-45(a) 及增广链 $\mu_6 = \{(v_0, v_1), (v_1, v_5), (v_5, v_6)\}$, 生成一张新的赋权图 8-45(b), 计算最小费用增广链 $\mu_7 = \{(v_0, v_2), (v_2, v_5), (v_5, v_6)\}$ 及调整量 $\theta_7 = 1$. 调整后得到最小费用流 $f^{(7)}$, 如图 8-46(a) 所示, 此时网络图流量为 $r^{(7)} = 17$. 由网络图 8-46(a) 及增广链 $\mu_7 = \{(v_0, v_2), (v_2, v_5), (v_5, v_6)\}$ 生成赋权图 8-46(b), 此时不存在从 v_0 到 v_6 的最短路, 则 $f^{(7)}$ 就是最小费用最大流, 最大流量等于 17, 总运费为

$$d(f) = 2 \times 4 + 4 \times 6 + 5 \times 3 + 4 \times 1 + 6 \times 1 + 3 \times 2 + 3 \times 8 + 12 \times 9 = 195.$$

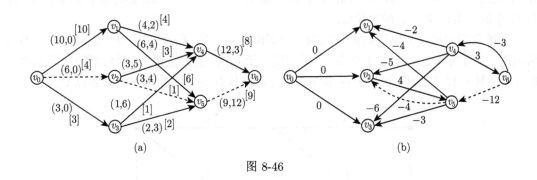

图 8-46

综上, 得到例 8-7(b) 的运输方案为: 三个生产商 v_1, v_2 和 v_3 分别运送 10, 4 和 3 个单位的产品到组装工厂 v_6, 此时总运量为 17、总运费为 195. □

8.6 中国邮递员问题

1962 年, 我国学者管梅谷首次提出中国邮递员问题 (Chinese postman problem, CPP), 解决了邮递员在某个区域内投递信件的最短路线问题. 简单来说, 中国邮递员问题指的是一个每天从邮局出发的邮递员, 至少走完所管辖范围内每条街道一次并最终回到邮局的最

短路线问题. 如果将街道表示为边, 交叉路口表示为顶点, 街道的长度表示为边的权重, 那么中国邮递员问题用图论的语言可叙述为: 在连通图的每条边上赋一个非负权, 找出一个经过每条边至少一次且总权重最小的圈.

8.6.1 一笔画问题

给定一个连通多重图 G, 若存在一条链, 过每条边一次, 且仅一次, 则称这条链为**欧拉链**. 若存在一个简单圈, 过每边一次, 且仅一次, 称这个圈为**欧拉圈**. 一个图若有欧拉圈, 则称为**欧拉图**. 显然, 一个图若能一笔画出, 这个图必有欧拉圈 (出发点与终止点重合) 或欧拉链 (出发点与终止点不同).

定理 8-4　连通多重图 G 有欧拉圈, 当且仅当 G 中无奇点.

证明　必要性是显然的, 只证明充分性. 不妨设 G 至少有三个点, 对边数 $q(G)$ 进行数学归纳, 因 G 是连通图, 不含奇点, 故 $q(G) \geqslant 3$, 首先 $q(G) = 3$ 时, G 显然是欧拉图. 考察 $q(G) = n+1$ 的情况, 因 G 是不含奇点的连通图, 并且 $p(G) \geqslant 3$, 故存在三个点 u, v, w, 使 $(u,v), (w,v) \in E$, 从 G 中丢去边 $(u,v), (w,v)$, 增加新边 (u,w), 得到新的多重图 G', G' 有 $q(G) - 1$ 条边, 并且仍不含奇点, G 至多有两个分图. 若 G 是连通的, 那么根据归纳假设, G' 有欧拉圈 C'. 把 C' 中的 (w,u) 这一条边换成 $(w,v), (v,u)$, 即得 G 中的欧拉圈. 现设 G' 有两个分图 G_1, G_2. 设 v 在 G_1 中. 根据归纳假设, G_1, G_2 分别有欧拉圈 C_1, C_2, 则把 C_2 中的 (u,w) 这条边换成 $(u,v), C_1$ 及 (v,w), 即得 G 的欧拉圈.　□

推论 8-1　连通多重图 G 有欧拉链, 当且仅当 G 恰有两个奇点.

证明　必要性是显然的. 现设连通多重图 G 恰有两个奇点 u, v. 在 G 中增加一个新边 (u,v) (如果在 G 中, u, v 之间就有边, 那么这个新边是原有边上的重复边), 得连通多重图 G', 易见 G' 中无奇点. 由定理 8-4, G' 有欧拉圈 G', 从 C' 中丢去增加的那个新边 (u,v) 即得 G 中的一条连接 u, v 的欧拉链.　□

上述定理和推论为我们提供了识别一个图能否是一笔画的简单办法. 如前面提到的七桥问题, 因为图 8-2 中有 4 个奇点, 所以不能一笔画出, 也就是说, 七桥问题的回答是否定的. 再如图 8-47, 它有两个奇点 v_2 和 v_5, 因此可以从点 v_2 开始, 用一笔画到点 v_5 终止.

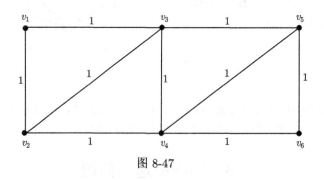

图 8-47

现在的问题是: 如果我们已经知道图 G 是可以一笔画的, 怎样把它一笔画出来呢? 也就是说, 怎样找出它的欧拉圈或欧拉链呢?

首先介绍割边的概念: 设 e 是连通图 G 中的一条边, 如果从 G 中删去 e, 图就不连通了, 则称 e 是图 G 的**割边**. 例如, 图 8-5 中的边 (v_3, v_4) 是割边; 另外, 树中的每条边也都是割边.

设 $G = (V, E)$ 是无奇点的连通图, 下面简单地介绍由 Fleury 提供的方法:

(1) $k = 0$, 令 $\mu_0 = \{v_{i_0}\}$, 其中 v_{i_0} 是图 G 的任意一点, 此时 $E_0 = \varnothing$, $G_0 = G$;

(2) 设 $\mu_k = \{v_{i_0}, e_{i_1}, v_{i_1}, \cdots, v_{i_{k-1}}, e_{i_k}, v_{i_k}\}$ 为计算到第 k 步时得到的简单链, $E_k = \{e_{i_1}, e_{i_2}, \cdots, e_{i_k}\}$, $\overline{E}_k = E \backslash E_k$, $G_k = (V, \overline{E}_k)$. 在图 G_k 中找出点 v_{i_k} 的一条关联边 $e_{i_{k+1}} = (v_{i_k}, v_{i_{k+1}})$, 使 $e_{i_{k+1}}$ 不是 G_k 的割边, 令 $\mu_{k+1} = \{v_{i_0}, e_{i_1}, v_{i_1}, e_{i_2}, v_{i_2}, \cdots, v_{i_{k-1}}, e_{i_k}, v_{i_k}, e_{i_{k+1}}, v_{i_{k+1}}\}$.

(3) 重复过程 (2), 直到找不到满足要求的边为止.

可以证明: 上述算法结束后得到的简单链必定终止于 v_{i_0}, 该简单链就是图 G 的欧拉圈.

如果 $G = (V, E)$ 是恰有两个奇点的连通图, 只需取 v_{i_0} 是其中一个奇点, 最终得到的简单链就是图中连接两个奇点的欧拉链.

8.6.2 奇偶点图上作业法

根据上面的讨论, 如果在某邮递员所负责的范围内, 街道图中没有奇点, 那么他就可以从邮局出发, 走过每条街道一次, 且仅一次, 最后回到邮局, 这样他所走的路程也就是最短的路程. 对于有奇点的街道图, 就必须在某些街道上重复走一次或多次.

在如图 8-47 的街道图中, 若 v_1 是邮局, 邮递员可以按如下的路线投递信件: $v_1 \rightarrow v_2 \rightarrow v_4 \rightarrow v_3 \rightarrow v_2 \rightarrow v_4 \rightarrow v_6 \rightarrow v_5 \rightarrow v_4 \rightarrow v_6 \rightarrow v_5 \rightarrow v_3 \rightarrow v_1$, 总权为 12. 也可按另一条路线走: $v_1 \rightarrow v_2 \rightarrow v_3 \rightarrow v_2 \rightarrow v_4 \rightarrow v_5 \rightarrow v_6 \rightarrow v_4 \rightarrow v_3 \rightarrow v_5 \rightarrow v_3 \rightarrow v_1$, 总权为 11. 可见, 按第一条路线走, 在边 (v_2, v_4), (v_4, v_6), (v_6, v_5) 上各重复走了一次. 而按第二条路线走, 在边 (v_3, v_2), (v_3, v_5) 上各重复走了一次.

如果在某条路线中, 边 (v_i, v_j) 上重复走了几次, 我们在图中 v_i, v_j 之间增加几条边, 令每条边的权和原来的权相等, 并把新增加的边, 称为重复边. 于是这条路线就是相应的新图中的欧拉圈. 例如在图 8-47 中, 上面提到的两条投递路线分别是图 8-48 (a) 和 (b) 中的欧拉圈.

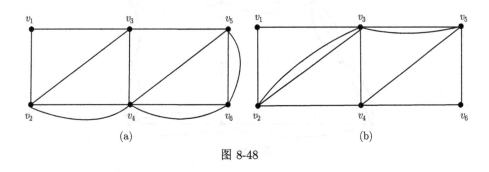

图 8-48

显然, 两条邮递路线的总权的差等于相应的重复边总权的差. 因而, 中国邮递员问题可以叙述为在一个有奇点的连通图中, 增加一些重复边使新图不含奇点且重复边的总权最小. 我们把增加重复边以消除奇点的方案称为可行方案, 使总权最小的可行方案称为最优方案.

现在的问题是初始可行方案如何确定, 在确定一个可行方案后, 怎么判断该方案是否为最优方案? 若不是最优方案, 如何调整这个方案?

1. 初始可行方案的确定方法

在 8.1 节中, 我们已经证明, 在任何一个图中, 奇点的个数必为偶数. 所以, 如果图中有奇点, 就可以把它们配成对. 又因为图是连通的, 故每一对奇点之间必有一条链, 我们把这条链的所有边作为重复边加到图中去, 可见新图中必无奇点, 这就给出了第一个可行方案.

例 8-9　在图 8-49 所示的街道图中, 有四个奇点 v_2, v_4, v_6, v_8, 将其分成 "$\langle v_2, v_4 \rangle$" 与 "$\langle v_6, v_8 \rangle$" 两对. 任取连接 v_2 与 v_4 的一条链, 如 $v_2 \to v_1 \to v_8 \to v_7 \to v_6 \to v_5 \to v_4$. 把边 $(v_2, v_1), (v_1, v_8), (v_8, v_7), (v_7, v_6), (v_6, v_5), (v_5, v_4)$ 作为重复边加到图中去; 同样, 任取 v_6 与 v_8 之间的一条链 $v_8 \to v_1 \to v_2 \to v_3 \to v_4 \to v_5 \to v_6$, 把边 $(v_8, v_1), (v_1, v_2), (v_2, v_3),$ $(v_3, v_4), (v_4, v_5), (v_5, v_6)$ 也作为重复边加到图中去, 于是得图 8-50. 在图 8-50 中, 没有奇点, 对应于这个可行方案, 重复边总权为

$$2\omega_{12} + \omega_{23} + \omega_{34} + 2\omega_{45} + 2\omega_{56} + \omega_{67} + \omega_{78} + 2\omega_{18} = 51.$$

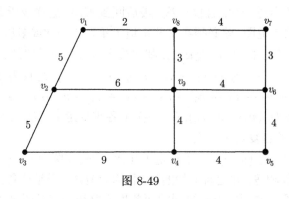

图 8-49

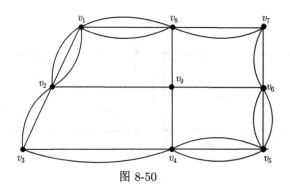

图 8-50

2. 调整可行方案, 使重复边总权下降

首先, 从图 8-50 可以看出, 在边 (v_1, v_2) 上有两条重复边, 如果把它们都从图中去掉, 仍然无奇点, 剩下的重复边还是一个可行方案, 而总长度有所下降. 同理, $(v_1, v_8), (v_4, v_5),$

(v_5, v_6) 上的重复边也是如此. 一般情况下, 当可行方案中两点间有两条或两条以上重复边时, 从中去掉偶数条, 就能得到一个总权变小的可行方案.

(1) 在最优方案中, 每条边上最多有一条重复边.

依此, 图 8-50 可以调整为图 8-51, 重复边总权下降了 30.

其次, 如果把图中某个圈上的重复边去掉, 在原来没有重复边的边加上重复边, 图中仍没有奇点. 因而, 如果在某个圈上重复边的总权大于这个圈的总权的一半, 按照以上方式调整将会得到一个总权下降的可行方案.

(2) 在最优方案中, 每个圈重复边的总权不大于该圈总权的一半.

如图 8-51 中, 圈 $\{v_2, (v_2, v_3), v_3, (v_3, v_4), v_4, (v_4, v_9), v_9, (v_9, v_2), v_2\}$ 的总权为 24, 但圈上重复边总权为 14, 大于该圈总权的一半. 因此可以作一次调整, 用 $(v_2, v_9), (v_9, v_4)$ 上的重复边代替 $(v_2, v_3), (v_3, v_4)$ 上的重复边, 使该圈的重复边总权下降为 10, 该图的重复边总权下降为 17, 如图 8-52.

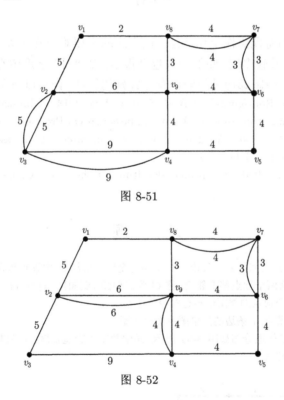

图 8-51

图 8-52

3. 判断最优方案的标准

从上面的分析中可知, 最优方案一定满足条件 (1) 和 (2), 反之, 可以证明一个可行方案若满足条件 (1) 和 (2), 则这个可行方案一定是最优方案. 根据这样的判断标准, 对给定的可行方案, 检查是否满足条件 (1) 和 (2). 若满足, 该方案即为最优方案; 否则, 对方案进行调整, 直至条件 (1) 和 (2) 均满足为止.

检查图 8-52 中的圈 $\{v_1, (v_1, v_2), v_2, (v_2, v_9), v_9, (v_9, v_6), v_6, (v_6, v_7), v_7, (v_7, v_8), v_8, (v_8, v_1), v_1\}$, 它的重复边总权为 13, 而圈的总权为 24, 不满足条件 (2), 经调整得图 8-53, 该圈

中重复边的总权下降为 11, 该图中重复边的总权下降为 15. 检查图 8-53, 条件 (1) 和 (2) 均满足, 此时重复边可行方案是最优方案. 图 8-53 中的任意一个欧拉圈就是邮递员的最优邮递路线.

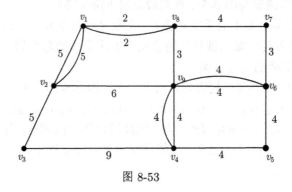

图 8-53

以上方法通常称为奇偶点图上作业法. 该方法的主要难点在于如何检查条件 (2) 是否满足. 当图中的点、边数较多时, 圈的个数也会很多. 如 "日" 字形图有 3 个圈, 而 "田" 字形图有 13 个圈. 目前, 中国邮递员问题已有比较好的算法, 详见以下参考文献:

Corberán Á, Plana I, Rodríguez-Chía A M, Sanchis J M, 2013. A branch-and-cut algorithm for the maximum benefit Chinese postman problem[J]. Mathematical Programming, 141(1): 21-48.

Ghiani G, Improta G, 2000. An algorithm for the hierarchical Chinese postman problem[J]. Operations Research Letters, 26(1): 27-32.

Nobert Y, Picard J C, 1996. An optimal algorithm for the mixed Chinese postman problem[J]. Networks, 27(2): 95-108.

习　　题

8.1 若图 G 中任意两点之间恰有一条边, 称 G 为完全图. 又若 G 中顶点集合可分为非空子集 V_1 和 V_2, 使得同一个子集中任何两个顶点都不邻接, 称 G 为二部图 (偶图). 试问: (1) 具有 p 个顶点的完全图有多少条边? (2) 具有 n 个顶点的偶图最多有多少条边?

8.2 证明任何有 n 个节点 n 条边的简单图中必存在圈.

8.3 邮递员投递区域及街道分布如图 8-54 所示, 图中数字为街道长度, ⊕ 为邮局所在地, 试分别为邮递员设计一条最佳的投递路线.

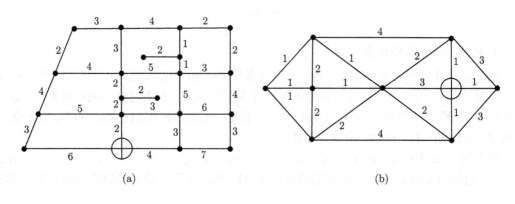

(a)   (b)

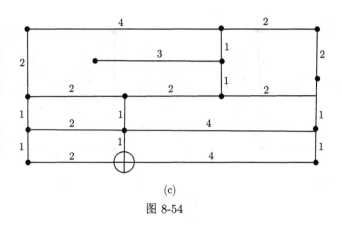

(c)

图 8-54

8.4 将在图 8-55 中求最小支撑树的问题归结为求解整数规划问题, 试列出这个整数规划的数学模型.

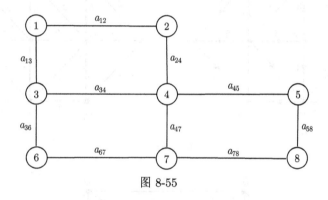

图 8-55

8.5 分别用破圈法和避圈法求图 8-56 中各图的最小支撑树.

8.6 用标号法求图 8-57 (a), (b) 中 v_1 至各点的最短距离和最小路径.

8.7 已知有 6 个村子, 相互间道路的距离如图 8-58 示. 拟合建一所小学, 已知 A 处有小学生 50 人, B 处 40 人, C 处 60 人, D 处 20 人, E 处 70 人, F 处 90 人. 问小学应建在哪一个村子, 使学生上学最方便 (走的总路程最短)?

8.8 给定有向图 G 如图 8-59 所示, 边旁数值为容量、流量, 试对有向图 G 分配最大流, 并求出最大流的流量, 同时找出最小割.

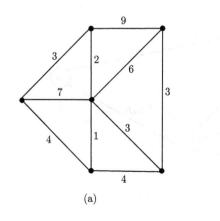

(a)

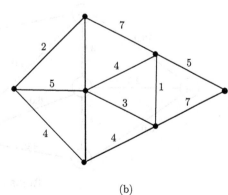

(b)

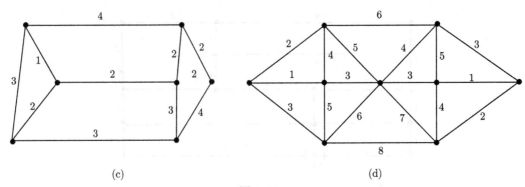

(c) (d)

图 8-56

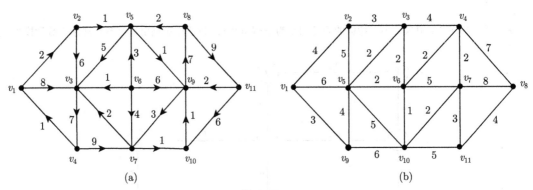

(a) (b)

图 8-57

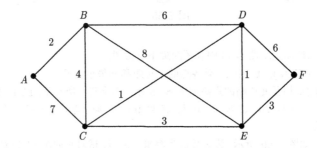

图 8-58

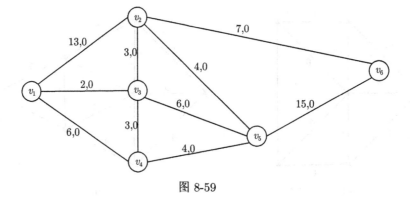

图 8-59

8.9 求图 8-60 (a), (b) 中从 v_s 到 v_t 的最小费用最大流, 图中弧旁数字为 (b_{ij}, c_{ij}).

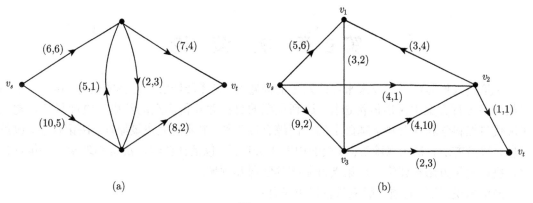

(a)　　　　　　　　　　　　　　　　　(b)

图 8-60

第 9 章 决 策 论

决策是人们面对当前或未来可能发生的问题时, 选择最佳解决方案的过程, 难点在于如何从众多可行方案中做出最优选择, 达到预期的目标并获得满意的结果. 决策科学是建立在现代自然科学和社会科学基础上的一门综合性学科, 主要研究决策原理、决策程序、决策信息、决策方法、决策风险等, 涉及的内容十分广泛, 包括社会学、决策心理学、决策行为学、决策量化方法和评价、决策支持系统等学科和领域.

简单来说, 决策问题一般应具备以下条件:

(1) 存在至少一个明确的目标;

(2) 存在两个或两个以上可供选择的可行方案;

(3) 存在一种或几种不以人的意志为转移的自然状态;

(4) 每种可行方案在不同的自然状态下均可计算相应的收益值.

科学的决策一般遵循以下原则: 定量分析与定性分析相结合、个人决策与集体决策相结合、现实与创新相结合. 诺贝尔奖获得者 H. A. Simon 有一句名言——"管理就是决策", 充分说明了决策在管理过程中的重要性, 所以管理者必须掌握科学的决策原理和方法.

本章首先介绍决策的分类, 然后从定量分析角度介绍不确定型决策的悲观准则、乐观准则、等可能准则、折中准则、最大后悔值准则和风险型决策的最大可能准则、期望值准则、期望后悔值准则、贝叶斯决策.

9.1 决策的分类

从不同的分析角度出发, 决策可以分为不同类型.

(1) 按影响范围或重要性划分, 可分为战略决策、策略决策和战术决策.

战略决策是一类关系到全局性、方向性和根本性的决策, 它将在较长时间范围内对决策系统的各个方面产生深远影响, 属于高层决策, 如企业长期发展规划、工厂选址、新产品研发方向等; 策略决策是为保证战略决策目标的实现而制定的决策, 属于中层决策, 如企业人力资源管理、产品工艺方案设计等; 战术决策是根据策略决策的要求对实际生产实践中执行方案的选择, 属于基层决策, 如企业为提高工作效率, 对运输线路、员工排班方案的优化等.

(2) 按状态空间划分, 可分为确定型决策、风险型决策和不确定型决策.

确定型决策的状态空间完全确定; 风险型决策的状态空间不确定, 但各状态发生的概率已知; 不确定型决策的状态空间完全不确定.

(3) 按描述问题的方式划分, 可分为定量决策和定性决策.

定量决策指描述决策问题的指标可量化, 而定性决策指描述决策问题的指标不可量化.

(4) 按决策目标的数量划分, 可分为单目标决策和多目标决策.

单目标决策是指决策目标唯一, 多目标决策是指有两个或两个以上决策目标, 各目标之间可能存在冲突, 需要对多个决策目标进行赋权等操作, 求出满意解或均衡解.

(5) 按决策阶段的数量划分, 可分为单阶段决策和多阶段决策.

单阶段决策是指整个过程只需要决策一次, 多阶段决策是指整个过程需要连续决策多次, 且各阶段的决策之间相互影响.

9.2 不确定型决策

不确定型决策是指状态空间完全不确定情况下的决策, 决策者已知状态集合及每种方案在各状态下的损益值. 下面介绍几个解决不确定型决策问题的常用准则. 在实际问题中, 决策者可根据所面临的具体情况选择合适的准则.

9.2.1 悲观准则

在该准则下, 决策者从悲观视角考虑问题, 具体地说: 先选出每个方案在不同自然状态下的最小收益值, 再从这些 "最小收益值" 中选取最大值, 从而确定最优决策方案, 因此该准则称为**悲观准则**.

例 9-1 某同学计划寒假期间从广州到厦门旅游, 可选择的交通出行方式包括大巴、高铁、飞机与轮船, 分别以 $T_i\,(i=1,2,3,4)$ 表示; 出行时可能会遇到晴天、雨天、大雾、大风四种天气状况, 分别以 $W_j\,(j=1,2,3,4)$ 表示. 不同出行方式在不同天气状况下的便捷性不同, 现以百分制对各种出行方式的便捷性打分, 如表 9-1 所示, 请利用悲观准则帮助该同学选择最佳的交通出行方式.

表 9-1

	晴天 (W_1)	雨天 (W_2)	大雾 (W_3)	大风 (W_4)
大巴 (T_1)	60	30	20	40
高铁 (T_2)	80	70	70	75
飞机 (T_3)	100	30	20	50
轮船 (T_4)	50	40	40	30

解 用 a_{ij} 表示采用出行方式 T_i 且天气状况为 W_j 时的便捷性. 首先, 选择大巴出行时在各种天气状况下的最小便捷性为 20, 即

$$\min_{1\leqslant j\leqslant 4} a_{1j} = \min\{60,30,20,40\} = 20.$$

相似地, 分别计算其他出行方式下的最小便捷性

$$\min_{1\leqslant j\leqslant 4} a_{2j} = \min\{80,70,70,75\} = 70,$$

$$\min_{1\leqslant j\leqslant 4} a_{3j} = \min\{100,30,20,50\} = 20,$$

$$\min_{1\leqslant j\leqslant 4} a_{4j} = \min\{50,40,40,30\} = 30,$$

从上述 "最小便捷性" 中选取最大值为 70, 即

$$\max_{1\leqslant i\leqslant 4}\min_{1\leqslant j\leqslant 4}a_{ij}=\max\{20,70,20,30\}=70.$$

可见, 在悲观准则下, 选取高铁出行的便捷性最大. 以上求解过程也可以用表 9-2 表示.

表 9-2

	W_1	W_2	W_3	W_4	$\min\limits_{1\leqslant j\leqslant 4}a_{ij}$
T_1	60	30	20	40	20
T_2	80	70	70	75	70 (max)
T_3	100	30	20	50	20
T_4	50	40	40	30	30

□

9.2.2 乐观准则

在该准则下, 决策者从乐观视角考虑问题, 具体地说: 先选出每个方案在不同自然状态下的最大收益值, 再从这些 "最大收益值" 中选取最大值, 从而确定最优决策方案, 故该准则称**乐观准则**.

重新考虑例 9-1, 在乐观准则下, 首先计算每种交通出行方式下的最大便捷性

$$\max_{1\leqslant j\leqslant 4}a_{1j}=\min\{60,30,20,40\}=60,$$

$$\max_{1\leqslant j\leqslant 4}a_{2j}=\min\{80,70,70,75\}=80,$$

$$\max_{1\leqslant j\leqslant 4}a_{3j}=\min\{100,30,20,50\}=100,$$

$$\max_{1\leqslant j\leqslant 4}a_{4j}=\min\{50,40,40,30\}=50.$$

然后, 再计算上述 "最大便捷性" 中的最大值为 100, 即

$$\max_{1\leqslant i\leqslant 4}\max_{1\leqslant j\leqslant 4}a_{ij}=\max\{60,80,100,50\}=100.$$

可见, 在乐观准则下, 选择飞机出行的便捷性最大. 上述过程可用表 9-3 表示.

表 9-3

	W_1	W_2	W_3	W_4	$\max\limits_{1\leqslant j\leqslant 4}a_{ij}$
T_1	60	30	20	40	60
T_2	80	70	70	75	80
T_3	100	30	20	50	100 (max)
T_4	50	40	40	30	50

9.2.3 等可能准则

在该准则下, 决策者认为每种状态发生的可能性相同, 计算每个方案的平均收益值, 最后在 "平均值" 中选取最大值, 以此最大值对应的方案为最优决策方案.

在例 9-1 中, 基于等可能性准则, 首先计算每种交通出行方式下的平均便捷性

$$E[T_1] = 0.25 \times 60 + 0.25 \times 30 + 0.25 \times 20 + 0.25 \times 40 = 37.5,$$

$$E[T_2] = 0.25 \times 80 + 0.25 \times 70 + 0.25 \times 70 + 0.25 \times 75 = 73.75,$$

$$E[T_3] = 0.25 \times 100 + 0.25 \times 30 + 0.25 \times 20 + 0.25 \times 50 = 50,$$

$$E[T_4] = 0.25 \times 50 + 0.25 \times 40 + 0.25 \times 40 + 0.25 \times 30 = 40.$$

然后再求出上述平均便捷性的最大值为 73.75, 即

$$\max\{E[T_1], E[T_2], E[T_3], E[T_4]\} = \max\{37.5, 73.75, 50, 40\} = 73.75.$$

可见, 在等可能准则下, 选择高铁出行的便捷性最大. 以上求解过程可用表 9-4 表示.

表 9-4

	W_1	W_2	W_3	W_4	$\sum\limits_{1 \leqslant j \leqslant 4} \dfrac{1}{4} a_{ij}$
	1/4	1/4	1/4	1/4	
T_1	60	30	20	40	37.5
T_2	80	70	70	75	73.75 (max)
T_3	100	30	20	50	50
T_4	50	40	40	30	40

9.2.4 折中准则

该准则是悲观准则与乐观准则的折中, 故称为**折中准则**. 在该准则下, 首先根据经验确定一个乐观系数 $0 \leqslant \lambda \leqslant 1$, 然后利用公式

$$CV_i = \lambda \max_j a_{ij} + (1 - \lambda) \cdot \min_j a_{ij}$$

计算方案 T_i 在折中准则下的收益值 CV_i, 最后在所有的 $CV_i\,(i = 1, 2, \cdots, m)$ 中选出最大值, 以此最大值对应的方案为最优决策方案.

在例 9-1 中, 基于折中准则, 设乐观系数 $\lambda = 0.7$, 计算每种出行方式下的折中便捷性

$$CV_1 = 0.7 \times 60 + 0.3 \times 20 = 48,$$

$$CV_2 = 0.7 \times 80 + 0.3 \times 70 = 77,$$

$$CV_3 = 0.7 \times 100 + 0.3 \times 20 = 76,$$

$$CV_4 = 0.7 \times 50 + 0.3 \times 30 = 44.$$

然后再计算上述折中便捷性的最大值为 77, 即

$$\max\{\mathrm{CV}_1, \mathrm{CV}_2, \mathrm{CV}_3, \mathrm{CV}_4\} = \max\{48, 77, 76, 44\} = 77.$$

因此, 在折中准则下, 选择高铁出行的便捷性最大. 上述求解过程可用表 9-5 表示.

表 9-5

	W_1	W_2	W_3	W_4	CV_i
T_1	60	30	20	40	48
T_2	80	70	70	75	77(max)
T_3	100	30	20	50	76
T_4	50	40	40	30	44

注 9-1 当 $\lambda = 1$ 时, 折中准则退化为乐观准则; 当 $\lambda = 0$ 时, 折中准则退化为悲观准则.

9.2.5 最大后悔值准则

后悔值准则是由经济学家 L. J. Savage 提出的, 故又称 Savage 准则. 一般情况下, 若决策方案未能达到理想值, 决策者必将后悔. 因此, 该准则将每种状态下的最大收益值定为理想值, 将理想值与实现值之差定义为未达到理想目标的后悔值, 然后选择最小的最大后悔值所对应的方案为最优决策方案.

在例 9-1 中, 基于后悔值准则, 首先计算每种出行方式在不同天气状况下的后悔值 $r_{ij} = \left\{\max_{1 \leqslant i \leqslant 4} a_{ij} - a_{ij}\right\}$. 例如, 当 $j = 1$ 时, 即晴天状态下, 选择四种出行方式的最大便捷性为 $a_{31} = 100$, 计算不同出行方式的后悔值为

$$r_{11} = a_{31} - a_{11} = 100 - 60 = 40,$$
$$r_{21} = a_{31} - a_{21} = 100 - 80 = 20,$$
$$r_{31} = a_{31} - a_{31} = 100 - 100 = 0,$$
$$r_{41} = a_{31} - a_{41} = 100 - 50 = 50.$$

重复上述过程, 依次计算不同天气状况下各出行方式的后悔值, 得到后悔值矩阵, 见表 9-6.

表 9-6

	W_1	W_2	W_3	W_4	$\max_{1 \leqslant j \leqslant 4} r_{ij}$
T_1	40	40	50	35	50
T_2	20	0	0	0	20 (min)
T_3	0	40	50	25	50
T_4	50	30	30	45	50

基于后悔值矩阵, 找出每种出行方式的最大后悔值, 见表 9-6 最后一列, 并从这些最大后悔值中找出最小值, 即 $\min_i \max_j r_{ij} = \min\{50, 20, 50, 50\} = 20.$ 因此, 基于后悔值准则, 高铁出行的便捷性最大.

综上可以发现, 不确定型决策中的决策准则选择是因人变化的. 在实践中, 决策者会尽可能获取相关信息, 将不确定型决策问题转化为风险决策问题, 下一节对风险型决策进行介绍.

9.3　风险型决策

风险型决策是指状态不确定, 但已知各状态发生的概率及每种方案在各状态下的损益值. 本节介绍处理风险型决策的几个常用准则, 包括最大可能准则、期望值准则等. 在实际问题中, 决策者可根据所面临的具体情况选择合适的准则.

9.3.1　最大可能准则

由概率论的知识可知, 概率越大的事件越有可能发生. 最大可能准则指基于最有可能发生的状态做出决策, 是一种把风险型决策转化为确定型决策的方法.

例 9-2　在例 9-1 中, 该同学通过查看天气预报, 估计出晴天出现的概率为 $P(W_1) = 0.5$, 雨天出现的概率为 $P(W_2) = 0.2$, 大雾出现的概率为 $P(W_3) = 0.1$, 大风出现的概率为 $P(W_4) = 0.2$, 请利用最大可能准则帮助该同学选择最佳的出行方式.

解　由于晴天出现的概率最大, $P(W_1) = 0.5$, 最大可能准则要求在晴天状态下选择最佳交通出行方式, 此时选择大巴出行的便捷性为 $a_{11} = 60$, 选择高铁出行的便捷性为 $a_{21} = 80$, 选择飞机出行的便捷性为 $a_{31} = 100$, 选择轮船出行的便捷性为 $a_{41} = 50$. 显然, 选择飞机出行的便捷性最大. 上述求解过程可用表 9-7 表示.

表 9-7

	W_1	W_2	W_3	W_4
	$P(W_1) = 0.5$	$P(W_2) = 0.2$	$P(W_3) = 0.1$	$P(W_4) = 0.2$
T_1	60	30	20	40
T_2	80	70	70	75
T_3	100 (max)	30	20	50
T_4	50	40	40	30

□

9.3.2　期望值准则

在该准则下, 决策者将每种决策方案在不同状态下的损益值视为离散型随机变量, 计算每种决策方案的期望损益值, 进而选择期望值最大的方案作为最优方案.

在例 9-2 中, 基于期望值准则, 计算每种出行方式下的期望便捷性

$$E[T_1] = 0.5 \times 60 + 0.2 \times 30 + 0.1 \times 20 + 0.2 \times 40 = 46,$$

$$E[T_2] = 0.5 \times 80 + 0.2 \times 70 + 0.1 \times 70 + 0.2 \times 75 = 76,$$

$$E[T_3] = 0.5 \times 100 + 0.2 \times 30 + 0.1 \times 20 + 0.2 \times 50 = 68,$$

$$E[T_4] = 0.5 \times 50 + 0.2 \times 40 + 0.1 \times 40 + 0.2 \times 30 = 43.$$

显然, 期望便捷性最大的出行方式是高铁, 相应的期望值是 $E[T_2] = 76$. 上述求解过程可用表 9-8 表示.

表 9-8

	W_1 $P(W_1)=0.5$	W_2 $P(W_2)=0.2$	W_3 $P(W_3)=0.1$	W_4 $P(W_4)=0.2$	$E[T_i]$
T_1	60	30	20	40	46
T_2	80	70	70	75	76 (max)
T_3	100	30	20	50	68
T_4	50	40	40	30	43

9.3.3　期望后悔值准则

在该准则下, 决策者首先计算每种方案在每种状态下的后悔值 r_{ij}, 然后计算每种方案后悔值的数学期望, 进而选择期望后悔值最小的方案作为最优方案.

在例 9-2 中, 后悔值 r_{ij} 的取值见表 9-9, 基于每种状态出现的概率计算每种出行方式下的期望后悔值

$$R[T_1] = 0.5 \times 40 + 0.2 \times 40 + 0.1 \times 50 + 0.2 \times 35 = 40,$$

$$R[T_2] = 0.5 \times 20 + 0.2 \times 0 + 0.1 \times 0 + 0.2 \times 0 = 10,$$

$$R[T_3] = 0.5 \times 0 + 0.2 \times 40 + 0.1 \times 50 + 0.2 \times 25 = 18,$$

$$R[T_4] = 0.5 \times 50 + 0.2 \times 30 + 0.1 \times 30 + 0.2 \times 45 = 43.$$

显然, 期望后悔值最小的出行方式是高铁, 相应的期望后悔值是 $R[T_2] = 10$.

表 9-9

	W_1 $P(W_1)=0.5$	W_2 $P(W_2)=0.2$	W_3 $P(W_3)=0.1$	W_4 $P(W_4)=0.2$	$R[T_i]$
T_1	40	40	50	35	40
T_2	20	0	0	0	10 (min)
T_3	0	40	50	25	18
T_4	50	30	30	45	43

9.3.4　贝叶斯决策

全情报是指决策时所面临各种自然状态的准确信息. 在决策时, 为了获得更多的收益, 有必要计算全情报价值 (EVPI), 即全情报所带来的额外收益. 如果获取全情报的成本小于全情报的价值, 决策者应该支付成本并获得全情报, 反之, 不应该获得全情报.

在例 9-2 中, 当决策者不掌握全情报时, 基于期望值准则得出选择高铁出行的便捷性最大, 即 $E[T_2] = 76$ 是没有全情报的期望收益, 记作 EVPI_1. 现假设决策者获得了各种自然状态的准确信息, 该如何做出最佳决策?

如果决策者明确知道出行当天的天气为晴天, 必然会选择飞机为交通出行方式; 同理, 雨天、大雾天及大风天选择高铁. 换句话说, 决策者有 0.5 的概率得到 100 分, 有 0.2 的概

率得到 70 分, 有 0.1 的概率得到 70 分, 有 0.2 的概率得到 75 分, 此时的出行便捷性期望值为 $0.5 \times 100 + 0.2 \times 70 + 0.1 \times 70 + 0.2 \times 75 = 86$, 称为全情报的期望收益, 记为 EVPI_2. 显然 $\text{EVPI}_1 < \text{EVPI}_2$, 二者的差值称为**全情报价值**, 记为 EVPI, 即

$$\text{EVPI} = \text{EVPI}_2 - \text{EVPI}_1 = 86 - 76 = 10.$$

因此, 当获取全情报的代价小于 10 时, 决策者应该获取全情报, 在此基础上做出出行决策.

实际上, 决策者即使付出成本也并不能得到真正的 "全" 情报, 通常情况下可获取 "部分" 情报或 "样本" 情报, 下面我们介绍这类情况下的决策方法, 即贝叶斯决策.

贝叶斯决策就是在不完全信息下, 对部分未知的状态用主观概率估计, 然后用贝叶斯公式对主观概率进行修正, 最后再利用期望值和修正概率做出最优决策.

例 9-3 某同学计划两周后从广州去厦门旅游, 决定采取的交通出行方案有高铁和飞机两种 (为了区分例 9-2 的标号, 这里用 A_1 表示高铁、A_2 表示飞机), 可能遇到的天气状况有晴天、雨天、大雾、大风四种. 通过天气预报得知: 晴天 (W_1) 的概率为 0.5、雨天 (W_2) 的概率为 0.2、大雾 (W_3) 的概率为 0.1、大风 (W_4) 的概率为 0.2, 且在不同天气状况下选择不同交通出行方式的便捷性得分的值 $b_{ij}(i = 1, 2, 3, 4; j = 1, 2)$ 如表 9-10 所示.

表 9-10

| b_{ij} | W_1 | W_2 | W_3 | W_4 |
	$P(W_1) = 0.5$	$P(W_2) = 0.2$	$P(W_3) = 0.1$	$P(W_4) = 0.2$
A_1	80	70	70	75
A_2	100	30	20	50

由于中长期天气预报的准确性较差, 该同学找到一家智慧旅游公司咨询. 该公司通过分析历史数据, 预测出行当天的天气状况分为晴天、雨天、大雾和大风四种, 分别用 I_1, I_2, I_3, I_4 表示. 根据之前的预测成绩得知: 晴天时, 预测为晴天的概率 $P(I_1|W_1) = 0.6$, 预测为雨天的概率 $P(I_2|W_1) = 0.1$, 预测为大雾的概率 $P(I_3|W_1) = 0.2$, 预测为大风的概率 $P(I_4|W_1) = 0.1$; 雨天时, 预测为晴天的概率 $P(I_1|W_2) = 0.2$, 预测为雨天的概率 $P(I_2|W_2) = 0.5$, 预测为大雾的概率 $P(I_3|W_2) = 0.1$, 预测为大风的概率 $P(I_4|W_2) = 0.2$; 大雾天时, 预测为晴天的概率 $P(I_1|W_3) = 0.1$, 预测为雨天的概率 $P(I_2|W_3) = 0.1$, 预测为大雾的概率 $P(I_3|W_3) = 0.6$, 预测为大风的概率 $P(I_4|W_3) = 0.2$; 大风天时, 预测为晴天的概率 $P(I_1|W_4) = 0.2$, 预测为雨天的概率 $P(I_2|W_4) = 0.2$, 预测为大雾的概率 $P(I_3|W_4) = 0.1$, 预测为大风的概率 $P(I_4|W_4) = 0.5$. 现在我们需要帮助该同学基于以上样本情报再次做出决策.

解 首先, 利用全概率公式计算该公司预测四种天气发生的概率如下

$$P(I_1) = P(W_1) P(I_1|W_1) + P(W_2) P(I_1|W_2) + P(W_3) P(I_1|W_3) + P(W_4) P(I_1|W_4)$$

$$= 0.5 \times 0.6 + 0.2 \times 0.2 + 0.1 \times 0.1 + 0.2 \times 0.2$$

$$= 0.39,$$

$$P(I_2) = P(W_1) P(I_2|W_1) + P(W_2) P(I_2|W_2) + P(W_3) P(I_2|W_3) + P(W_4) P(I_2|W_4)$$

$$= 0.5 \times 0.1 + 0.2 \times 0.5 + 0.1 \times 0.1 + 0.2 \times 0.2$$

$$= 0.2,$$

$$P(I_3) = P(W_1)P(I_3|W_1) + P(W_2)P(I_3|W_2) + P(W_3)P(I_3|W_3) + P(W_4)P(I_3|W_4)$$

$$= 0.5 \times 0.2 + 0.2 \times 0.1 + 0.1 \times 0.6 + 0.2 \times 0.1$$

$$= 0.2,$$

$$P(I_4) = P(W_1)P(I_4|W_1) + P(W_2)P(I_4|W_2) + P(W_3)P(I_4|W_3) + P(W_4)P(I_4|W_4)$$

$$= 0.5 \times 0.1 + 0.2 \times 0.2 + 0.1 \times 0.2 + 0.2 \times 0.5$$

$$= 0.21.$$

其次, 利用贝叶斯公式计算该公司预测为晴天, 而实际出现晴天、雨天、大雾和大风的概率分别为

$$P(W_1|I_1) = \frac{P(W_1)P(I_1|W_1)}{P(I_1)} = \frac{0.5 \times 0.6}{0.39} = 0.77,$$

$$P(W_2|I_1) = \frac{P(W_2)P(I_1|W_2)}{P(I_1)} = \frac{0.2 \times 0.2}{0.39} = 0.10,$$

$$P(W_3|I_1) = \frac{P(W_3)P(I_1|W_3)}{P(I_1)} = \frac{0.1 \times 0.1}{0.39} = 0.03,$$

$$P(W_4|I_1) = \frac{P(W_4)P(I_1|W_4)}{P(I_1)} = \frac{0.2 \times 0.2}{0.39} = 0.10.$$

同理可得

$$P(W_1|I_2) = 0.25, \quad P(W_2|I_2) = 0.50, \quad P(W_3|I_2) = 0.05, \quad P(W_4|I_2) = 0.20;$$

$$P(W_1|I_3) = 0.50, \quad P(W_2|I_3) = 0.10, \quad P(W_3|I_3) = 0.30, \quad P(W_4|I_3) = 0.10;$$

$$P(W_1|I_4) = 0.24, \quad P(W_2|I_4) = 0.19, \quad P(W_3|I_4) = 0.10, \quad P(W_4|I_4) = 0.48.$$

然后, 计算该公司预测天气状况是 $I_j\,(j=1,2,3,4)$ 时选择交通工具 $A_i\,(i=1,2)$ 的便捷性得分, 记为 V_{ji}, 过程如下

$$V_{11} = P(W_1|I_1) \times b_{11} + P(W_2|I_1) \times b_{21} + P(W_3|I_1) \times b_{31} + P(W_4|I_1) \times b_{41} = 78.20,$$

$$V_{12} = P(W_1|I_1) \times b_{12} + P(W_2|I_1) \times b_{22} + P(W_3|I_1) \times b_{32} + P(W_4|I_1) \times b_{42} = 85.60,$$

$$V_{21} = P(W_1|I_2) \times b_{11} + P(W_2|I_2) \times b_{21} + P(W_3|I_2) \times b_{31} + P(W_4|I_2) \times b_{41} = 73.50,$$

$$V_{22} = P(W_1|I_2) \times b_{12} + P(W_2|I_2) \times b_{22} + P(W_3|I_2) \times b_{32} + P(W_4|I_2) \times b_{42} = 51.00,$$

$$V_{31} = P(W_1|I_3) \times b_{11} + P(W_2|I_3) \times b_{21} + P(W_3|I_3) \times b_{31} + P(W_4|I_3) \times b_{41} = 75.50,$$

$$V_{32} = P(W_1|I_3) \times b_{12} + P(W_2|I_3) \times b_{22} + P(W_3|I_3) \times b_{32} + P(W_4|I_3) \times b_{42} = 64.00,$$

$$V_{41} = P(W_1|I_4) \times b_{11} + P(W_2|I_4) \times b_{21} + P(W_3|I_4) \times b_{31} + P(W_4|I_4) \times b_{41} = 75.50,$$

$$V_{42} = P(W_1|I_4) \times b_{12} + P(W_2|I_4) \times b_{22} + P(W_3|I_4) \times b_{32} + P(W_4|I_4) \times b_{42} = 55.70.$$

由 $V_{11} < V_{12}$ 可知, 当该公司预测天气状况是晴天时应该选择飞机出行; 由 $V_{21} > V_{22}$ 可知, 当该公司预测天气状况是雨天时应该选择高铁出行; 由 $V_{31} > V_{32}$ 可知, 当该公司预测天气状况是大雾时应该选择高铁出行; 由 $V_{41} > V_{42}$ 可知, 当该公司预测天气状况是大风时应该选择高铁出行.　　　　　　　　　　　　　　　　　　　　　　　　　　　　　□

通过上述分析, 我们可以计算出基于样本情报的出行便捷性得分为

$$\mathrm{EVPI}' = P(I_1) \times V_{12} + P(I_2) \times V_{21} + P(I_3) \times V_{31} + P(I_4) \times V_{41}$$

$$= 0.39 \times 85.60 + 0.2 \times 73.50 + 0.2 \times 75.50 + 0.21 \times 75.50$$

$$\approx 79.04.$$

可见当获得该旅游公司的样本情报后, 该同学的出行便捷性提高了

$$\mathrm{EVPI}' - \mathrm{EVPI}_1 = 79.04 - 76 = 3.04.$$

该公司提供的样本情报效率为

$$\frac{\mathrm{EVPI}' - \mathrm{EVPI}_1}{\mathrm{EVPI}} \times 100\% = \frac{3.04}{10} \times 100\% = 30.4\%.$$

一般来说, 样本情报的效率越高越好, 当样本情报的效率为 100% 时, 样本情报就是全情报; 而当效率过低时, 决策者就没有必要花费人力和物力去获取对应的样本情报. 在本例中, 样本情报的效率较低, 仅为 30.4%, 因此, 如果该公司收取的咨询费用过高, 就没有必要付出成本获取其提供的样本情报.

习　　题

9.1 某地方书店希望订购最新出版的好的图书. 根据以往经验, 新书的销售量可能为 50, 100, 150 或 200 本. 假定每本新书的订购价为 4 元, 销售价为 6 元, 剩书的处理价为每本 2 元. 要求:

(a) 建立损益矩阵;

(b) 分别用悲观法、乐观法及等可能法决定该书店应订购的新书数;

(c) 建立后悔矩阵, 并用后悔值法决定书店应订购的新书数.

9.2 某非确定型决策问题的决策矩阵如表 9-11 所示.

表 9-11

方案	事件			
	E_1	E_2	E_3	E_4
S_1	4	16	8	1
S_2	4	5	12	14
S_3	15	19	14	13
S_4	2	17	8	17

(a) 若乐观系数 $\alpha = 0.4$, 矩阵中的数字是利润, 请用非确定型决策的各种决策准则分别确定出相应的最优方案.

(b) 若表 9-11 中的数字为成本, 问对应于上述各决策准则所选择的方案有何变化?

9.3 某一季节性商品必须在销售之前就把产品生产出来. 当需求量是 D 时, 生产者生产 x 件商品获得的利润 (元) 为

$$f(X) = \begin{cases} 2x, & 0 \leqslant x \leqslant D, \\ 3D - x, & x > D. \end{cases}$$

设 D 只有 5 个可能的值: 1000, 2000, 3000, 4000 和 5000 件, 并且它们的概率都是 0.2. 生产者希望商品的生产量也是上述 5 个值中的某一个. 问:

(a) 若生产者追求最大的期望利润, 他应选择多大的生产量?

(b) 若生产者选择遭受损失的概率最小, 他应生产多少商品?

(c) 生产者欲使利润大于或等于 3000 元的概率最大, 他应选取多大的生产量?

9.4 在一台机器上加工制造一批零件共 10000 个, 如加工完后逐个进行修整, 则全部可以合格, 但需修整费 300 元. 如不进行修整, 据以往资料统计, 次品率情况如表 9-12 所示.

表 9-12

次品率 (E)	0.02	0.04	0.06	0.08	0.10
概率 $P(E)$	0.20	0.40	0.25	0.10	0.05

一旦装配中发现次品时, 需返工修理费为每个零件 0.50 元. 要求:

(a) 分别用期望值和后悔值法决定这批零件要不要修整;

(b) 为了获得这批零件中次品率的正确资料, 在刚加工完的一批 10000 件中随机抽取 130 个样品, 发现其中有 9 件次品. 试修正先验概率, 并重新按期望值和后悔值法决定这批零件要不要修整.

9.5 A 先生失去 1000 元时效用值为 50, 得到 3000 元时效用值为 120, 并且在以下事件上无差别: 肯定得到 10 元或以 0.4 机会失去 1000 元和 0.6 机会得到 3000 元.

B 先生失去 1000 元与 10 元时效用值与 A 同, 但他在以下事件上态度无差别: 肯定得到 10 元或 0.8 机会失去 1000 元和 0.2 机会得到 3000 元. 问:

(a) A 先生 10 元的效用值有多大?

(b) B 先生 3000 元的效用值为多大?

(c) 比较 A 先生与 B 先生对风险的态度.

9.6 有一块海上油田进行勘探和开采的招标. 根据地震试验资料的分析, 找到大油田的概率为 0.3, 开采期内可赚取 20 亿元; 找到中油田的概率为 0.4, 开采期内可赚取 10 亿元; 找到小油田概率为 0.2, 开采期内可赚取 3 亿元; 油田无工业开采价值的概率为 0.1. 按招标规定, 开采前的勘探等费用均由中标者负担, 预期需 1.2 亿元, 以后不论油田规模多大, 开采期内赚取的利润中标者分成 30%. 有 A, B, C 三家公司, 其效用函数分别为

$$A \text{ 公司}: U(M) = (M + 1.2)^{0.9} - 2,$$

$$B \text{ 公司}: U(M) = (M + 1.2)^{0.8} - 2,$$

$$C \text{ 公司}: U(M) = (M + 1.2)^{0.6} - 2.$$

试根据效用值用期望值法确定每家公司对投标的态度.

9.7 A 和 B 两家厂商生产同一种日用品. B 估计 A 厂商对该日用品定价为 6, 8, 10 元的概率分别为 0.25, 0.50 和 0.25, 若 A 的定价为 P_1, 则 B 预测自己定价为 P_2 时其下一月度的销售额为

$1000 + 250\,(P_2 - P_1)$ 元. B 生产该日用品的每件成本为 4 元, 试帮助其决策当将每件日用品分别定价为 6, 7, 8, 9 元时的各自期望收益值, 按期望值准则选哪种定价为最优.

9.8 两个外形完全一样的盒子 A 和 B, 已知 A 中有 8 个红球、2 个白球, B 中有 3 个红球、7 个白球. 任取一个盒子让人猜, 参加者须先付 100 元, 猜中得 200 元, 猜错输去付的款. 参加者也可以先从要猜的盒中摸一个球, 看后再猜, 但需额外再付 50 元, 并且不管是否猜中均不退还. 要求画出本题的决策树, 并分析是否应参加这种游戏, 如果参加的话, 是否值得另付 50 元先摸一个球看后再猜.

参 考 文 献

《运筹学》教材编写组, 2013. 运筹学 [M]. 4 版. 北京：清华大学出版社.

傅家良, 2014. 运筹学方法与模型 [M]. 2 版. 上海：复旦大学出版社.

韩伯棠, 2015. 管理运筹学 [M]. 4 版. 北京：高等教育出版社.

胡运权, 2013. 运筹学基础及应用 [M]. 5 版. 哈尔滨：哈尔滨工业大学出版社.

胡运权, 郭耀煌, 2018. 运筹学教程 [M]. 5 版. 北京：清华大学出版社.

熊伟, 2014. 运筹学 [M]. 3 版. 北京：机械工业出版社.

徐玖平, 胡知能, 2018. 运筹学 [M]. 4 版. 北京：科学出版社.